土木工程数值分析与工程软件应用系列教程

ANSYS

工程实例教程

主　编　李　伟　　王晓初

副主编　钮　鹏　　万利军　　金春福

参　编　于明鑫　　刘春鹏　　高云涛　　黄　振

主　审　阎　东

机械工业出版社

本书以有限元分析方法为基础，通过丰富的工程应用实例，循序渐进地介绍了 ANSYS 解决问题的基本思路、操作步骤及其在工程领域中的应用。本书主要包括有限元方法及 ANSYS 软件简介、ANSYS 图形用户界面、实体模型建立，以及 ANSYS 在桥梁结构工程、隧道及地下结构工程、边坡工程、建筑工程、水利工程中的应用等。

本书可作为理工科院校土木、力学、建筑等相关专业高年级本科生、研究生及教师学习 ANSYS 软件的培训教材，也可作为相关专业的科研人员和工程技术人员使用 ANSYS 软件的参考用书。

图书在版编目（CIP）数据

ANSYS 工程实例教程/李伟，王晓初主编. —北京：机械工业出版社，2017.7

土木工程数值分析与工程软件应用系列教程

ISBN 978-7-111-56780-6

Ⅰ.①A… Ⅱ.①李…②王… Ⅲ.①土木工程 – 有限元分析 – 应用软件 – 教材 Ⅳ.①TU-39

中国版本图书馆 CIP 数据核字（2017）第 099888 号

机械工业出版社（北京市百万庄大街22 号 邮政编码100037）
策划编辑：马军平 责任编辑：马军平
责任校对：张晓蓉 封面设计：张 静
责任印制：孙 炜
北京玥实印刷有限公司印刷
2017 年 8 月第 1 版第 1 次印刷
184mm×260mm·22.25 印张·544 千字

标准书号：ISBN 978-7-111-56780-6
定价：59.00元

前 言

随着计算机科学与应用技术的发展，有限元理论日益完善，随之涌现了大批比较成熟的通用和专业的有限元计算商业软件。ANSYS 作为最著名的通用和有效的商用有限元软件之一，集结构、传热、流体、电磁、碰撞爆破分析于一体，具有强大的前后处理及计算分析能力，能够同时模拟结构、热、流体、电磁及多种物理场间的耦合效应。目前它已广泛应用于土木工程、机械制造、材料加工、航空航天、铁路运输、石油化工、核工业、轻工、电子、能源、汽车、生物医学等各个方面，为各个领域的设计开发做出了重大贡献。

本书编写时以读者实际需要为出发点，以 ANSYS14.5 作为软件平台，融合 ANSYS 的主要内容，选用行业典型工程实例，重点介绍 ANSYS 解决问题的基本思路、操作步骤和应用技巧。本书全部例程均来自科学研究和工程实践，很多例程稍加修改便能解决该领域中类似的科研和工程问题。

全书共分 9 章，第 1、2 章由沈阳大学李伟、王晓初、黄振编写；第 3 章由沈阳城市建设学院于明鑫编写；第 4、8 章由沈阳大学钮鹏、沈阳市政设计研究院高云涛编写；第 5、7 章由东北林业大学设计院万利军、刘春鹏编写；第 6、9 章由辽宁省交通高等专科学校金春福编写。全书由李伟和王晓初主编、李伟统稿，由辽宁大建筑设计有限公司阎东院长主审。

长安大学研究生刘焕举、沈阳大学研究生赵延明为本书的文字录入、图形绘制及校对做了大量工作，在此深表感谢。

鉴于本书涉及的内容跨度较大、学科门类较多，限于编者的技术和业务水平，疏漏之处在所难免，不妥之处恳请各位专家和读者批评指正。本书在编写过程中参考了有关的标准、规范、教材和论著等，在此向有关编著者表示衷心的感谢！因各种条件所限，未能与有关编著者取得联系，引用与理解不当之处，敬请谅解！

编 者

目　录

第1章

有限元方法简介

本章导读

　　介绍有限元方法的基本理论知识、有限元方法的发展历史、应用及今后的发展趋势，细述了有限元分析问题的基本解题思路和求解步骤。

　　随着现代科学技术的发展，人们正在不断建造更为快速的交通工具、更大规模的建筑物、更大跨度的桥梁、更大功率的发电机组和更为精密的机械设备。这一切都要求工程师在设计阶段就能精确地预测出产品和工程的技术性能，需要对结构的静、动力强度以及温度场、流场、电磁场和渗流等技术参数进行分析计算。例如，分析计算高层建筑和大跨度桥梁在地震时所受到的影响，判断其是否会发生破坏性事故；分析计算核反应堆的温度场，确定传热和冷却系统是否合理；分析涡轮机叶片内的流体动力学参数，以提高其运转效率。这些都归结为求解物理问题的控制偏微分方程式往往是不可能的。近年来，在计算机技术和数值分析方法支持下发展起来的有限元分析方法则为解决这些复杂工程的分析计算问题提供了有效途径。

　　有限元方法（FEM，Finite Element Method），实际应用中往往被称为有限元分析（FEA，Finite Element Analysis），是一种用于求解微分方程组或积分方程组数值解的数值技术，自从其被应用于航空工程中飞机机身和结构的分析以来，经过几十年的发展，不断开拓新的应用领域，其应用范围已经由杆件结构问题扩展到了弹性力学乃至塑性力学问题，由平面问题扩展到空间问题，由静力学问题扩展到动力学问题和稳定性问题，由固体力学问题扩展到流体力学、热力学和电磁学等问题。因此，有限元方法是求解数理方程的一种数值计算方法，是解决工程问题的一种强有力的计算工具。

1.1　有限元方法的发展历史

　　有限元方法的思想最早可以追溯到古人的"化整为零""化圆为直"的做法，如"曹冲称象"的典故，我国古代数学家刘徽采用割圆法来计算圆周长，这些实际上都体现了离散逼近的思想，即采用大量的简单小物体来"充填"出复杂的大物体。

　　1870 年英国科学家 Rayleigh 采用假想的"试函数"来求解复杂的微分方程，1909 年Ritz 将其发展成为完善的数值近似方法，为现代有限元方法打下坚实基础。

20 世纪 40 年代，由于航空事业的飞速发展，设计师需要对飞机结构进行精确的设计和计算，便逐渐在工程中产生了的矩阵力学分析方法；1943 年 Courant 发表了第一篇使用三角形区域的多项式函数求来解扭转问题的论文；1956 年波音公司的 Turner、Clough、Martin 和 Topp 在分析飞机结构时系统研究了离散杆、梁、三角形的单元刚度表达式；1960 年 Clough 在处理平面弹性问题，第一次提出并使用"有限元方法"的名称。

1955 年德国的 Argyris 出版了第一本关于结构分析中的能量原理和矩阵方法的书，为后续的有限元研究奠定了重要的基础；1967 年 Zienkiewicz 和 Cheung 出版了第一本有关有限元分析的专著；1970 年以后，有限元方法开始应用于处理非线性和大变形问题；我国的一些学者也在有限元领域做出了重要的贡献，如胡海昌于 1954 提出了广义变分原理，钱伟长最先研究了拉格朗日乘子法与广义变分原理之间关系，钱令希在 20 世纪 50 年代研究了力学分析的余能原理，冯康在 20 世纪 60 年代就独立地、并先于西方奠定了有限元分析收敛性的理论基础。图 1-1 展示了有限元方法的发展过程。

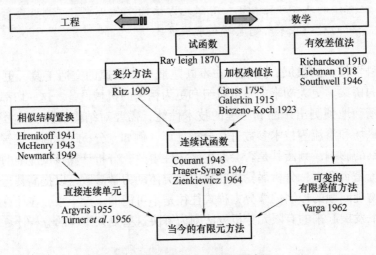

图 1-1　有限元方法的发展过程

1.2　有限元方法的主要特点

（1）物理概念清晰，容易掌握　有限元方法一开始就从力学角度进行简化，可以通过非常直观的物理途径来学习并掌握这一方法。

（2）方法灵活通用　对于各种复杂的因素（如复杂的几何形状、任意的边界条件、不均匀的材料特性、不同类型构件的组合等），有限元方法都能灵活地加以考虑，而不会出现处理、求解上的困难。

（3）应用范围广　有限元方法不仅能处理结构力学、弹性力学中的各种难题，而且随着其理论基础与方法的逐步改进与完善，还可以成功地用来求解热传导、流体力学及电磁场等其他领域的许多问题。实际上，在所有连续介质问题和场问题中，都有其用武之地。

（4）可充分利用计算机强大的分析与计算能力　有限元方法采用矩阵形式作为表达工具，便于编制计算机程序，可以充分利用计算机的大容量记忆与高速度运算，因而有限元方法已被公认为是工程、机械、流体、矿山、石油等各个领域数值计算和分析的有效工具，并得到普遍的重视与广泛的应用。

1.3 有限元方法的基本思路

有限元方法与其他求解边值问题近似方法的根本区别在于它的近似性仅限于相对小的区域中。20 世纪 60 年代初，首次提出结构力学计算有限元概念的 Clough 形象地将其描绘为"有限元法 = Rayleigh Ritz 法 + 分片函数"，即有限元法是 Rayleigh Ritz 法的一种局部化情况。不同于求解（往往是困难的）满足整个定义域边界条件的允许函数的 Rayleigh Ritz 法，有限元法将函数定义在简单几何形状（如二维问题中的三角形或任意四边形）的单元域上（分片函数），且不考虑整个定义域的复杂边界条件，这是有限元方法优于其他近似方法的原因之一。

有限元方法的基础是变分原理和加权余量法，其基本求解思想是把计算域划分为有限个互不重叠的单元，在每个单元内，选择一些合适的节点作为求解函数的插值点，将微分方程中的变量改写成由各变量或其导数的节点值与所选用的插值函数组成的线性表达式，借助于变分原理或加权余量法，将微分方程离散求解。采用不同的权函数和插值函数形式，便构成不同的有限元方法。

在有限元方法中，把计算域离散剖分为有限个互不重叠且相互连接的单元，在每个单元内选择基函数，用单元基函数的线形组合来逼近单元中的真解，整个计算域上总体的基函数可以看作由每个单元基函数组成的，则整个计算域内的解可以看作是由所有单元上的近似解构成。在河道数值模拟中，常见的有限元计算方法是由变分法和加权余量法发展而来的里兹法和伽辽金法、最小二乘法等。

根据所采用的权函数和插值函数的不同，有限元方法也分为多种计算格式。从权函数的选择来划分，有配置法、矩量法、最小二乘法和伽辽金法（Galerkin）；从计算单元网格的形状来划分，有三角形网格、四边形网格和多边形网格；从插值函数的精度来划分，有线性插值函数和高次插值函数等。

不同的组合同样构成不同的有限元计算格式。对于权函数，伽辽金法是将权函数取为逼近函数中的基函数；最小二乘法是令权函数等于余量本身，而内积的极小值为对待求系数的平方误差最小；在配置法中，先在计算域内选取 N 个配置点，令近似解在选定的 N 个配置点上严格满足微分方程，即在配置点上令方程余量为 0。

插值函数一般由不同次幂的多项式组成，但也有采用三角函数或指数函数组成的乘积表示，但最为常用的是多项式插值函数。多项式插值函数一般分为拉格朗日（Lagrange）和哈密特（Hermite）两类，前者只要求插值多项式本身在插值点取已知值，后者不仅要求插值多项式本身，还要求它的导数值在插值点取已知值。

单元坐标主要有笛卡尔直角坐标系和无因次自然坐标，有对称和不对称等。常采用的无因次坐标是一种局部坐标系，它的定义取决于单元的几何形状，一维看作长度比，二维看作面积比，三维看作体积比。在二维有限元中，三角形单元应用的最早，近年来四边形等参数单元的应用也越来越广泛。对于二维三角形和四边形等参数单元，常采用的插值函数主要有拉格朗日（Lagrange）插值直角坐标系中的线性插值函数及二阶或更高阶插值函数、面积坐标系中的线性插值函数、二阶或更高阶插值函数等。

1.4 有限元方法求解问题的步骤

任何一种方法或思路在处理具体问题时总有它处理问题的先后顺序。同理，有限元方法在处理实际问题时也有其一定的顺序。具体步骤如下：

1）建立积分方程。根据变分原理或方程余量与权函数正交化原理，建立与微分方程初边值问题等价的积分表达式，这是有限元方法的出发点。

2）区域单元剖分。根据求解区域的形状及实际问题的物理特点，将区域剖分为若干相互连接、不重叠的单元。区域单元划分是采用有限元方法的前期准备工作，这部分工作量比较大，除了给计算单元和节点进行编号和确定相互之间的关系之外，还要表示节点的位置坐标，同时还需要列出自然边界和本质边界的节点序号和相应的边界值。

3）确定单元基函数。根据单元中节点数目及对近似解精度的要求，选择满足一定插值条件的插值函数作为单元基函数。有限元方法中的基函数是在单元中选取的，由于各单元具有规则的几何形状，在选取基函数时可遵循一定的法则。

4）单元分析。将各个单元中的求解函数用单元基函数的线性组合表达式进行逼近；再将近似函数代入积分方程，并对单元区域进行积分，可获得含有待定系数（即单元中各节点的参数值）的代数方程组，称为单元有限元方程。

5）总体合成。在得出单元有限元方程之后，将区域中所有单元有限元方程按一定法则进行累加，形成总体有限元方程。

6）边界条件的处理。一般边界条件有三种形式，分为本质边界条件（狄里克雷边界条件）、自然边界条件（黎曼边界条件）、混合边界条件（柯西边界条件）。对于自然边界条件，一般在积分表达式中可自动得到满足；对于本质边界条件和混合边界条件，需按一定法则对总体有限元方程进行修正满足。

7）解有限元方程。根据边界条件修正的总体有限元方程组，是含所有待定未知量的封闭方程组，采用适当的数值计算方法求解，可求得各节点的函数值。

1.5 有限元的常用术语

1. 单元与节点

（1）单元 单元是组成有限元模型的基础，对于任何连续体，可以利用网格生成技术离散成若干个小的区域，其中每一个小的区域称为一个单元，如图1-2所示。单元类型对于有限元分析是至关重要的，常见的单元类型主要分为线单元、三角形单元、四边形单元、四面体单元和六面体单元。工程中常用到的单元主要包括杆（Link）、梁（Beam）、块（Block）、平面（Plane）、集中质量（Mass）、管（Pipe）、壳（Shell）和流体（Fluid）等单元。

（2）节点 节点是单元与单元之间设置的连接点，可分

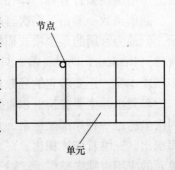

图1-2 单元、节点示意图

为铰接、固接或其他形式的连接。节点在将实际连续体离散成为单元群的过程中起到桥梁作用，ANSYS 程序正是通过节点信息来组成刚度矩阵进行计算的。节点一般分为主外节点、副主外节点和内节点三类。

2. 节点力和节点荷载

节点力指的是相邻单元之间的节点间的相互作用力，而作用在节点上的外荷载称为节点荷载。外荷载包括集中力和分布力等。在不同的学科中，荷载的含义也不尽相同。在电磁场分析中，荷载是指结构受的电场和磁场作用。在温度场分析中，所受荷载则指的是温度。

3. 位移插值函数

位移插值函数是指用来表征单元内的位移或位移场的近似函数。正确选择位移函数直接关系到其对应单元的计算精度和能力。位移插值函数要满足以下几个条件：①在单元内部必须是连续的；②位移函数必须含单元的刚体位移；③相邻单元在交界处的位移是连续的。

4. 等参数单元

由于一些标准单元（母单元）如矩形单元、正六面体单元等是满足解的收敛条件的，因此通过坐标变换将任意不标准的单元（子单元）如任意四边形、任意六面体单元等变换成标准单元，只要坐标变换中子单元与母单元的点是一一对应的，且满足变形协调性，就能满足子单元在原坐标系中满足解的收敛性条件，即称之为等参数单元法。其特点是单元上的位移插值函数公式与子单元和母单元之间的坐标转换公式是一样的。等参数单元的优点如下：①具有较大的选择单元的自由，计算精度高，曲线边界的求解区域能得到较好的模拟；②所需要输入的数据大大减少。

1.6 有限元方法的应用及其发展趋势

有限元方法的应用范围也是相当广泛的，涉及工程结构、传热、流体运动、电磁等连续介质的力学分析中，并在气象、地球物理、医学等领域得到应用和发展。由于计算机的出现和快速发展使得有限元方法在许多实际问题中的应用变为现实，并具有广阔的前景。

1. 现状及发展趋势

1956 年，Tuner、Clough 等人将刚架位移法推广应用于弹性力学平面问题，并用于分析飞机结构，这是现代有限元方法第一次成功的尝试。他们第一次给出了用三角形单元求解平面应力问题的正确解答，其研究工作打开了利用计算机求解复杂平面问题的新局面。1963—1964 年，Besseling、Melosh 和 Jones 等证明有限单元法是基于变分原理的 Ritz 法的另一种形式，从而使 Ritz 分析的所有理论基础都适用于有限元方法，确认了有限元方法是处理连续介质问题的一种普遍方法。

几十年来，有限元方法的应用已从弹性力学平面问题扩展到空间问题、板壳问题，从静力平衡问题扩展到稳定问题、动力问题和波动问题；分析的对象从弹性材料扩展到塑性、黏塑性和复合材料等；从固体力学扩展到流体力学、传热学等连续介质力学领域。在工程分析中的作用已从分析比较扩展到优化设计并和 CAD（计算机辅助设计）结合越来越紧密。

有限元分析理论的逐步成熟主要经历了 60 年代的探索发展时期，70—80 年代的独立发展专家应用时期和 90 年代与 CAD 相辅相成的共同发展、推广使用时期。

有限元方法作为一种强有力的数值分析方法，在结构分析和仿真计算中有着极大的应用价值。目前，结构仿真中的静力分析、动力分析、稳定性计算，特别是结构的线性、非线性分析（几何、材料非线性）、屈曲分析等，都可以借助于大型的有限元分析软件如 MSC/NASTRAN、ANSYS 等进行，其中，MSC/NASTRAN 在结构动力分析、空气动力弹性及颤振分析、复合材料分析等方面有较强的功能，在对结构的振动分析、稳定性分析及风振分析方面有极大的优势。

对结构分析而言，使现代结构设计方法从规范和经验设计向分析设计转变，设计者在设计阶段就能从仿真分析中形象地了解整个设计在受载后的应力、变形及动力特性，评估设计质量，寻找最佳的设计方案，将使结构设计质量发生质的飞跃。

2. 结构分析的特点

利用有限元方法等数值方法对结构进行分析和仿真，必须了解结构分析的特点，只有这样才能得到正确的、符合实际的分析结果。

结构分析主要有以下特点：

1）必须考虑结构的最终内力和变形与施工方法的关系。结构并不是一次成形的，而是随着施工进程逐步形成的，在进行结构分析时，应根据实际的施工过程，分阶段逐步分析。

2）应考虑结构的几何非线性和材料非线性。由于结构材料和受力的复杂性，混凝土开裂及各向异性等，在进行有限元分析时，有时必须考虑结构的几何非线性和材料非线性才能得到正确的分析结果。

3）预应力效应的计算。由于预应力技术的广泛应用，在对存在预应力的结构进行分析时，必须考虑预加应力的效应，较常用的方法是等效荷载法，即把预加力视为等效的外载施加在混凝土结构上，然后再计算由此而引起的内力和位移。

4）混凝土徐变收缩效应的计算。混凝土徐变收缩是一种随时间而增长的变形，徐变收缩有时会产生很大的弹性变形，甚至还会引起结构的内力重分布，即产生徐变次应力。因此，正确计算混凝土徐变收缩应是结构分析中的一项重要内容。

3. 存在问题

利用有限元方法进行分析，得到结构中的变形和内应力，其分析精度和许多因素是直接相关的。目前，影响分析精度和存在的主要问题有：

1）结构体系主要由混凝土和钢筋组成，如何考虑混凝土和钢筋间的作用和相互关系，是影响结构分析精度的重要因素。

2）在荷载增加的情况下，由于混凝土的开裂，如何准确描述结构体系开裂前后的连续变化布局。

3）混凝土的应力-应变关系是非线性的，且是一多元函数，在复合应力状态下很难得到混凝土的本构关系和破坏准则。

4）混凝土的变形受到徐变收缩的影响，变形不仅与荷载作用的时间有关，还和环境变化有关。

5）由于钢筋传力作用的影响，钢筋和混凝土之间的粘结力、粘结滑移和在开裂情况下骨料的嵌锁作用都是难以用一般的分析表达式来表示的。

6）对各种结构的特殊性，其材料特性和分析方法都有不同程度的改变，很难用统一的分析方法进行，如结构中的预应力和非预应力结构、粘结和无粘结预应力结构，以及桥梁结构中的斜拉桥、拱桥、悬索桥，在材料特性、加载方法和非线性特性等方面都各不相同。

4. 有限元软件的发展应用情况

随着计算机技术的飞速发展，基于有限元方法原理的软件大量出现，并在实际工程中发挥了愈来愈重要的作用。目前，专业的著名有限元分析软件公司有几十家，国际上著名的通用有限元分析软件有 ANSYS，ABAQUS，MSC/NASTRAN，MSC/MARC，ADINA，ALGOR，PRO/MECHANICA，IDEAS；还有一些专门的有限元分析软件，如 LS-DYNA，DEFORM，PAM-STAMP，AUTOFORM，SUPER-FORGE 等。

第 2 章

ANSYS简介

本章导读

　　介绍 ANSYS 14.5 软件的安装、使用环境、软件功能、文件系统和实现过程，并结合实例给出了 ANSYS 软件求解结构问题的基本求解过程。

2.1 概述

2.1.1 发展过程

　　ANSYS 软件作为一个大型通用有限元分析软件，能够应用于结构、热、流体、电磁、声学等学科的研究，以及土木工程、地质矿产、水利、铁道、汽车交通、国防军工、航天航空、船舶、机械制造、核工业、石油化工、轻工、电子、日用家电和生物医学等一般工业及科学研究工作。ANSYS 软件是第一个通过 ISO9001 质量认证的大型通用有限元分析设计软件，是美国机械工程师协会（ASME）、美国核安全局（NQA）及近 20 种专业技术协会认证的标准分析软件。

　　在国内，ANSYS 第一个通过了中国压力容器标准化技术委员会认证并在国务院 17 个部委推广使用，是唯一一个被中国铁路机车车辆总公司选定为实现"三上"目标的有限元分析软件。

　　在世界范围内，ANSYS 软件已经成为土木建筑行业 CAE（计算机辅助工程）仿真分析软件的主流。ANSYS 在钢结构和钢筋混凝土房屋建筑、体育场馆、桥梁、大坝、隧道及地下建筑物等工程中得到了广泛的应用，可以对这些结构在各种外荷载条件下的受力、变形、稳定性及各种动力特性进行全面分析，从力学计算、组合分析等方面提出了全面的解决方案，为土木工程师提供了一种功能强大且方便易用的分析方法。ANSYS 在中国的很多大型土木工程中都得到了应用，如鸟巢、国家大剧院、上海科技馆太空城、黄河下游特大型公路斜拉桥、龙首水电站大坝、南水北调工程、金沙江溪落渡水电站、二滩水电站、龙羊峡水电站及三峡工程等。

　　此外，西南交通大学、同济大学、清华大学、武汉大学等高校应用 ANSYS 软件设计并分析了各种桥梁（新型"大跨度双向拉索斜拉桥"和"大跨度双向拉索悬索桥"）、模拟了

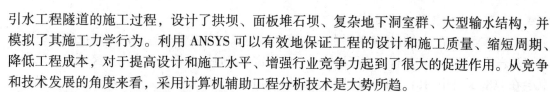

引水工程隧道的施工过程，设计了拱坝、面板堆石坝、复杂地下洞室群、大型输水结构，并模拟了其施工力学行为。利用 ANSYS 可以有效地保证工程的设计和施工质量、缩短周期、降低工程成本，对于提高设计和施工水平、增强行业竞争力起到了很大的促进作用。从竞争和技术发展的角度来看，采用计算机辅助工程分析技术是大势所趋。

ANSYS 软件的最初版本与今天的版本相比有相当大的区别，前者只是一个批处理程序，提供热分析及线性结构分析功能，且只能在大型计算机上使用，必须通过编写分析代码按照批处理方式执行。为了满足广大用户的需求，ANSYS 在 20 世纪 70 年代融入了非线性、子结构以及更多的单元类型，从而使 ANSYS 功能大大增强；20 世纪 70 年代末，随着小型机和 PC 的出现，操作系统进入了图形交互方式，ANSYS 程序建立了交互式操作菜单环境，使得 ANSYS 程序得到了很大的改善，前后处理技术进入了一个崭新的阶段。在进行分析之前，可以利用交互式图形（前处理）来验证模型的生成过程、边界条件和材料属性等；求解完后，计算结果的图形显示（后处理）可用于检验分析过程的合理性。

如今的 ANSYS 软件更加趋于完善，功能更加强大，使用更加方便。ANSYS 提供的虚拟样机设计法，可以使用户大大节约了计算时耗和物理样机；ANSYS 可与许多先进的 CAD 软件共享数据，利用 ANSYS 的数据接口，可精确地将在 CAD 系统下生成的几何数据传入到 ANSYS，如 Pro/Engineer、NASTRAN、Algor、I-DEAS 和 AutoCAD 等，通过必要的修改就可准确地在该模型上划分网格并求解，这样可以节省用户在创建模型过程中所花费的时间，极大地提高了工作效率；利用 ANSYS 的参数设计语言 APDL 来扩展宏命令，可以直接快速生成有效的分析和结果处理文件等。

2.1.2 使用环境

ANSYS 是一个功能强大、灵活的设计分析及优化软件包。该软件可以浮动运行于 PC、NT 工作站、UNIX 工作站直至巨型机的各类计算机及操作系统中，数据文件在其所有的产品系列和工作平台上均兼容。其多物理场耦合的功能，允许在同一模型上进行各式各样的耦合计算，如热-结构耦合、磁-结构耦合等，在 PC 上生成的模型同样可以运行于巨型机上，这就保证了所有的 ANSYS 用户的多领域多变工程问题的求解。

ANSYS 软件可与众多先进 CAD 软件共享数据接口，由 CAD 软件生成的模型文件格式有 Pro/E、Unigraphics、CADDS、IGES、SAT 和 Parasolid。

2.1.3 软件功能

ANSYS 软件含有多种有限元分析的能力，包括从简单线性静态分析到复杂非线性动态分析。该软件功能强大与其含有众多模块分不开。在进行有限元分析时，ANSYS 软件主要使用前处理模块（PREP7）、分析求解模块（SOLUTION）和后处理模块（POST1 和 POST26）三个部分。前处理模块提供了一个强大的实体建模及网格划分工具，利用这个模块可以方便地构造自己想要的有限元模型；分析求解模块对已经建立好的模型在一定的荷载和边界条件下进行有限元计算，求解平衡微分方程，它包括结构分析（可进行线性分析、非线性分析和高度非线性分析）、流体动力分析、电磁场分析、声场分析、压电分析及多物理场的耦合分析，可模拟多种物理介质的相互作用，具有灵敏度分析及优化分析能力；后处理模块对计算结果进行处理，将结果以图表、曲线形式显示或输出。ANSYS 软件提供 100 多种单元类型，用来模拟工程中的各种结构和材料。

启动 ANSYS 后，从开始菜单平台（主菜单）可以进入各种处理模块。用户的指令可以通过单击菜单项选取和执行，也可以在命令输入窗口通过键盘输入。命令一经执行，该命令就会在 LOG 文件中列出，打开输出窗口可以看到 LOG 文件的内容。如果软件运行过程中出现问题，查看 LOG 文件中的命令及其错误提示，将有助于迅速发现并解决问题。LOG 文件可以略作修改存到一个批处理文件中，在以后进行同样工作时，由 ANSYS 自动读入并执行，这就是 ANSYS 软件的第三种命令流方式。该方式在进行某些重复工作时，可以提高工作效率。

下面对 ANSYS 软件进行有限元分析中常用的三种模块进行介绍。

1. 前处理模块（PREP7）

（1）**参量定义** ANSYS 程序在进行建模过程中，先要对所有被建模型中的材料进行参量定义，包括定义使用单位制、定义单元类型、定义单元实常数、定义材料特性等。

1）对于定义单位制，ANSYS 并没有指定固定的单位，除了磁场分析之外，可以使用任意一种单位制，但必须保证输入的所有数据使用同一单位制。

2）对于单元类型的定义，因为 ANSYS 中有 100 多种不同的单元类型，每一种单元类型又有特定的编号和单元类型名，所以对所建模型要选择合适的单元，实质上单元类型的选择就是指有限元分析中的选择位移模式，ANSYS 根据所选择单元类型来进行网格划分。

3）单元的实常数是根据单元类型特性来确定的。如 BEAM3 梁单元有 AREA、IZZ、HEIGHT、SHEARZ、ISTRN 和 ADDMAS 等 6 个实参数，而 BEAM4 梁单元有 AREA、IZZ、IYY、TKZ、TKY、THETA、SHEARZ、SHEARY、SPIN、ISTRN、IXX 和 ADDMAS 等 12 个实参数。

4）材料特性是针对每一种材料的性质参数，在一个分析中，可以有多个材料特性组，相应的模型中有多种材料，ANSYS 通过独特的参考号来识别每个材料的特性组。

（2）**实体建模** ANSYS 程序提供了两种实体建模方法：自顶向下和自底向上。自顶向下进行实体建模时，用户定义一个模型的最高级图元（图元等级从高到低分别是体、面、线和点），如球、棱柱，称为基元，程序自动定义相关的面、线和关键点。可以利用这些高级图元直接构造几何模型。自底向上进行实体建模时，从最低级的图元向上构造模型：先定义关键点，再依次定义线、面、体。无论采用哪一种方法来建模，均能使用布尔运算（如相加、相减、相交、分割、粘接和重叠等）来组合数据，从而构造出想要的模型。此外，ANSYS 程序还提供了拖拉、延伸、旋转、移动和复制实体模型的图元的功能，以及切线构造、自动倒角生成、通过拖拉与旋转生成面体等附加功能，可方便帮助建模。

（3）**网格划分** ANSYS 程序提供了使用便捷、功能强大的网格划分功能。从使用角度分，ANSYS 程序网格划分可分为智能划分和人工选择划分两种；从网格划分功能来分，可分为延伸划分、映像划分、自由划分和自适应划分四种。

1）延伸划分，可将一个二维网格延伸成一个三维网格。

2）映像划分，允许将几何模型分解成简单几个部分，然后选择合适的单元属性和网格控制，生成映像网格。

3）自由化分，功能非常强大，可对复杂模型直接划分，避免了对各个部分分别划分然后进行组装时各部分不匹配带来的麻烦。

4）自适应划分，在生成了具有边界条件的实体模型以后，指示程序自动生成有限元网格，分析、估计网格的离散误差，然后重新定义网格大小，再次分析计算、估计网格的离散误差，直至误差低于定义的值或达到定义的求解次数。

2. 求解模块（SOLUTION）

前处理阶段完成建模以后，可以用求解模块对所建模型进行力学分析和有限元求解。在该阶段，可以定义分析类型、设置分析选项、施加边界条件与荷载和设置荷载步选项，然后进行有限元求解。

（1）定义分析类型　可以根据所施加荷载条件和所要计算的响应来定义分析类型。例如，要计算固有频率和模态振型，就要选择模态分析。在 ANSYS 程序中可以进行的分析有静态（或稳态）、瞬态、调谐、模态、频谱、挠度和子结构分析。ANSYS 软件提供的分析类型有如下几种：

1）结构静力分析。用来计算在固定不变的外荷载作用下结构的位移、应力和应变等。一般不考虑系统惯性和阻尼，但可以分析那些固定不变的惯性荷载（重力、离心力）对结构的影响。ANSYS 程序中的静力分析不仅可以进行线性分析，而且可以进行非线性分析，如塑性、蠕变、膨胀、大变形、大应变及接触分析。

2）结构动力分析。用来求解随时间变化的荷载对结构或部件的影响。与静力分析不同，动力分析要考虑随时间变化的荷载以及它对阻尼和惯性的影响，如隧道开挖时爆炸产生的冲击力和地震产生的随机力。ANSYS 可进行的结构动力分析类型包括瞬态动力分析、模态分析、谐波响应分析及随机振动响应分析。

3）结构非线性分析。结构非线性分析导致结构或部件的响应随外荷载不成比例变化。ANSYS 程序可以求解静态和瞬态非线性问题，包括几何非线性（大变形、大应变、应力强化等）、材料非线性（弹塑性、黏弹性、超弹性等）和单元非线性（接触问题、钢筋混凝土单元等）。

4）热分析。热分析用于计算一个系统的温度等热物理量的分布及变化情况。基于热平衡方程，ANSYS 程序能够计算各节点的温度，并导出其他的热物理量，能够处理热传导、热对流及热辐射 3 种热传递方式。热分析还具有可以模拟材料固化和熔解过程的相变分析能力和热与结构耦合分析能力。

5）电磁场分析。ANSYS 程序能分析电感、电容、磁通量密度、涡流、电场分布、磁力线分布、运动效应、电路及能量损失等电磁场问题，也可以用于螺线管、调节器、发电机、变换器、磁体、加速器、电解槽及无损检测等装置的设计与分析。

6）压电分析。用于分析二维或三维结构对 AC（交流）、DC（直流）或任意随时间变化的电流或机械荷载的响应。这种分析可进行静态、模态、谐波响应和瞬态响应四种类型的分析，适用于换热器、振荡器、传声器等部件及其他电子设备的结构动态性能分析。

7）流体动力分析。ANSYS 程序流体动力分析可进行二维、三维流体动力场问题，分析类型可以是瞬态或稳态，可进行传热或绝热、压缩或不可压缩等问题研究。分析结果可以是每个节点的压力和通过每个单元的流率，并且可以利用后处理功能产生压力、流率和温度分布的图形显示。主要用于超声速喷管中的流场、使用混合流研究估计热冲击的可能性、弯管中流体的三维流动、管路系统中热的层化和分离问题的设计和研究工作。

8）声场分析。ANSYS 中的声场分析主要用来研究含有流体的介质中的声波传播或分析浸在流体中的固体结构的动态响应特性。如可以用来确定传声器和扬声器的频率响应、研究音乐大厅的声场分布或预测水对振动船体的阻尼效应等。

（2）设置分析选项　主要针对不同的分析类型设置它们各自的分析选项，包括通用几何非线性、求解器等一系列设置选项以及静动力分析类型的其他专用选项。

（3）施加边界条件与荷载　ANSYS 具有四大物理场的分析功能，不同的物理场分析具有不同的自由度、荷载与边界条件，这些都统称为荷载。有限元分析的主要目的就是计算系统对荷载的响应，因此，荷载是求解的重要组成部分。ANSYS 程序荷载分为 DOF（自由度）约束、力、表面分布荷载、体积荷载、惯性荷载和耦合场荷载六类。

（4）设置荷载步选项　设置荷载步选项主要设置时间、荷载步、荷载子步、平衡迭代和输出控制。

1）时间。在所有静态和瞬态分析中，时间总是计算的跟踪参数，即以一个不变的计数器或跟踪器按照单调增加的方式记录系统经历一段时间的响应过程。

2）荷载步。指可求得解的荷载配置，依据荷载变化方式可以将整个荷载时间历程划分成多个荷载步（Load Step），每个荷载步代表荷载发生一次突变或一次渐变阶段。如结构分析中，可将风荷载施加于第一个荷载步，第二个荷载步时间重力等。

3）荷载子步。指一个荷载步中增加的步长，子步也叫时间步，代表一段时间。

4）平衡迭代。指在子步荷载增量的条件下程序需要进行迭代计算，即 Iteration，最终求解系统在当前子步时的平衡状态，这个过程称为平衡迭代。

5）输出控制。求解过程含有大量的中间时间点上的结果数据，包括基本解（基本自由度解）和各种导出解（如应力、应变、力等）。但相对来说，往往仅仅关心部分结果数据，在求解时只需控制输出这些结果数据到结果文件中就足够了。此外，如果将所有的结果数据计算出来并写进结果文件，这样不但需要大量硬盘存储空间，而且需要大量计算与读写时间，大大影响计算速度，甚至可能出现硬盘容量不足而终止求解的现象。

3. 后处理模块（POST1 和 POST26）

ANSYS 软件的后处理模块包含两个部分：通用后处理模块（POST1）和时间历程后处理模块（POST26）。通过后处理模块，可以轻松获得求解过程的计算结果并对其进行显示。这些结果可能包括位移、温度、应变、速度及热流等，输出形式有图形显示和数据列表两种。

（1）通用后处理模块（POST1）　用于分析处理整个模型在某个荷载步的某个子步或者某个结果序列，或者某特定时间或频率下的结果，例如结构静力求解中荷载 2 的最后一个子步的应力，或者瞬态动力分析求解中时间等于 5s 时的位移、速度与加速度等，可以获得等值线显示、变形形状以及检查和解释分析结果和列表。此外，该模块还提供了许多其他功能，如误差估计、荷载状况组合、结果数据的计算和路径操作等。

（2）时间历程后处理模块（POST26）　用于分析处理指定时间范围内模型指定节点上的某结果项随时间或频率的变化情况，如瞬态动力分析中结构某节点上的位移、速度和加速度 0~10s 的变化规律。此外，该模块还具有许多其他功能，如曲线的代数运算之间的加、减、乘、除运算来产生新的曲线；取绝对值、平方根、对数、指数以及求最大值和最小值；

求曲线的微积分运算；从时间旅程结果中生成频谱响应等。

除了以上介绍常用模块中的三种模块，ANSYS 软件中的高级模块还有许多其他高级分析功能：

1）单元"生死"。如果模型中加入或删除材料，模型中相应的单元就"产生"或"死亡"。单元的生死功能就利用这种情形杀死或重新激活单元。主要用于隧道开挖、建筑施工过程、热分析中熔融过程、计算机芯片组装等数值模拟。

2）可编程特性（UPFs）。ANSYS 功能允许用户使用自己的 FORTRAN 程序，允许根据需要定制 ANSYS 程序，如自行定义材料性质、单元类型等，还允许用户编写自己的优化设计算法将整个 ANSYS 程序作为子过程来调用。

2.2 ANSYS 14.5 安装与启动

2.2.1 系统要求

1. 操作系统要求

（1）ANSYS 14.5 软件可运行于 HP-UX Itanium 64（hpia64）、IBM AIX 64（aix64）、Sun SPARC64（solus64）、Sun_Solaris x64（solx64）、Linux 32（lin32）、Linux Itanium 64（linia64）、Linux x64（linx64）、Windows x64（winx64）、Windows 32（win32）等各类计算机及操作系统中，其数据文件是兼容的。

（2）确定计算机安装有网卡、TCP/IP 协议，并将 TCP/IP 协议绑定到网卡上。

2. 硬件要求

1）内存：1GB（推荐 2GB）以上。

2）计算机：采用 Intel 2.0GHz 处理器或主频更高的处理器。

3）光驱：DVD-ROM 驱动器（非必需）。

4）硬盘：20GB 以上硬盘空间，用于安装 ANSYS 软件及其配套使用软件。各模块所需硬盘容量：Mechanical APDL 8.1 GB，ANSYS AUTODYN 6.3 GB，ANSYS LS-DYNA 6.5 GB，ANSYS CFX 6.9 GB，ANSYS TurboGrid 6.2 GB，ANSYS FLUENT 7.2 GB，POLYFLOW 7.2 MB，ANSYS AQWA 6.0 GB，ANSYS ICEM CFD 7.0 GB，ANSYS Icepak 7.3 GB，CFD Post only 6.2 GB，ANSYS Geometry Interfaces 1.5 GB，CATIA v5 1.2 GB，ANSYS Remote Solve Manager Standalone Services 2.2 GB。

5）显示器：支持 1024×768 分辨率的显示器，可显示 16 位以上显卡。

2.2.2 设置运行参数

在使用 ANSYS 14.5 软件进行设计之前，可以根据用户的需求设计环境。

依次单击开始 > 程序 > ANSYS 14.5 > Mechanical APDL Product Launcher 得到图 2-1 所示的对话框，主要设置内容有模块选择、文件管理、用户管理/个人设置和程序初始化等。

1. 模块选择

在 Simulation Environment（数值模拟）下拉列表框中列出以下三种界面：ANSYS（典型 ANSYS 用户界面）、ANSYS Batch（ANSYS 命令流界面）、LS-DYNA Solver（线性动力求解

界面）。用户根据自己实际需要选择一种界面。

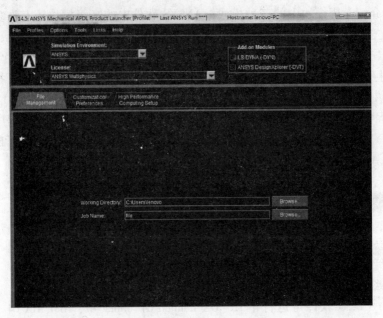

图 2-1　ANSYS 14.5 软件对话框

在 License 下拉列表框中列出了各种界面下相应的模块：力学、流体、热、电磁、流固耦合等，用户可根据自己要求选择。

2. 文件管理

单击 File Management（文件管理），然后在 Working Directory（工作目录）文本框设置工作目录，再在 Job Name（文件名）设置文件名，默认文件名叫 File。

> **提示：** ANSYS 默认的工作目录是在系统所在硬盘分区的根目录，如果一直采用这一设置，会影响 ANSYS 14.5 的工作性能，建议将工作目录改建在非系统所在硬盘分区中，且要有足够大的硬盘容量。
>
> 初次运行 ANSYS 时默认文件名为 File，重新运行时工作文件名默认为上一次定义的工作名。为防止对之前工作内容的覆盖，建议每次启动 ANSYS 时更改文件名，以便备份。

3. 用户管理/个人设置

单击 Customization/Preferences（用户管理/个人设置）选项组，就可以得到如图 2-2 所示的 "Customization/Preferences" 界面。

用户管理中可进行设定数据库的大小和进行内存管理设置，个人设置中可设置自己喜欢的用户环境：在 Language Selection 下拉列表框中选择语言；在 Graphics Device Name 下拉列表框中对显示模式进行设置（Win32 提供 9 种颜色等值线，Win32c 提供 108 种颜色等值线；3D 针对 3D 显卡，适宜显示三维图形）；在 Read START ANS file at start-up 复选框中设定是否读入启动文件。

完成以上设置后，用鼠标单击 Run 按钮就可以运行 ANSYS 14.5 程序了。

图 2-2　**Customization/Preferences** 选项组

2.2.3　启动与退出

1. 启动 ANSYS 14.5 软件

（1）快速启动：在 Window 系统中执行开始 > 程序 > ANSYS 14.5 > Mechanical APDL（ANSYS）命令，如图 2-3a 所示，就可以快速启动 ANSYS 14.5，采用的用户环境默认为上一次运行的环境配置。

（2）交互式启动：在 Windows 系统中执行开始 > 程序 > ANSYS 14.5 > Mechanical APDL Product Launcher 命令，如图 2-3b 所示菜单，就是以交互式启动 ANSYS 14.5。

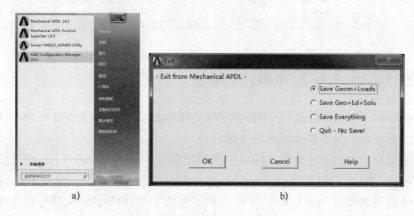

a)　　　　　　　　　　　　　　　　b)

图 2-3　**ANSYS 14.5 启动方式**

a）快速启动　b）交互式启动

提示：建议用户选用交互式启动，这样可防止上一次运行的结果文件被覆盖，并且还可以重新选择工作目录和工作文件名，便于用户管理。

2. 退出 ANSYS 14.5 软件

1）命令方式：/EXIT。

2）GUI 路径：用户界面中单击 ANSYS Toolbar（工具条）中的 QUIT 按钮，或执行 Utility Menu > File > EXIT 命令，出现 ANSYS 14.5 程序退出对话框，如图 2-4 所示。

3）在 ANSYS 14.5 输出窗口，单击关闭按钮，如图 2-5 所示。

图 2-4　ANSYS 14.5 退出程序对话框

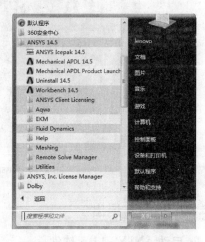

图 2-5　ANSYS 14.5 输出窗口

提示：采用第一种和第三种方式退出时，ANSYS 直接退出；而采用第二种方式时，退出 ANSYS 前要求用户对当前的数据库（几何模型、荷载、求解结果及三者的组合，或者什么都不保存）进行选择性操作，因此建议用户采用第二种方式退出。

2.3　ANSYS 14.5 软件界面

启动 ANSYS 14.5 软件并设定工作目录和工作文件名之后，将进入如图 2-6 所示 ANSYS 14.5 软件的 GUI 图形界面，主要包括以下几个部分：

（1）通用菜单　包括文件操作（File）、选取功能（Select）、列表（List）、绘图（Plot）、绘图控制（P1otCtrls）、工作平面（WorkPlane）、参量（Parameters）、宏（Macro）、菜单控制（MenuCtrls）和帮助（Help）10 个下拉菜单，包括了 ANSYS 的绝大部分系统环境配置功能。在 ANSYS 运行的任何时候均可以访问该菜单。

（2）快捷工具栏　对于常用的新建、打开、保存数据文件、视图旋转、抓图软件、报告生成器和帮助操作，提供了方便快捷方式。

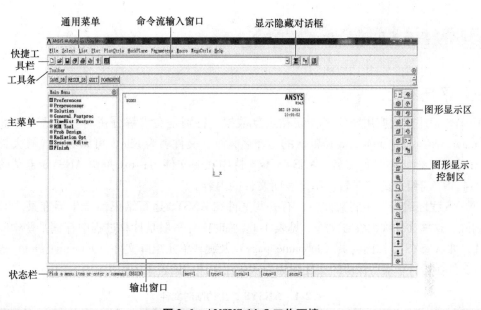

图 2-6　ANSYS 14.5 工作环境

（3）输入窗口　ANSYS 提供 4 种输入方式：常用的 GUI 输入、命令流输入、使用工具条和调用批处理文件。在这个窗口可以输入 ANSYS 的各种命令，在输入命令过程中，ANSYS自动匹配待选命令的输入格式。

（4）图形窗口　该窗口显示 ANSYS 的分析模型、网格、求解收敛过程、计算结果云图、等值线、动画等图形信息。

（5）工具条　包括一些常用的 ANSYS 命令和函数，是执行命令的快捷方式。可以根据需要对该窗口中的快捷命令进行编辑、修改和删除等操作，最多可设置 100 个命令按钮。

（6）显示隐藏对话框　在对 ANSYS 进行操作过程中，会弹出很多对话框，重叠的对话框会隐藏，单击输入栏右侧第一个按钮，便可以迅速显示被隐藏的对话框。

（7）主菜单　主菜单几乎涵盖了 ANSYS 分析过程的全部命令，按照 ANSYS 分析过程进行排列，依次是优选项（Preference）、预处理器（Preprocessor）、求解器（Solution）、通用后处理器（General Postproc）、时间历程后处理器（TimeHist Postproc）、减缩积分模型工具（ROM Tool）、概率设计（Prob Design）、辐射选项（Radiation Opt）、记录编辑器（Session Editor）和结束（Finish）。

（8）状态栏　这个位置显示 ANSYS 的一些当前信息，如当前所在的模块、材料属性、单元实常数及系统坐标等。

（9）图形显示控制区　可以利用这些快捷方式方便地进行视图操作，如前视、后视、俯视、旋转任意角度看、放大或缩小、移动图形等，调整到最佳视图角度。

（10）输出窗口　如图 2-6 所示，该窗口的主要功能在于同步显示 ANSYS 对已进行的菜单操作或已输入命令的反馈信息，输入命令或菜单操作的出错信息和警告信息等，关闭此窗口，ANSYS 将强行退出。

（11）接触管理对话框　用来创建接触对（Contact Pairs）以及对接触属性进行设置。

2.4 ANSYS 14.5 文件系统

2.4.1 文件类型

ANSYS 程序广泛应用文件来存储和恢复数据，特别是在求解分析时。这些文件被命名为 Jobname.ext，其中 Jobname 是默认的工作名，默认文件名为 File，可以更改，最大长度可达 32 个字符，但必须是英文名，ANSYS 不支持中文的文件名；ext 是由 ANSYS 定义的唯一的由 2-4 个字符组成的扩展名，用于表明文件的内容。

ANSYS 程序运行产生的文件中，有一些文件在 ANSYS 运行结束前产生但在某一时刻会自动删除，这些文件称为临时文件，见表 2-1。临时文件一般是计算过程中存储某些中间信息的文件，如 ANSYS 虚拟内存页（Jobname.page）及旋转单元矩阵文件（Jobname.erot）等。另外一些文件在运行结束后保留的文件则称为永久性文件，见表 2-2。

表 2-1 ANSYS 产生的临时文件

文 件 名	类 型	内 容
Jobname.ano	文本	图形注释命令
Jobname.bat	文本	从批处理输入文件中复制的输入数据
Jobname.don	文本	嵌套层（级）的循环命令
Jobname.erot	二进制	旋转单元矩阵文件
Jobname.page	二进制	ANYSYS 虚拟内存页文件

表 2-2 ANSYS 产生的永久性文件

Jobname.out	文 本	输 出 文 件
Jobname.db	二进制	数据文件
Jobname.rst	二进制	结构与耦合分析文件
Jobname.rth	二进制	热分析文件
Jobname.rmg	二进制	磁场分析文件
Jobname.rfl	二进制	流体分析文件
Jobname.sn	文本	荷载步文件
Jobname.grph	文本	图形文件
Jobname.emat	二进制	单元矩阵文件
Jobname.log	文本	日志文件
Jobname.err	文本	错误文件
Jobname.elem	文本	单元定义文件
Jobname.esav	二进制	单元数据存储文件

2.4.2 文件管理

1. 指定文件名

1）进入 ANSYS 后，通过以下方法实现更改工作文件名：

命令流方法：/FILNAME, Fname

GUI 方法：Utility Menu > FILE > Change Jobname...

2）由 Interactive 式启动进入 ANSYS 后，直接运行，则 ANSYS 的文件名默认为 File。

3）由 Interactive 式启动进入 ANSYS 后，在运行环境设置窗口中 Jobname 项中把系统默认的 file 更改为想要输入的文件名。

2. 保存数据库文件

ANSYS 数据库文件包含了建模、求解、后处理所产生的保存在内存中的数据，一般指存储几何信息、节点单元信息、边界条件、荷载信息、材料信息、位移、应变、应力和温度等数据库文件，后缀为 .db。

存储操作将 ANSYS 数据库文件从内存中写入数据库文件 Jobname.db，作为数据库当前状态的一个备份。由于 ANSYS 软件没有其他有限元软件的即时 Undo 功能，也没有自动保存功能，因此，在不能确定下一个操作是否稳妥时，应保存当前数据库，以便及时恢复。

ANSYS 提供以下三种方式存储数据库：

1）利用工具栏上面的 SAVE_DB 命令。

2）使用命令流方式存储数据库。如命令：SAVE，Fname，ext，dir，slab。

3）用下拉菜单方式保存数据库。

GUI 方式：Utility Menu > FILE > Save as Jobname.db

或：Utility Menu > FILE > Save as...

> 📢 **提示**：Save as Jobname.db 表示以工作文件名保存数据库；而 Save as... 程序将数据保存到另外一个文件名中，当前的文件内容并不会发生改变，保存之后进行的操作仍记录在原来的工作、文件的数据库中。

重复存储到一个同名数据库文件，ANSYS 先将旧文件复制到 Jobname.db 作为备份，可以恢复它，相当于执行一次 Undo 操作。

在求解之前保存数据库。

3. 恢复数据库文件

1）利用工具栏上面的 RESUME_DB 命令。

2）使用命令流方式进行恢复数据库。命令：Resume，Fname，ext，dir，slab。

3）用下拉菜单方式恢复数据库。

GUI 方式：Utility Menu > FILE > Resume Jobname.db

或：Utility Menu > FILE）Resume from...

4. 读入文本文件

ANSYS 程序经常需要读入一些文本文件，如参数文件、命令文件、单元文件、材料文件等，常用读入文本文件的操作见表 2-3。

表 2-3　常用读入文本文件操作

读入文件类型	命令方式	GUI 方式
ANSYS 命令记录文件	/Input，fname，ext，...，line，log	Utility Menu > FILE > Read input from
宏文件	*Use，name，argl，arg2，...，arg18	Utility Menu > Macro > Execute Data Block

（续）

读入文件类型	命令方式	GUI方式
材料参数文件	Parres, lab, fname, ext, …	Utility Menu > Parameters > Restore Parameters
材料特性文件	Mpread, fname, ext, … , lib	Main Menu > Preprocess > Material Props > Read from File
		Main Menu > Preprocess > Loads > Other > Change Mat Props > Read from File
		Main Menu > Solution > Load step opts > Other > change Mat Props > Read from File
单元文件	Nread, fname, ext, …	Main Menu > Preprocess > Modeling > Creat > Elements > Read Elem File
节点文件	Nread, fname, ext, …	Main Menu > Preprocess > Modeling > Creat > Nodes > Read Node File

5. 写出文本文件

常用写出文本文件的操作见表2-4。

表2-4 常用写出文本文件操作

写出文件类型	命令方式	GUI方式
参数文件	Parsav, lab, fname, ext, …	Utility Menu > Parameters > Save Parameters
材料特性文件	Mpwrite, fname, ext, … , lib, mat	Main Menu > Preprocess > Material Props > Write to File
		Main Menu > Preprocess > Loads > Other > Change Mat Props > Write to File
		Main Menu > Solution > Load step opts > Other > change Mat Props > Write to File
单元文件	Ewrite, fname, ext, … , kappnd, format	Main Menu > Preprocess > Modeling > Creat > Elements > Write Elem File
节点文件	Nwrite, fname, ext, … , kappnd	Main Menu > Preprocess > Modeling > Creat > Elements > Write Node File

6. 文件操作

ANSYS 的文件操作相当于操作系统中的文件操作功能，如重命名文件、复制文件和删除文件等，常用文件操作见表2-5。

表2-5 常用文件操作

文件操作	命令方式	GUI方式
重命名	/rename, fname, ext, … , fname2, ext2, …	Utility Menu > File > File Operation > Rename
复制	/copy, fname, ext, … , fname2, ext2, …	Utility Menu > File > File Operation > Copy
删除	/delete, fname, ext, …	Utility Menu > File > File Operation > Delete

7. 列表显示文件信息, 常用操作见表2-6。

表2-6　常用列表显示文件信息操作

列表显示文件类型	GUI 方式
Log 文件	Utility Menu > File > List > Log Files
	Utility Menu > List > Files > Log Files
二进制文件	Utility Menu > File > List > Binary Files
	Utility Menu > List > Files > Binary Files
错误信息文件	Utility Menu > File > List > Error Files
	Utility Menu > List > Files > Error Files

2.5　ANSYS 简单实例分析

前一节介绍了 ANSYS 有限元分析的基本过程, 本节将以 GUI 操作方式和命令流方式分别分析 ANSYS 的一个经典桁架实例, 并进行比较。

如图 2-7 所示的桁架, 弹性模量 $E = 206\mathrm{GPa}$; 泊松比 $\mu = 0.3$; 作用力 $F_y = -1000\mathrm{N}$; 杆件的横截面积 $A = 0.125\mathrm{m}^2$。

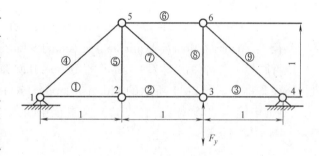

图2-7　桁架结构简图

2.5.1　GUI 操作方式求解

1. 定义材料、几何常数和单元类型

1) 启动 ANSYS。采用 ANSYS Product Launcher, 设置相关工作目录, 定义初始工作文件名为 hangjiang。

路径: 开始 > 程序 > ANSYS > ANSYS Product Launcher > File Management > Job Name

2) 定义分析标题。在如图 2-8 所示的 Change Title 对话框中指定分析标题为 hangjiang-defenxi。

路径: Utility Menu > File > Change Title

3) 定义分析类型。指定分析类型为 Structural, 默认程序分析方法为 h-method。

路径: Main Menu > Preferences

4) 定义单元类型。

路径: ANSYS Main Menu > Preprocessor > Element Type > Add/Edit/Delete

在弹出的 Element Type 对话框中单击 Add 按钮。在弹出的 Library of Element Types 对话框中选择 LINK1 号二维弹性杆单元 (3D finit stn 180)。然后单击 OK 按钮确认, 最后单击 Close 按钮关闭对话框。

5) 定义实常数。

路径: Main Menu > Preprocessor > Real Constants > Add/Edit/Delete

在弹出的 Real Constant 对话框中单击 Add 按钮，再单击 OK 按钮，弹出图 2-9 所示在 Cross-sectional area 文本框中输入"0.125"，接着单击 Apply 按钮，然后单击 OK 按钮，再单击 Close 按钮关闭对话框。

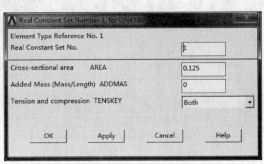

图 2-8　定义分析标题　　　　　　　　　　图 2-9　定义实常数

6）定义材料属性。

路径 1：ANSYS Main Menu > Preprocessor > Material Props > Material Models

路径 2：Material Models Available > Structural > Linear > Elastic > Isotropic

执行路径 1 后将弹出图 2-10 所示的 Define Material Model Behavior 对话框。在这之后，执行路径 2 将得到图 2-11 所示的 Linear Isotropic Properties for Material Number1 对话框，在 EX 文本框中输入"206e9"，在 PRXY 文本框中输入"0.3"。最后单击 OK 按钮，并关闭图 2-11所示的对话框。

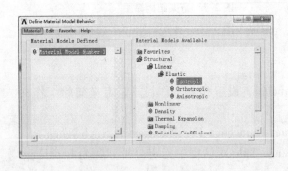

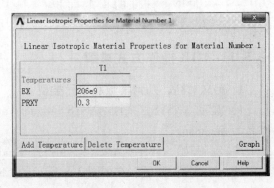

图 2-10　材料属性窗口　　　　　　　　　　图 2-11　输入弹性模量

7）保存数据。

路径：ANSYS Toolbar > SAVE_DB

2. 建立几何模型

1）创建节点。

路径：Main Menu > Preprocessor > Modeling > Create > Nodes > in Active CS

在图 2-12 所示的 Create Nodes in Active Coordinates System 对话框中，在 X、Y、Z Location in active CS 文本框中输入（0，0，0），单击 Apply 按钮生成节点1。同理，输入 2（1，0，0）、3（2，0，0）、4（3，0，0）、5（1，1，0）、6（2，1，0），分别产生节点2、3、4、5、6。单击 OK 按钮，关闭对话框。

2）生成单元格。

路径：Preprocessor > Modeling > Create > Elements > Auto Numbered > Thru Nodes

弹出节点选择对话框。依次单击节点1、2，单击 Apply 按钮，即可生成①单元。同理，分别单击节点2、3，节点3、4，节点1、5，节点2、5，节点5、6，节点3、5，节点3、6，节点4、6可生成其余8个单元。

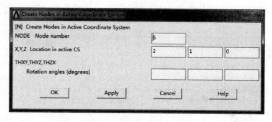

图2-12 关键点坐标输入对话框

3. 施加荷载

1）施加位移约束。

路径：Main Menu > Preprocessor > Loads > Apply > Structural > Displacement > On Nodes

弹出节点选择对话框，单击1节点后，然后单击 Apply 按钮，弹出图2-13所示对话框，选择右上列表框中的 All DOF，并单击 Apply 按钮。单击节点4，选择右上列表框中的 UY，并单击 OK 按钮，即可完成对节点4沿 y 方向的位移约束。

2）施加集中力荷载。

路径：Main Menu > Preprocessor > Loads > Define Loads > Apply > Structural > Force/Moment > On Nodes

弹出图2-14所示对话框，在 Direction of force/mom 一项中选择 "FY"，在 Force/moment value 文本框中输入 "–1000"（注：负号表示力的方向与 y 的正向相反），然后单击 OK 按钮关闭对话框，这样，就在节点3处给桁架结构施加了一个竖直向下的集中力荷载。

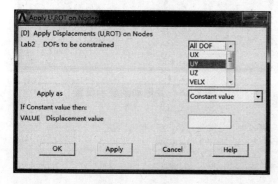

图2-13 位移约束

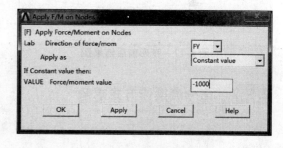

图2-14 施加集中力荷载

4. 开始求解

路径：Main Menu > Solution > Solve > Current LS

弹出图2-15所示对话框，单击 OK 按钮，开始进行分析求解。分析完成后，又弹出信息窗口，提示用户已完成求解。至于在求解时产生的 "STATUS Command" 窗口，单击 File > Close 关闭即可。

5. 分析结果显示

1）显示变形图。

路径：Main Menu > General Postproc > Plot Results > Deformed Shape

弹出图2-16所示对话框，单击 Def + undeformed 单选按钮，并单击 OK 按钮，即可显示

23

本例桁架结构变形前后的结果，如图 2-17 所示。

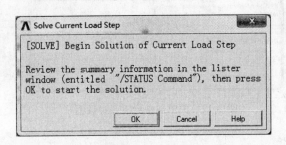

图 2-15　开始求解

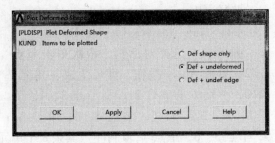

图 2-16　变形分析

2）显示变形动画。

路径：Utility Menu > Plot Ctrls > Animate > Deformed Shape。

弹出图 2-18 所示对话框，单击 Def + undeformed 单选按钮，并在 Time delay 文本框中输入"0.1"，然后单击 OK 按钮，即可显示本例桁架结构的变形动画。由于集中力 FY 作用在节点 3 上，因此，节点 3 产生的位移最大。

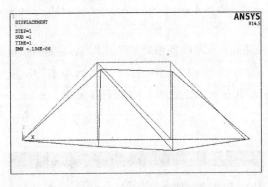

图 2-17　变形前后结果图

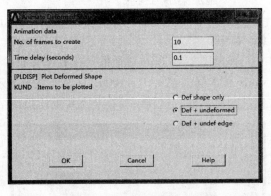

图 2-18　变形动画显示设置

2.5.2　命令流操作方式求解

```
FINISH
/CLEAR
/PREP7                                          ! 进入 PREP7 处理器
ET,1,LINK1                                      ! 定义单元类型
R,1,0.125                                       ! 定义单元实常数
MP,EX,1,206E9                                   ! 定义材料(弹性模量)
MP,PRXY,1,0.3                                   ! 定义材料(泊松比)
N,1$N,2,1$N,3,2$N,4,3$N,5,1,1$N,6,2,1           ! 创建节点
TYPE,1                                          ! 单元类型号
MAT,1                                           ! 材料类型号
REAL,1                                          ! 实常数类型号
```

```
E,2,3$E,3,4$E,1,5$E,2,5$E,5,6$E,3,5$E,3,6$E,4,6$E,1,2    ! 组建单元
FINISH

                                                         ! 加载和求解

/SOLU                                                    ! 进入 SOLU 处理器
ANTYPE,0                                                 ! 定义分析类型
D,1,UX,,,,,UY                                            ! 节点 1 的水平和竖向约束
D,4,UY                                                   ! 节点 4 的竖向约束
F,3,FY,－1000                                            ! 对节点 3 加载一个集中力
SOLVE                                                    ! 求解
FINISH                                                   ! 退出 SOLU 求解器
                                                         ! 后处理

/POST1                                                   ! 进入后处理
PLDISP                                                   ! 绘制变形图
```

2.5.3　GUI 操作与命令流的比较

ANSYS 求解有两种主要的操作方式，即 GUI 操作求解和命令流求解。命令流是一种可用来自动完成有限元常规分析或参数化变量方式建立分析模型的脚本语言，也称为参数化设计语言（APDL），它是 ANSYS 求解的一个最大的优点。

初学者一般偏向使用 GUI 操作，这和分析的类型较简单及能轻松地接触 ANSYS 有关。对于简单模型的求解，GUI 操作方式是简单且方便的。但对于复杂模型的求解，采用 GUI 操作方式将会变得十分烦琐。例如，建立 1000 个关键点，这将是一件烦琐的事且极易出错，而采用命令流的方式，可能用一个循环就可达到。因此，采用命令流方式的求解，无论是简单模型还是复杂模型，都将变得简单，无须大量重复操作，是 ANSYS 求解的最佳方式。命令流求解的特点如下：

1）ANSYS 命令繁多，且某些命令的参数也太多，不易记住和理解。

2）命令流求解时，避免大量的重复性工作，只需少许修改就可为使用者节省大量时间，提高工作效率。

3）采用命令流方式求解，便于保存和携带。因为对于复杂模型的求解，其求解结果所占空间会很大，将不方便携带。而采用命令流方式求解问题，只需携带好命令流即可，可临时求解得到结果且不易丢失。

4）采用命令流方式求解，便于同行之间的交流。对于某个问题需要与他人探讨时，直接在命令流上修改即可，无须像 GUI 操作一样对余下的命令进行重复操作。

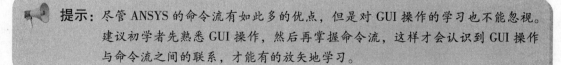

提示：尽管 ANSYS 的命令流有如此多的优点，但是对 GUI 操作的学习也不能忽视。建议初学者先熟悉 GUI 操作，然后再掌握命令流，这样才会认识到 GUI 操作与命令流之间的联系，才能有的放矢地学习。

3

第3章

ANSYS图形用户界面

本章导读

对于初学 ANSYS 软件者，图形用户界面（GUI）最为常用，本章介绍了 ANSYS 图形用户界面的基本组成，着重介绍了通用菜单与主菜单的功能和应用，使读者对 ANSYS 图形用户界面能有一个全面的掌握。

3.1 图形用户界面组成

图形用户界面（GUI）使用命令的内部驱动机制，使每一个 GUI 操作对应了一个或若干个命令。操作对应的命令保存在输入日志文件（Jobname. Log）中。所以，图形用户界面可以使用户在对命令了解很少或几乎不了解的情况下完成 ANSYS 分析。ANSYS 提供的图形用户界面还具有直观、分类科学的优点，方便用户的学习和应用。

标准的图形用户界面如图 3-1 所示，包括 6 个部分：

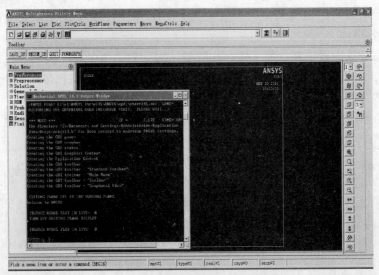

图3-1　标准图形用户界面

（1）Utility Menu（通用菜单） 该菜单包含了 ANSYS 的全部公用函数，如文件控制、选取、图形控制、参数设置等，为下拉菜单结构。该菜单的大部分函数允许在任何时刻（即在任何处理器下）访问。

（2）Input Window（输入窗口） 该窗口用于直接输入命令，显示当前和以前输入的命令，并给出必要的提示信息。要养成经常查看提示信息的习惯。

（3）Toolbar（工具条） 包含了经常使用的命令或函数的按钮，可以通过定义缩略词的方式来添加、编辑或者删除按钮。

（4）Main Menu（主菜单） 包含了不同处理器下的基本 ANSYS 函数。它是基于操作的顺序排列的，应该在完成一个处理器下的所有操作后再进入下一个处理器。当然，这只是一个建议，并不一定是必需的。

（5）Output Window（输出窗口） 显示程序输出的文本。它通常显示程序对一项操作的响应，通常隐于其他窗口之下。

（6）Graphics Window（图形窗口） 显示绘制的图形，包括模型、网格、分析结果等。

可以从应用菜单中选择 Utility Menu > Menu Ctrls 命令打开或关闭某些窗口，也可以对其重新排列。

3.2 启动图形用户界面

启动 ANSYS 的方式有两种：命令方式和菜单方式。因为命令方式复杂且不直观，所以不予以介绍。

ANSYS 菜单运行方式有两种：交互方式和批处理方式。

选择开始 > 所有程序 > ANSYS 14.5 > Mechanical APDL（ANSYS），可以看到以下一些选项：

1）ANSYS Client Licensing：ANSYS 客户许可，包括 Client ANSLIC_ADMIN Utility（客户端认证管理）和 User License Preferences（使用者参数认证）。

2）AQWA：水动力学有限元分析模块。

3）Animate Utility：播放视频剪辑。

4）ANS_ADMIN Utility：运行 ANSYS 的设置信息。可以在这里配置 ANSYS 程序，添加或者删除某些许可证号。也可以在 ANSYS Client Licensing 选项中查看许可证信息。

5）DISPLAY Utility：开始显示程序。

6）Help System：显示在线帮助和手册。

7）Site Information：显示系统管理者的支持信息。

8）ANSYS：以图形用户界面方式运行 ANSYS。

9）Configure ANSYS Products：运行 ANSYS 附加产品。

3.3 对话框及其组件

单击 ANSYS 通用菜单或主菜单，可以看到存在 4 种不同的后缀符号，分别代表不同的含义：▶表示可以打开级联菜单；+表示将打开一个图形选取对话框；...表示将打开一个输入对话框；无后缀时表示直接执行一个功能，而不能进一步操作。通常它代表不带参数的命令。

可以看出，对话框提供了数据输入的基本形式，根据不同的用途，对话框内有不同的组件，如文本框、检查按钮、选择按钮、单选列表框、多选列表框等。另外，还有 OK、Apply 和 Cancel 等按钮。在 ANSYS 菜单方式下进行分析时，最经常遇到的就是对话框。通常，理解对话框的操作并不困难，重要的是要理解这些对话框操作代表的意义。

3.3.1　文本框

在文本框中，可以输入数字或者字符串。注意到在文本框前的提示，就可以方便准确地输入了。ANSYS 遵循通用界面规则。所以，可以用〈Tab〉键和〈Shift + Tab〉键在各文本框间进行切换，也可以用〈Enter〉键代替单击 OK 按钮。

改变单元材料编号的对话框如图 3-2 所示，用户需要输入单元的编号和材料的编号。这些都应当是数字方式。

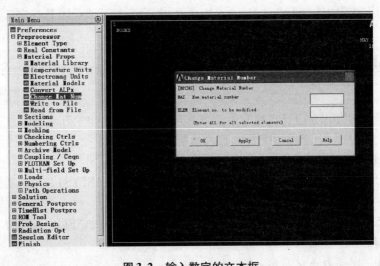

图 3-2　输入数字的文本框

3.3.2　单选列表框

单选列表框允许用户从一个流动列表中选择一个选项。单击想要的条目，高亮显示它，就把它复制到了编辑框中，然后可以进行修改。

实常数项的单选列表框如图 3-3 所示，用单击 Add 按钮表示加载一组实常数，单击 Edit 按钮表示对该组实常数进行编辑，单击 Delete 按钮将删除该组实常数。

3.3.3　双列选择列表框

双列选择列表框允许从多个选择中选取一个。左边一列是类，右边是类的子项目，根据左边选择的不同，右边将出现不同的选项。采用这种方式可以将所选项目进行分类，以方便选择。

最典型的双列选择列表框是单元选取对话框，如图 3-4 所示。左列是单元类，右列是该类的子项目。必须在左右列中都进行选取才能得到想要的项目。图 3-5 中左列选择了 Elastic modulus 选项，右列选择了 EX 选项。

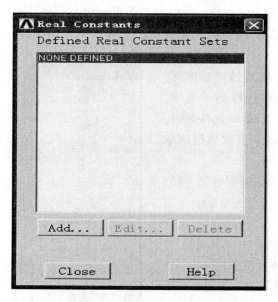

图 3-3　实常数单选列表框

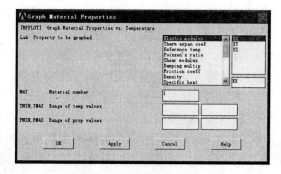

图 3-4　双选列表框

3.3.4　标签

标签提供了一组命令集合。通过选择不同的标签，可以打开不同的选项卡。每个选项卡中可能包含文本框、单选列表框、多选列表框等。求解控制的标签如图 3-5 所示，其中包括基本选项、瞬态选项、求解选项、非线性和高级非线性选项。

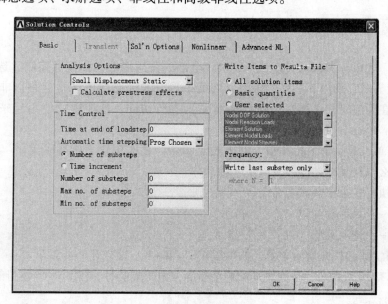

图 3-5　求解控制标签

3.3.5 选取框

ANSYS另一重要的对话框是选取框，出现该对话框后，可以在工作平面或全局或局部坐标系上选取点、线、面、体等。该对话框也有不同类型，有的只允许选择一个点，有的则允许拖出一个方框或圆来选取多个图元。

创建关键点的选取对话框如图3-6所示。出现该对话框后，可以在工作平面上选取一个点作为关键点。在选取对话框中，Pick和Unpick单选按钮指示选取状态，当选中Pick单选按钮时，表示进行选取操作；当选中Unpick单选按钮时，表示撤销选取操作。

有时，在图中选取并不准确，即使打开了网格捕捉也是一样，这时，从输入窗口中输入点的编号比较方便。

典型的对话框一般包含如下按钮：

1）OK：应用对话框内的改变并退出该对话框。

2）Apply：应用对话框内的改变但不退出该对话框。

3）Reset：重置对话框内的内容，恢复其默认值。当输入有误时，可能要用到该按钮。

4）Cancel：不应用对话框内的改变就关闭对话框。Cancel和Reset的不同在于Reset不关闭对话框。

5）Help：打开在使用命令的帮助信息。

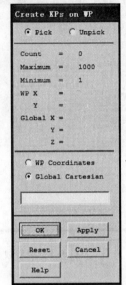

图3-6 创建关键点

对特殊对话框，可能还有其他一些作用按钮。快速、准确地在对话框中进行输入是提高分析效率的重要环节。更重要的是，要知道如何从菜单中打开想要的对话框。

3.4 通用菜单

通用菜单（Utility Menu）包含了ANSYS全部的公用函数，如文件控制、选取、图形控制、参数设置等。它采用下拉菜单结构。该菜单具有非模态性质（也就是以非独占形式存在的），允许在任何时刻（即在任何处理器下）进行访问，这使得它使用起来更为方便和友好。

每一个菜单都是一个下拉菜单，在下拉菜单中，要么包含了折叠子菜单（以">"符号表示），要么执行某个动作，有以下3种动作：

1）立刻执行一个函数或者命令。

2）打开一个对话框（以"..."指示）。

3）打开一个选取菜单（以"+"指示）。

可以利用快捷键打开通用菜单，如可以按〈Alt + F〉键打开File菜单。

通用菜单有10个内容，下面对其中的重要部分做简要说明（按ANSYS本身的顺序排列）。

3.4.1 文件菜单

File（文件）菜单包含了与文件和数据库有关的操作，如清空数据库、存盘、恢复等。

有些菜单只能在 ANSYS 开始时才能使用,如果在后面使用,会清除已经进行的操作,所以要小心使用。除非确有把握,否则不要使用 Clear & Start New 菜单命令操作。

1. 设置工程名和标题

通常,工程名都是在启动对话框中定义,但也可以在文件菜单中重新定义。

1) File > Clear & Start New 命令用于清除当前的分析过程,并开始一个新的分析。新的分析以当前工程名进行。它相当于退出 ANSYS 后,再以 Run Interactive 方式重新进入ANSYS 图形用户界面。

2) File > Change Jobname 命令用于设置新的工程名,后续操作将以新设置的工程名作为文件名。打开的对话框如图 3-7 所示,在文本框中输入新的工程名。

3) New log and error files 选项用于设置是否使用新的记录和错误信息文件,如果选中 Yes 复选按钮,则原来的记录和错误信息文件将关闭,但并不删除,相当于退出 ANSYS 并重新开始一个工程。取消选中 Yes 复选按钮时,表示不追加记录和错误信息到先前的文件中。尽管是使用先前的记录文件,但数据库文件已经改变了名字。

4) File > Change Directory 命令用于设置新的工作目录,后续操作将以新设置的工作目录内进行。打开的对话框如图 3-8 所示,在列表框中选择工作目录。ANSYS 不支持中文,这里目录要选择英文目录。

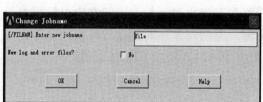

图 3-7　改变工程名　　　　　　　　　　图 3-8　浏览文件夹

当完成了实体模型建立操作,但不敢确定分网操作是否正确时,就可以在建模完成后保存数据库,并设置新的工程名,这样,即使分网过程中出现不可恢复或恢复很复杂的操作,也可以用原来保存的数据库重新分网。对这种情况,也可以用保存文件来获得。

5) File > Change Title 命令用于在图形窗口中定义主标题,可以用"%"来强制进行参数替换。

2. 保存文件

要养成经常保存文件的习惯。

1) File > Save as Jobname. db 命令用于将数据库保存为当前工程名。对应的命令是

SAVE，对应的工具条快捷按钮为 Toolbar > SAVE_DB。

2）File > Save as 命令用于另存文件，打开 Save DataBase 对话框，可以选择路径或更改名称，另存文件。

3）File > Write db log file 命令用于把数据库内的输入数据写到一个记录文件中，从数据库写入的记录文件和操作过程的记录可能并不一致。

3. 读入文件

有多种方式可以读入文件，包括读入数据库、读入命令记录和输入其他软件生成的模型文件。

1）File > Resume Jobname. db 和 Resume from 命令用于恢复一个工程。前者恢复的是当前正在使用的工程，而后者恢复用户选择的工程。但是，只有那些存在数据库文件（.db）的工程才能恢复，这种恢复也就是把数据库读入并在 ANSYS 中解释执行。

2）File > Read Input From 命令用于读入并执行整个命令序列，如记录文件。当只有记录文件（LOG）而没有数据库文件时（由于数据库文件通常很大，而命令记录文件很小，所以通常用记录文件进行交流），就有必要用到该命令。如果对命令很熟悉，甚至可以选择喜欢的编辑器来编辑输入文件，然后用该函数读入。它相当于用批处理方式执行某个记录文件。

3）File > Import 和 File > Export 命令用于提供与其他软件的接口，如从 Pro/E 中输入几何模型。如果对这些软件很熟悉，在其中创建几何模型可能会比在 ANSYS 中建模方便一些。ANSYS 支持的输入接口有 IGES、CATIA、SAT、Pro/E、UG、PARA 等。其输出接口为IGES。但是它们需要 License 支持，而且需要保证其输入输出版本之间的兼容。否则，可能不会识别，文件传输错误。

4）File > Report Generator 命令用于生成文件的报告，可以是图像形式的报告，也可以是文件形式的，这大大提高了 ANSYS 分析之间的信息交流。

4. 退出 ANSYS

File > Exit 命令用于退出 ANSYS，选择该命令将打开退出对话框，询问在退出前是否保存文件，或者保存哪些文件。但是使用/Exit 命令前，应当先保存那些以后需要的文件，因为该命令不会给你提示。在工具条上，Quit 按钮是用于退出 ANSYS 的快捷按钮。

3.4.2　选取菜单

Select（选取）菜单包含了选取数据子集和创建组件部件的命令。

1. 选择图元

Select > Entities 命令用于在图形窗口上选择图元。选择该命令时，打开图 3-9 所示的选取图元对话框。该对话框是经常使用的，所以详细介绍。

其中，选取类型表示要选取的图元，包括节点、单元、体、面、线和关键点。每次只能选择一种图元类型。

（1）选取标准　表示通过什么方式来选取，包括以下一些选取标准：

1）By Num/Pick：通过在输入窗口中输入图元号或者在图形窗口

图 3-9　选取图元

中直接选取。

2）Attached to：通过与其他类型图元相关联来选取，而其他类型图元应该是已选取好的。

3）By Location：通过定义笛卡儿坐标系的 X、Y、Z 轴来构成一个选择区域，并选取其中的图元，可以一次定义一个坐标，单击 Apply 按钮后，再定义其他坐标内的区域。

4）By Attribute：通过属性选取图元。可以通过图元或与图元相连的单元的材料号、单元类型号、实常数号、单元坐标系号、分割数目、分割间距比等属性来选取图元。需要设置这些号的最小值、最大值以及增量。

5）Exterior：选取已选图元的边界。如单元的边界为节点、面的边界为线。如果已经选择了某个面，那么执行该命令就能选取该面边界上的线。.

6）By Result：选取结果值在一定范围内的节点或单元。执行该命令前，必须把所要的结果保存在单元中。

对单元而言，还可以通过单元名称（By Elem Name）选取，或者选取生单元（Live Elem's），或者选取与指定单元相邻的单元。对单元图元类型，除了上述基本方式外，有的还有其独有的选取标准。

（2）选取设置选项　用于设置选取的方式，有以下几种方式：

1）From Full：从整个模型中选取一个新的图元集合。

2）Reselect：从已选取好的图元集合中再次选取。

3）Also Select：把新选取的图元加到已存在的图元集合中。

4）Unselect：从当前选取的图元中去掉一部分图元。

（3）选取函数按钮　是一个即时作用按钮，也就是说，一旦单击该按钮，选取就已经发生。也许在图形窗口中看不出来，用/Replot 命令来重画，这时就可以看出其发生了作用。有 4 个按钮：

1）Sele All：全选该类型下的所有图元。

2）Sele None：撤销该类型下的所有图元的选取。

3）Invert：反向选择。不选择当前已选取的图元集合，而选取当前没有选取的图元集合。

4）Sele Belo：选取已选取图元以下的所有图元。例如，如果当前已经选取了某个面，则单击该按钮后，将选取所有属于该面的点和线。

作用按钮与多数对话框中的按钮意义一样。不过在该对话框中，多了 Plot 按钮和 Replot 按钮很方便地显示选择结果，只有那些选取的图元才出现在图形窗口中。使用这项功能时，通常需要单击 Apply 按钮而不是 OK 按钮。

要注意的是，尽管一个图元可能属于另一个项目的图元，但这并不影响选择。例如，当选择了线集合 SL 时，这些线可能不包含关键点 K1，如果执行线的显示，则看不到关键点 K1；但执行关键点的显示时，K1 依然会出现，表示它仍在关键点的选择集合之中。

2. 组件和部件

Select > Comp/ Assembly 菜单用于对组件和部件进行操作。简单地说，组件就是选取的某类图元的集合，部件则是组件的集合。部件可以包含部件和组件，而组件只能包含某类图元。可以创建、编辑、列表和选择组件和部件。通过该子菜单，就可以定义某些选取集合，以后直接通过名字对该集合进行选取，或者进行其他操作。

3. 全部选择

Select > Everything 子菜单用于选择模型的所有项目下的所有图元，对应的命令是 ALLSEL > ALL。若要选择某个项目的所有图元，选择 Select > Entities 命令，在打开的对话框中单击 Sele All 按钮。

Select > Everything Below 命令用于选择某种类型以及包含于该类型下的所有图元，对应的命令为 ALLSEL > BELOW。

例如，ALLSEL > BELOW > LINE 命令用于选择所有线及所有关键点，而 ALLSEL > BELOW > NODE 命令选取所有节点及其下的体、面、线和关键点。

要注意的是，在许多情况下，需要在整个模型中进行选取或其他操作，而程序仍保留着上次选取的集合。所以，要时刻明白当前操作的对象是整个模型或其中的子集。当用户不是很清楚时，一个好的但稍麻烦的方法是：每次选取子集并完成对应的操作后，使用 Select > Everything 命令恢复全选。

3.4.3 列表菜单

List（列表）菜单用于列出存在于数据库的所有数据，还可以列出程序不同区域的状态信息和存在于系统中的文件内容。它将
打开一个新的文本窗口，其中显示想要
查看的内容。许多情况下，需要用列表
菜单来查看信息。图 3-10 所示是列表显
示的记录文件。

1. 文件和状态列表

List > File > Log File 命令用于查看记
录文件的内容。当然，也可以用其他编
辑器打开文件。

List > File > Error File 命令用于列出
错误信息文件的内容。

List > Status 命令用于列出各个处理

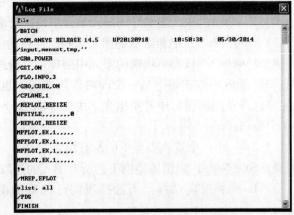

图 3-10 列表显示的记录文件

器下的状态，可以获得与模型有关的所
有信息。这是一个很有用的操作，对应的命令为 STATUS，可以列表显示的内容包括：

1）Global Status：系统信息。

2）Graphics：窗口设置信息。

3）Working Plane：工作平面信息，如工作平面类型、捕捉设置等。

4）Parameters：参量信息，可以列出所有参量的类型和维数，但对数组参量，要查看其元素值时，则需要指定参量名列表。

5）P-Method：P 方法的设置选项，包括阶数、收敛设置等。该操作只能在预处理器/PREP7 或求解器/SOLU 下才能使用。

6）Preprocessor：预处理器下的某些信息。该菜单操作只有在预处理器下才能使用。

7）Solution：求解器下的某些信息。该操作只有进入求解器后才能使用。

8）General Postproc：后处理器下的某些信息。该操作只有进入通用后处理器后才能使用。

9）TimeHist Postproc：时间历程后处理器下的某些信息。该操作只有进入时间历程后处理器后才能使用。

10）Design Opt：优化设计的设置选项。该操作只有进入优化处理器/OPT 才能使用。

11）Run-Time State：运行状态信息。包括运用时间，文件大小的估计信息。只有在运行时间状态处理器下才能使用该菜单操作。

12）Radiation Matrix：辐射矩阵信息。

13）Configuration：整体的配置信息。它只能在开始级下使用。

2. 图元列表

List > KeyPoints 命令用于列出关键点的详细信息，可以只列出关键点的位置，也可以列出坐标位置和属性，但它只列出当前选择的关键点，所以，为了查看某些关键点的信息，首先需要用 Utility > Select 命令选择好关键点，然后再应用该命令操作（特别是关键点很多时）。

List > Lines 命令用于列出线的信息，如组成线的关键点、线段长度等。

List > Areas 命令用于列出面的信息。

List > Volumes 命令用于列出体的信息。

List > Elements 命令用于列出单元的信息。

List > Nodes 命令用于列出节点信息，在打开的对话框中，可以选择是否列出节点在柱坐标中的位置，选择列表的排序方式，如以节点号排序、以 X 坐标值排序等。

List > Components 命令用于列出部件或者组件的内容。对组件，将列出其包含的图元；对部件，将列出其包含的组件或其他部件。

3. 模型查询选取器

List > Lines 命令用于列出线的信息，如组成线的关键点、线段长度等。

List > Areas 命令用于列出面的信息。

List > Volumes 命令用于列出体的信息。

List > Elements 命令用于列出单元的信息。

List > Nodes 命令用于列出节点信息，在打开的对话框中，可以选择是否列出节点在柱坐标中的位置，选择列表的排序方式，如以节点号排序、以 X 坐标值排序等。

List > Components 命令用于列出部件或者组件的内容。对组件，将列出其包含的图元；对部件，将列出其包含的组件或其他部件。

List > Picked Entities 命令非常有用，选择该命令将打开一个选取对话框，称为模型查询选取器。可以从模型上直接选取感兴趣的图元，并查看相关信息，也能够提供简单的集合/载荷信息。当用户在一个已存在的模型上操作，或者想要施加与模型数据相关的力和载荷时，该功能特别有用。

模型查询选取器的对话框如图 3-11 所示，在该选取器中，选取指示包括 Pick（选取）单选按钮和 Unpick（撤销选取）单选按钮，可以在图形窗口中单击鼠标右键在选取和撤销之间进行切换。

通过选取模式，可以设置是单选图元，还是矩形框、圆形或其他区域来选取包含于其中的图元。当只选取极为少量图元时，建议采用单选。当图元较多并具有一定规则时，就应当采用区域包含方式来选取。

查询项目和列表选项包括属性、距离、面积、其上的各种载荷、初始条件等，可以通过它来显示用户感兴趣的项目。

选取跟踪是对选取情况的描述，如已经选取的数目、最大最小选取数目、当前选取的图元号。通过选取跟踪来确认用户的选区是否正确。

键盘输入选项让你决定是直接输入图元号，还是通过迭代输入。迭代输入时，你需要输入其最小值、最大值以及增长值。对于要输入多个有一定规律的图元号时，用该方法是合适的。这时，需要先设置好键盘输入的含义，然后在文本框中输入数据。

以上方法都是通过产生一个新对话框来显示信息。也可以直接在图形窗口上显示对应信息，这就需要打开三维注释（Generate 3D Anno）功能。由于其具有三维功能，所以旋转视角后，它也能够保持在图元中的适当位置，便于查看。也可以像其他三维注释一样，修改查询注释。菜单路径为 Utility Menu > PlotCtrls > Annotate > Create 3D Annotation。

4. 属性列表

List > Properties 命令用于列出单元类型、实常数设置、材料属性等。

对某些 BEAM 单元，可以列出其截面属性；对层单元，列出层属性；对非线性材料属性，列出非线性数据表。

可以对所有项目都进行列表，也可以只对某些项目的属性列表。

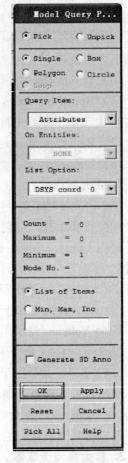

图 3-11　模型查询选取器

5. 荷载列表

List > Loads 命令用于列出施加到模型的荷载方向、大小。这些荷载包括：

1）DOF Constraints：自由度约束，可以列出全部或者指定节点、关键点、线、面上的自由度约束。

2）Forces：集中力，可以列出全部或者指定节点或者关键点上的集中力。

3）Surface：列出节点、单元、线、面上的表面荷载。

4）Body：列出节点、单元、线、面、体、关键点上的体荷载，可以列出所有图元上的体荷载，也可以列出指定图元上的体荷载。

5）Inertia Loads：列出惯性荷载。

6）Solid Model Load：列出所有实体模型的边界条件。

7）Initial Conditions：列出节点上的初始条件。

8）Elem Init Condit'n：列出单元上定义的初始条件。

需要注意的是：上面提到的"所有"，是依赖于当前的选取状态的。这种列表有助于查看荷载施加是否正确。

6. 结果列表

List > Results 命令用于列出求解所得的结果（如节点位移、单元变形等）、求解状态（如残差、荷载步）、定义的单元表、轨线数据等。

通过对感兴趣区域的列表，来确定求解是否正确。

该列表操作只有在通用后处理器中把结果数据读入到数据库后才能进行。

7. 其他列表

List > Others 命令用于对其他不便归类的选项进行列表显示，但这并不意味着这些列表选项不重要。可以对以下项目进行列表，这些列表后面都将用到，这里不详细叙述其含义。

1）Local Coord Sys：显示定义的所有坐标系。

2）Master DOF：主自由度。在缩减分析时，需要用它来列出主自由度。

3）Gap Conditions：缝隙条件。

4）Coupled Sets：列出耦合自由度设置。

5）Constraints Eqns：列出约束方程的设置。

6）Parameters 和 Named Parameters：列出所有参量或者某个参量的定义及值。

7）Components：列出部件或者组件的内容。

8）Database Summary：列出数据库的摘要信息。

9）Superelem Data：列出超单元的数据信息。

3.4.4　绘图菜单

Plot（绘图）菜单用于绘制关键点、线、面、体、节点、单元和其他可以以图形显示的数据。绘图操作与列表操作有很多对应之处，所以这里简要叙述。

1）Plot > Replot 命令用于更新图形窗口。许多命令执行之后，并不能自动更新显示，所以需要该操作来更新图形显示，可以在任何时候输入/Repl 命令重新绘制。

2）Keypoints、Lines、Areas、Volumes、Nodes、Elements 命令用于绘制单独的关键点、线、面、体、节点和单元。

3）Specified Entites 命令用于绘制指定图元号范围内的单元，这有利于对模型进行局部观察。也可以首先用 Select 选取，然后用上述 Keypoints、Lines 等命令绘制关键点、线等。不过用 Specified Entites 命令更为简单。

4）Materials 命令用于以图形显示材料属性随温度的变化。这种图形显示是曲线图，在设置材料的温度特性时，有必要利用该功能来显示设置是否正确。

5）Data Tables 命令用于对非线性材料属性进行图形化显示。

6）Array Parameters 命令用于对数组参量进行图形显示，这时需要设置图形显示的横纵坐标。对 Array 数组，用直方图显示；对 Table 形数组，则用曲线图显示。

7）Result 命令用于绘制结果图，如变形图、等值线图、矢量图、轨线图、流线图、通量图、三维动画等。

8）Multi-plots 命令是一个多窗口绘图指令。在建模或者其他图形显示操作中，多窗口显示有很多好处。例如，在建模中，一个窗口显示主视图，一个窗口显示俯视图，一个窗口显示左视图，这样就能够方便观察建模的结果。在使用该命令前，需要用绘图控制设置好窗口及每个窗口的显示内容。

9）Components 命令用于绘制组件或部件，当设置好组件或部件后，用该命令可以方便地显示模型的某个部分。

3.4.5 绘图控制菜单

PlotCtrls（绘图控制）菜单包含了对视图、格式和其他图形显示特征的控制。许多情况下，绘图控制对于输出正确、合理、美观的图形具有重要作用。

1. 观察设置

选择 PlotCtrls > Pan，Zoom，Rotate 命令，打开一个移动、缩放和旋转对话框，如图 3-12 所示。Window 表示要控制的窗口。多窗口时，需要用该下拉列表框设置控制哪一个窗口。

视角方向代表查看模型的方向，通常查看的模型是以其质点为焦点的。可以从模型的上（Top）下（Bot）、前（Front）后（Back）、左（Left）右（Right）方向查看模型，Iso 代表从较近的右上方查看，坐标为（1，1，1）；Obliq 代表从较远的右上方看，坐标为（1，2，3）；WP 代表从当前工作平面上查看。只需要单击对应按钮就可以切换到某个观察方向。对三维绘图来说，选择适当的观察方向，与选取适当的工作平面具有同等重要的意义。

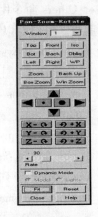

图 3-12　移动、缩放和旋转

为了对视角进行更多控制，可以用 PlotCtrls > View Settings 命令进行设置。

缩放选项可以通过定义一个方框来确定显示的区域，其中，Zoom 按钮用于通过中心及其边缘来确定显示区域；Box Zoom 按钮用于通过两个方框的两个角来确定方框大小，而不死通过中心；Win Zoom 按钮也是通过方框的中心及其边缘来确定显示区域的大小，但与 Box Zoom 不同，它只能按当前窗口的宽高比进行缩放；Back Up 按钮用于返回上一个显示区域。

移动、缩放按钮中，点号代表缩放，三角代表移动。

旋转按钮代表了围绕某个坐标旋转，正号表示以坐标的正向为转轴。

速率滑动条代表了操作的程度。速率越大，每次操作缩放、移动或旋转的程度越大，速率的大小依赖于当前显示需要的精度。

动态模式表示可以在图形窗口中动态地移动、缩放和旋转模型。其中有两个选项：

1）Model：在 2D 图形设置下，只能使用这种模式。在图形窗口中，按下左键并拖动就可以移动模型，按下右键并拖动就可以旋转模型，按下中键（双击鼠标，用 Shift + 右键）左右拖动表示旋转，按下中键上下拖动表示缩放。

2）Lights：该模式只能在三维设备下使用。它可以控制光源的位置、强度以及模型的反光率；按下左键并拖动鼠标沿 X 方向移动时，可以增加或减少模型的反光率；按下左键并拖动鼠标沿 Y 方向移动时，将改变入射光源的强度。按下右键并拖动鼠标沿 X 方向移动时，将使得入射光源在 Y 方向旋转。按下右键并拖动鼠标沿 Y 方向移动时，将使得入射光源在 X 方向旋转。按下中键并拖动鼠标沿 X 方向移动时，将使得入射光源在 Z 方向旋转。按下中键并拖动鼠标沿 Y 方向移动时，将改变背景光的强度。

可以使用动态模式方便地得到需要的视角和大小，但可能不够精确。

可以不打开 Pan-Zoom-Rotate 对话框直接进行动态缩放、移动和旋转。操作方法是：按住〈Ctrl〉键不放，图形窗口上将出现动态图标，然后拖动鼠标左键、中键、右键进行缩放、移动或者旋转。

2. 数字显示控制

PlotCtrls > Numbering 命令用于设置在图形窗口上显示的数字信息。它也是经常使用的一个命令，该命令打开的对话框如图 3-13 所示。

该对话框用于设置是否在图形窗口中显示图元号，包括关键点号（KP）、线号（LINE）、面号（AREA）、体号（VOLU）、节点号（NODE）。

对单元，可以设置显示的多项数字信息，如单元号、材料号、单元类型号、实常数号、单元坐标系号等，依据需要在 Elem/Attrib numbering 下拉列表框进行选择。

TABN 复选按钮用于显示表格边界条件。当设置了表格边界条件，并选中项时，则表格名将显示在图形上。

SVAL 复选按钮用于在后处理中显示应力值或者表面荷载值。

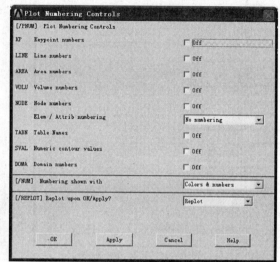

图 3-13   数字显示控制

/NUM 下拉列表框控制是否显示颜色和数字，有 4 种方式：

1）Colors & numbers：既用颜色又用数字标志不同的图元。

2）Colors Only：只用颜色标志不同图元。

3）Numbers Only：只用数字标志不同图元。

4）No Color/numbers：不标志不同图元，在这种情况下，即使设置了要显示图元号，图形中也不会显示。

通常，当需要对某些具体图元进行操作时，打开该图元设置显示，便于通过图元号进行选取。例如，想对某个面加载表面荷载，但又不知道该面的面号时，就打开面号（AREA）的显示。但要注意：不要打开过多的图元数字显示，否则图形窗口会很凌乱。

3. 符号控制

PlotCtrls > Symbols 菜单用于决定在图形窗口中是否出现某些符号，包括边界条件符号（/PBC）、表面荷载符号（/PSF）、体荷载符号（/PBF）以及坐标系、线和面的方向线等符号（/PSYMB）。这些符号在需要的时候能提供明确的指示，但当不需要时，它们可能使图形窗口看起来很凌乱，所以在不需要时最好关闭它们。

符号控制对话框如图 3-14 所示。该对话框对应了多个命令，每个命令都有丰富的含义，对于更好地建模和显示输出具有重要意义。

4. 样式控制

PlotCtrls > Style 子菜单用于控制绘图样式。它包含的命令如图 3-15 所示，在每个样式控制中都可以指定这种控制所适用的窗口号。

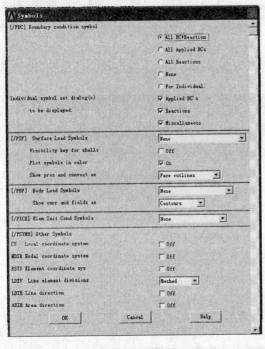

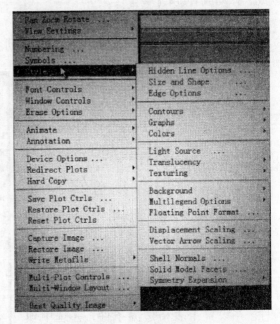

图 3-14 符号控制   图 3-15 绘图样式子菜单

Hidden-Line Options 命令用于设置隐藏线选项，其中有 3 个主要选项：显示类型、表面阴影类型和是否使用增强图形功能（Power Graphics）。显示类型包括了以下几种：

1）BASIC 型（Non-Hidden）：没有隐藏，可以透过截面看到实体内部的线或面。

2）SECT 型（Section）：平面视图，只显示截面。截面要么垂直于视线，要么位于工作平面上。

3）HIDC 型（Centroid Hidden）：基于图元质心类别的质心隐藏显示，在这种显示模式下，物体不存在透视，只能看到物体表面。

4）HIDD 型（Face Hidden）：面隐藏显示。与 HIDC 型类似，但它是基于面质心的。

5）HIDP 型（Precise Hidden）：精确显示不可见部分。与 HIDD 型相同，只是其显示计算更为精确。

6）CAP 型（Capped Hidden）：是 SECT 型和 HIDD 型的组合，在截面之前，存在透视，在截面之后，则不存在。

7）ZBUF 型（Z-buffered）：类似于 HIDD 型，但是截面后物体的边线还能看得出来。

8）ZCAP 型（Capped Z-buffered）：是 ZBUF 型和 SECT 型的组合。

9）ZQSL 型（Q-Slice Z-buffered）：类似于 SECT 型，但是截面后物体的边线不能看得出来。

10）HQSL 型（Q-Slice precise）：类似于 ZQSL 型，但是计算更精确。

Size and Shape 命令用于控制图形显示的尺寸和形状，如图 3-16 所示。它主要控制收缩（Shrink）和扭曲（Distortion），通常情况下，不需要设置收缩和扭曲，但对细长体结构（如流管等），用该选项能够更好地观察模型。此外，它还可以控制每个单元边上的显示，例如：设置/EFACET 为 2，当在单元显示时，如果通过 Utility Menu > PlotCtrls > Numbering 命令设置显示单元号，则在每个单元边上显示两个面号。

Contours 命令用来控制等值线显示，包括控制等值线的数目、所用值的范围及间隔、非均匀等值线设置、矢量模式下等值线标号的样式等。

Graphs 命令用于控制曲线图。当绘制轨线图或者其他二维曲线图时，这是很有用的，它可以用来设置曲线的粗细，修改曲线图上的网格，设置坐标和图上的文字等。

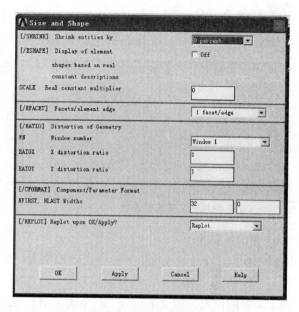

图 3-16　图形显示的形状和尺寸控制

Colors 命令用来设置图形显示的颜色。可以设置整个图形窗口的显示颜色，曲线图、等值线图、边界、实体、组件等颜色，还可以自定义颜色表，但通常用系统默认的颜色设置就可以了。还可以选择 Utility Menu > PlotCtrls > Style > Color > Reverse Video 命令反白显示，当要对屏幕做硬复制时，并且打印输出并非彩色时，原来的黑底并不合适，这时需要首先把背景设置为黑色，然后用该命令使其变成白底。

Light Source 命令用于光源控制，Translucency 命令用于半透明控制，Texturing 命令用于纹理控制，都是为了增强显示效果。

Background 命令用于设置背景。通常用彩色或者带有纹理的背景能够增加图形的表现力，但是在某些情况下，则需要使图形变得更为简单朴素，这取决于用户的需要。

Multilegend Options 命令用于设置当存在多个图例时，这些图例的位置和内容。文本图例设置的对话框如图 3-17 所示，其中 WN 下拉列表框用于设置图例应用于哪一个窗口，Class 下拉列表框用于设置图例的类型，Loc 下拉列表框用于设置图例在整个图形中的相对位置。

Displacement Scaling 命令用于设置位移显示时的缩放因子。对绝大多数分析而言，物体的位移（特别是形变）都不大，与原始尺寸相比，形变通常在 0.1% 以下，如果真实显示形变的话，根本看不出来，该选项就是用来设置形变缩放的。它在后处理的 Main Menu > General Postproc > Plot Results > Deformed Shape 命令中尤其有用。

Floating Point Format 命令用于设置浮点数的图形显示格式，该格式只影响浮点数的显示，而不会影响其内在的值。它可以选择 3 种格式的浮点数：G 格式、F 格式和 E 格式，可以为显示浮点数设置字长和小数点的位数，如图 3-18 所示。Vector Arrow Scaling 命令用于画矢量图时，设置矢量箭头的长度是依赖于值的大小，还是使用统一的长度。

5. 字体控制

PlotCtrls > Font Controls 命令用于控制显示的文字形式，包括图例上的字体、图元上的字体、曲线图和注释字体。不但可以控制字体类型，还可以控制字体的大小和样式。但ANSYS目前还不支持中文字体，支持的字号大小也较少。

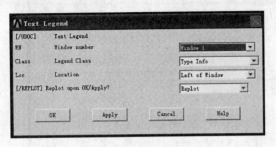

图 3-17　文本图例设置

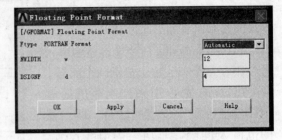

图 3-18　浮点数格式设置

6. 窗口控制

PlotCtrls > Windows Controls 命令用于控制窗口显示，包括如下一些内容：

1) Windows Layout 用于设置窗口布局，主要是设置某个窗口的位置，可以设置为ANSYS预先定义好的位置，如上半部分、右下部分等；也可以将其放在指定位置，只需要在打开的对话框的 Window geometry 下拉列表框中选中 Picked 单选按钮，单击 OK 按钮后，再在图形窗口上单击两个点作为矩形框的两个角点，这两个角点确定的矩形框就是当前窗口。

2) Window Options 用于控制窗口的显示内容，包括是否显示图例、如何显示图例、是否显示标题、是否显示 Windows 边框、是否自动调整窗口尺寸、是否显示坐标指示，以及如何显示 ANSYS 产品标志等。

3) Window On 或 Off 用于打开或者关闭某个图形窗口。还可以创建、显示和删除图形窗口，可以把一个窗口的内容复制到另一个窗口中。

7. 动画显示

PlotCtrls > Animate 命令控制或者创建动画。可以创建的动画包括：形状和变形、物理量随时间或频率的变化显示、Q 切片的等值线图或者矢量图、等值面显示、粒子轨迹等。但是，不是所有的动画显示都能在任何情况下运行，如物理量随时间变化就只对瞬态分析时可用，随频率变化只在谐波分析时可用，粒子轨迹图只在流体和电磁场分析中可用。

8. 注释

PlotCtrls > Annotation 命令用于控制、创建、显示和删除注释。可用创建二维注释，也可以创建三维注释。三维注释使其在各个方向上都可以看见。

注释有很多种，包括文字、箭头、符号、图形等。三维符号注释创建对话框如图 3-19所示。

注释类型包括 Text（文本）、Lines（线）、Areas（面）、Symbols（符号）、Arrows（箭头）、和 Options（选项）。可以只应用一种，也可以综合应用各种注释方式对同一位置或者同一项目进行注释。

位置方式设置取决于注释定位于什么图元上。可以定位注释在节点、单元、关键点、线、面和体图元上，也可以通过坐标位置来定位注释的位置，或者锁定注释在当前视图上。如果选定的位置方式是坐标方式，就要求从输入窗口输入注释符号放置的坐标，当使用On Node时，就可以通过选取节点或者输入节点来设置注释位置。

符号样式用来选取想要的符号，包括线，空心箭头，实心圆，实心箭头和星号。当在注释类型中选择其他类型时，该符号样式中的选项是不同的。

符号尺寸用来设置符号的大小，拖动滑动条得到想要的大小。这是相对大小，可以尝试变化来获得想要的值。

宽度指的是线宽，只对线和空心箭头有效。

作用按钮控制是否撤销当前注释（Undo），是否刷新显示（Refresh），或者关闭该对话框（Close），或者寻求帮助（Help）。

当在注释类型中选择 Options 选项时对话框如图 3-20 所示。在该选项中，可以复制（Copy）、移动（Move）、尺寸重设（Resize）、删除（Delete 和 Box Delete）注释，Delete All 用于删除所有注释。Save 和 Restore 按钮用于保存或者恢复注释的设置及注释内容。

图 3-19　三维符号注释创建对话框

图 3-20　注释选择对话框

9. 备用选项

PlotCtrls > Device Options 子菜单中，有一个重要选项/DEVI，它控制是否打开矢量模式，当矢量模式打开时，物体只以线框方式显示；当矢量模式关闭光栅模式打开时，物体将以光照样式显示。

10. 图形输出

ANSYS 提供了 3 种图形输出功能：重定向输出、硬复制、输出图元文件。

PlotCtrls > Redirect Plots 命令用于重定向输出。当在 GUI 方式时，默认将图形输出到屏幕上。可以利用重定向功能使其输出到文件中。输出的文件格式有很多种，如 JPEG、TIFF、GRPH、PSCR、和 HPGL 等。在批处理方式下运行时，多采用该方式。

PlotCtrls > Hard Copy > To Printer 命令用于把图形硬复制输出到打印机。它提供了图形打印功能。

PlotCtrls > Hard Copy > To File 命令用于把图形硬复制输出到文件，在 GUI 方式下，用该方式能够方便地把图形输出到文件，并且能够控制输出图形的格式和模式。这种方式下，支持的文件格式有 BMP、Postscript、TIFF 和 JPEG。

PlotCtrls > Capture Image 命令用于获取当前窗口的快照，然后保存或打印；PlotCtrls >

Restore Image 命令用于恢复图像，结合使用这两个命令，可以把不同结果同时显示，以方便比较。

PlotCtrls > Write Metafile 命令用于把当前窗体内容作为图元文件输出，它只能在 Win32 图形设备下使用。

3.4.6　工作平面菜单

WorkPlane（工作平面）菜单用于打开、关闭、移动、旋转工作平面或者对工作平面进行其他操作，还可以对坐标系进行操作。图形窗口上的所有操作都是基于工作平面的，对三维模型来说，工作平面相当于一个截面，用户的操作可以只是在该截面上（面命令、线命令等），也可以针对该截面及其纵深。

1. 工作平面属性

WorkPlane > WP Settings 命令用于设置工作平面的属性，执行该命令，打开 WP Settings 对话框，如图 3-21 所示。

坐标形式代表了工作平面所用的坐标系，可以通过 Cartesian （直角坐标系）或 Polar（极坐标系）单选按钮设置。

显示选项用于确定的工作平面的显示方式。可以显示栅格和坐标三元素（坐标原点、X、Y 轴方向）通过 Grid and Triad 单选按钮设置；也可以只显示栅格或者坐标三元素，通过 Grid Only 或 Triad Only 单选按钮设置。

图 3-21　设置工作平面

捕捉模式决定是否打开捕捉。当打开时，可以设置捕捉的精度（即捕捉增量 Snap Incr 或 Snap Arg，通过对应文本框设置），这时，只能在坐标平面上选取从原点开始的，坐标值为捕捉增量倍数的点。注意，捕捉增量只对选取有效，对键盘输入是没有意义的。

当在显示选项中设置要显示栅格时，可以用栅格设置来设置栅格密度。通过设置栅格最小值（Minimum）、最大值（Maximum）和栅格间隙（Spacing）来决定栅格密度。通常情况下，不必把栅格设置到整个模型，只在感兴趣的区域产生栅格。

容差（Tolerance）的意义是：如果选取的点并不正好在工作平面上，但是在工作平面附近。为了在工作平面上选取到该点，必须要移动工作平面。但是通过设置适当的容差，就可以在工作平面附近选取。当设置容差为 δ 时，容差平面就是工作平面向两个方向的偏移，从而所有容差平面间的点都被看成是在工作平面上，可以被选取到。

WorkPlane > Show WP Status 命令用于显示工作平面的设置情况。

WorkPlane > Display Working Plane 是一个开关命令，用来打开或者关闭工作平面的显示。

2. 工作平面的定位

WorkPlane > Offset WP by Increment 或 Offset WP to 或 Align WP With 命令，用于把工作平面设置到某个方向和位置。

Offset WP by Increment 命令直接设置工作平面原点相对于当前平面原点的偏移，方向相对于当前平面方向的旋转，可以直接输入偏移和旋转的大小，也可以通过相应按钮进行。

Offset WP to 命令用于偏移工作平面原点到某个指定的位置，可以把原点移动到全局坐标系或当前坐标原点，也可以设置工作平面原点到指定的坐标点、关键点或节点。当指定多个点时，原点将位于这些点的中心位置。

Align WP With 命令可以通过 3 个点构成的平面来确定工作平面，其中第一个点为工作平面的原点，可以让工作平面垂直于某条线，也可以设置工作平面与某坐标系一致。此时，不但其原点在坐标原点，平面方向也与坐标方向一致，而 Offset WP to 命令则只改变原点，不改变方向。

3. 坐标系

坐标系在 ANSYS 建模、加载、求解和结果处理中有重要作用。ANSYS 区分了很多坐标系，如结果坐标系、显示坐标系、节点坐标系、单元坐标系等。这些坐标系可以使用全局坐标系，也可以使用局部坐标系。

WorkPlane > Local Coordinate Systems 命令提供了对局部坐标系的创建和删除。局部坐标系是用户自己定义的坐标系，能够方便用户建模，可以创建直角坐标系、柱坐标系、球坐标系、椭球坐标系和环面坐标系。局部坐标号一定要大于 10，一旦创建了一个坐标系，它立刻成为活动坐标系。

可以设置某个坐标系为活动坐标系（执行 Unility Menu > WorkPlane > Change Active CS to 命令），也可以设置某个坐标系为显示坐标系（执行 Unility Menu > WorkPlane > Change Display CS to 命令），还可以显示所有定义的坐标系状态（执行 Unility Menu > List > Other > Local Coord Sys 命令）。

不管位于什么处理器中，除非做出明确改变，否则当前坐标系将一直保持为活动。

3.4.7　参量菜单

Parameters（参量）菜单用于定义、编辑或者删除标量、矢量和数组参量。对那些经常要用到的数据或者符号以及从 ANSYS 中要获取的数据，都需要定义参量，参量是 ANSYS 参数设计语言（APDL）的基础。

1. 标量参量

执行 Parameters > Scalar Parameters 命令将打开一个标量参数的定义、修改和删除对话框，用户只需要在 Selection 文本框中输入要定义的参量名及其值就可以定义一个参量。重新输入该变量及其值就可以修改它，也可以在 Items 下拉列表框中选择参量，然后在 Selection 文本框中修改值。要删除一个标量有两种方法，一是单击 Delete 按钮，二是输入某个参量名，但不对其赋值。如果在 Selection 文本框中输入 "GRAV =" 并按〈Enter〉键，将删除 GRAV 参量。

Parameters > Get Scalar Data 命令用于获取 ANSYS 内部的数据，如节点号、面积、程序设置值、计算结果等。要对程序运行过程控制或者进行优化等操作时，就需要从 ANSYS 程序内部获取值，以进行与程序内部过程的交互。

2. 数组参量

Parameters > Array Parameters 命令用于对数组参量进行定义、修改或删除，与标量参量的操作相似。标量参量可以不事先定义而直接使用，但是数组参量必须事先定义，包括定义其维数。

ANSYS 除了提供通常的数组 ARRAY 外，还提供了一种称为表数组的参量 TABLE。表数组包含整数或者实数元素。它们以表格方式排列，基本上与 ARRAY 数组相同。但有以下 3 点重要区别：

1) 表数组能够通过线性插值方式，计算出两个元素值之间的任何值。

2) 一个表包含了 0 行和 0 列，作为索引值；与 ARRAY 不同的是，该索引参量可以为实数，但这些实数必须定义，如果不定义，就默认对其赋予极小值（7.888 609 052E-31），并且以增长方式排列。

3) 一个页的索引值位于每页的（0，0）位置。

简单地说，表数组就是在 0 行 0 列加入的索引的普通数组。其元素的定义也像普通数组一样，通过整数的行列下标值可以在任何一页中修改，但该修改将应用到所有页。

ANSYS 提供了大量对数组元素赋值的命令，包括直接对元素赋值（Parameters > Array Parameters > Define/Edit）、把矢量赋给数组（Parameters > Array Parameters > Fill）、从文件数据赋给数组（Parameters > Array Parameters > Get Array Data）。

Parameters > Array Operations 命令能够对数组进行数学操作，包括矢量和矩阵的数学运算、一些通用函数操作和矩阵的傅里叶变换等。

3. 函数定义和载入

Parameters > Functions > Define/Edit... 命令用于定义和编辑函数，并将其保存到文件中。

Parameters > Functions > Read from file 命令用于将函数文件读入到 ANSYS 中，与上面的命令配合使用，在加载时特别有用，因为该方式允许定义复杂的荷载函数。

例如，当某个平面荷载是距离的函数，而所有坐标系为直角坐标系时，就需要得到任意一点到原点的距离，如果不用自定义函数，就会有很多重复输入，但是函数定义则能够相对简化，其步骤为：

1) 执行 Parameters > Functions > Define/Edit... 命令，打开 Function Editor 对话框，输入或者通过单击下面的按钮，使得 Result = 文本框中的内容为：SQRT（{X}^2 + {Y}^2 * PCONST），如图 3-22 所示。需要注意的是，尽管可以用输入的方法得到表达式，但是当不能确定基本自变量时，建议采用单击按钮和选择变量的方式来输入。例如，对结构分析来说，基本自变量为时间 TIME、位置（X，Y，Z）和温度 TEMP，所以，在定义一个压力荷载时，就只能使用以上 5 个基本自变量，尽管在定义函数时也可以定义其他的方程自变量（Equation Variable），但在实际使用时，这些自变量必须事先赋值，如图 3-22 所示中的 PCONST 变量。也可以定义分段函数，这时，需要定义每一段函数的分段变量及范围。用于分段的

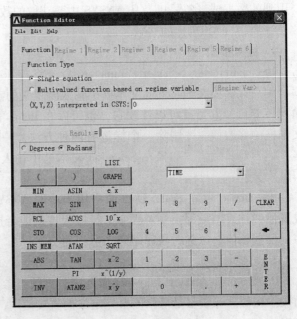

图 3-22　函数定义

变量必须在整个分段范围内是连续的。

2）执行 File > Save 命令，在打开的对话框中设置自定义函数的文件名。假设本函数保存的文件名为 PLANEPRE. FUNC。

3）执行 Parameters > Functions > Read from file 命令从文件中读入函数，作为荷载边界条件读入到程序中。

4）单击 OK 按钮，就可以把函数所表达的压力载荷施加到选定的区域上了。

4. 参量存储和恢复

为了在多个工程中共享参量，需要保存或者读取参量。

Parameters > Save Parameters 命令用于保存参量。参量文件是一个 ASCII 文件，其扩展名默认为 parm。参量文件中包含了大量 APDL 命令 ∗ SET。所以，也可以用文本编辑器对其进行编辑。以下是一个参量文件：

```
/NOPR
 ∗ SET,A                          ,    10. 00000000000
 ∗ SET,B                          ,    254. 0000000000
 ∗ SET,C                          ,       ' string '
 ∗ SET,_RETURN                    ,    0. 000000000000E + 00
 ∗ SET,_SSTATUS                   ,    1. 000000000000
 ∗ SET,_ZX
/GO
```

其中，/NOPR 用于禁止随后命令的输出，/GO 用于打开随后命令的输出。在 GUI 方式下，使用/NOPR 指令，后续输入的操作就不会在输出窗口上显示。

Parameters > Restore Parameters 命令用于读取参量文件到数据库中。

3.4.8 宏菜单

Macro（宏）菜单用于创建、编辑、删除或者运行宏或数据块，也可以用缩略词（对应于工具条上的快捷按钮）进行修改。

宏是包含一系列命令集合的文件，这些命令序列通常能完成特定功能。把多个宏包含在一个文件中，该文件称为宏库文件，这时每个宏就称为数据块。

一旦创建了宏，该宏事实上相当于一个新的 ANSYS 命令。如果使用默认的宏扩展名，并且宏文件在 ANSYS 宏搜索路径之内，则可以像使用其他 ANSYS 命令一样直接使用宏。

1. 创建宏

Macro > Create Macro 命令用于创建宏。采用这种方式时，可以创建最多包含 18 条命令的宏。如果宏比较简短，采用这种方式创建比较方便；如果宏很长，则使用其他文本编辑器比较方便。这时，只需要把命令序列加入到文件中即可。

宏文件名可以是任意与 ANSYS 不冲突的文件，扩展名也可以是任意合法的扩展名。但使用 MAC 作为扩展名时，就可以像其他 ANSYS 命令一样执行。

2. 执行宏

Macro > Execute Macro 命令用于执行宏文件。

Macro > Execute Data Block 命令用于执行宏文件中的数据块。

为了执行一个不在宏搜索路径内的宏文件或者库文件，需要选择 Macro > Macro Search Path 命令以使 ANSYS 能搜索到它。

3. 缩略词

Macro > Edit Abbreviations 命令用于编辑缩略词，以修改工具条。默认的缩略词（即工具条上的按钮）有 SAVE_DB、RESUM_DB、QUIT、POWRGRF 和 E_CAE 5 个，如图 3-23 所示。

可以在输入窗口中直接输入缩略词定义，也可以在图 3-23 所示的对话框的 Selection 文本框中输入。但是要注意，使用命令方式输入时，需要更新才能添加缩略词到工

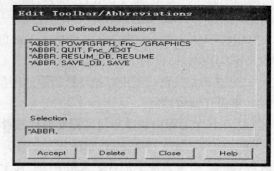

图 3-23　工具条编辑对话框

具条上（更新命令为 Uility Menu > MenuCtrls > Update Toolbar）。输入缩略词的语法为：

　*ABBR, abbr, string

其中，abbr 是缩略词名，也就是显示在工具条按钮上的名称，abbr 是不超过 8 位的字符串。string 是想要执行的命令或宏，如果 string 是宏，则该宏一定要位于宏搜索路径之中，如果 string 是选取菜单或者对话框，则需要加入"Fnc_"标志，表示其代表的是菜单函数，如：

　*ABBR, QUIT, Fnc_/EXIT

string 可以包含多达 60 个字符，但是，它不能包含字符"$"和以下命令：C**、/COM、/GOPR、/NOPR、/QUIT、/UI 或者*END。

工具条可以嵌套，也就是说，某个按钮可能对应了一个打开工具条的命令，这样尽管每个工具条上最多可以有 100 个按钮，但理论上可以定义无限多个按钮（缩略词）。

需要注意的是，缩略词不能自动保存，必须选择 Macro > Save Abbr 命令来保存缩略词。并且退出 ANSYS 后重新进入时，需要选择 Macro > Restore Abbr 命令对其重新加载。

3.4.9　菜单控制菜单

MenuCtrls（菜单控制）决定哪些菜单成为可见的，是否使用机械工具条（Mechanical Toolbar），也可以创建、编辑或者删除工具条上的快捷按钮，决定输出哪些信息。

可以创建自己喜欢的界面布局，然后执行 MenuCtrls > Save Menu Layout 命令保存它，下次启动时，将显示保存的布局。

MenuCtrls > Message Controls 命令用于控制显示和程序运行，执行该命令打开的对话框如图 3-24 所示。其中，NMERR 文本框用于设置每个命令的最大显示警告和错误信息个数。当某个命令的警告和错误个数超过 NMABT 值时，程序将退出。

3.4.10　帮助菜单

ANSYS 提供了功能强大、内容完备的帮助，熟练使用帮助是学好 ANSYS 的必要条件。这些帮助以 Web 方式存在，可以很容易地访问。

有三种方式可以打开帮助：

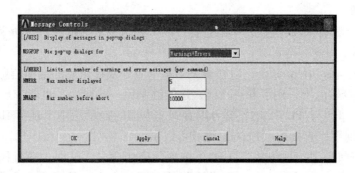

图 3-24　信息控制

1. Help 菜单

Utility Menu > Help > Help Topic 命令以目录表方式提供帮助。执行该命令，将打开图 3-25 所示的帮助文档，这些文档以 Web 方式组织。从图中可以看出，可以通过 3 种方式来得到项目的帮助。

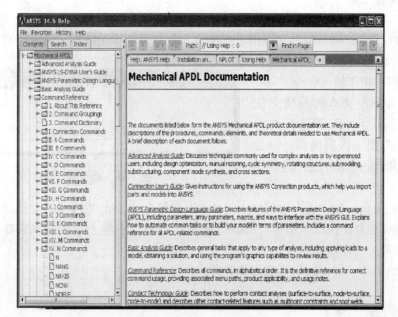

图 3-25　ANSYS 帮助主题

1）目录方式：使用此方式需要对所查项目的属性有所了解。

2）索引方式：以字母顺序排序。

3）搜索方式：这种方式简便快捷，缺点是可能搜索到大量条目。

在浏览某页时，可能注意到一些有下划线的不同颜色的词，这就是超文本链接。单击该词，就能得到关于该项目的帮助。出现超文本链接的典型项目是命令名、单元类型、用户手册的章节等。

当单击某个超文本链接之后，它将显示不同的颜色。一般情况下，未单击时为蓝色，单击之后为红褐色。

2. Help 按钮

很多对话框上都有 Help 按钮，单击它就可以得到与该对话框或对应命令的帮助信息。

3. Help 命令

在命令窗口中输入 Help 命令，以获得关于某个命令或在单元的帮助信息。

ANSYS 在命令输入上采用了联想功能，这能够避免一些错误，也能带来很大的方便。

例如，输入"Help，PLN"时，就可以看到文本框的提示栏中出现了 Help，PLNSOL 的提示。在这种情况下，直接按〈Enter〉键就可以了。

使用菜单方式时，并不总能得到某些菜单项的确切含义。这时，通过执行该菜单操作，将在记录编辑器（Session Editor）中记录该菜单对应的命令，然后在命令窗口中输入 Help 命令，就能得到详细的关于该命令对应菜单的帮助了。

对新手而言，查看 Help > ANSYS Tutorials 中的内容很有好处，它能一步一步地教会用户如何完成某个分析任务。

3.5 输入窗口

输入窗口（Input Window）主要用于直接输入命令或者其他数据，输入窗口包含了 4 个部分，如图 3-26 所示。

1）文本框：用于输入命令。

2）提示区：在文本框与历史记录框之间，提示当前需要进行的操作，要经常注意提示区的内容，以便能够按顺序正确输入或者进行其他操作（如选取）。

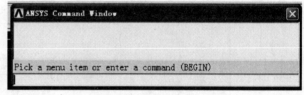

图 3-26 命令输入窗口

3）历史记录框：包含所有以前输入的命令。在该框中单击某选项就会把该命令复制到文本框，双击则会自动执行该命令。ANSYS 提供了用键盘上的上下箭头来选择历史记录的功能，用上下箭头可以选择命令。

4）垂直滚动条：方便选取历史记录框内的内容。

3.6 主菜单

主菜单（Main Menu）包含了不同处理器下的基本 ANSYS 操作。它基于操作顺序排列，应该在完成一个处理器下的操作后再进入下一个处理器。当然，也可以随时进入任何一个处理器，然后退出再进入，但这不是一个好习惯，应该做好详细规划，然后按部就班地进行，这样才能使程序具有可读性，并降低程序运行的代价。

主菜单中的所有函数都是模态的，完成一个函数之后才能进行另外的操作，而通用菜单则是非模态的。例如，如果用户在工作平面上创建关键点，那么不能同时创建线、面或者体，但是可以利用通用菜单定义标量参数。

主菜单的每个命令都有一个子菜单（用">"号表示），或者执行一项操作。主菜单不支持快捷键。默认主菜单提供了 10 类菜单主题，如图 3-27 所示。

1）Preferences（优选项）：打开一个对话框，用户可以选择学科及某个学科的有限元方法。

2）Preprocessor（预处理器）：包含了 PREP7 操作，如建模、分网和加载等，但是在本书中，把加载作为求解器中的内容。求解器中的加载菜单与预处理器中的加载菜单相同，两种都对应了相同的命令，并无差别。以后涉及加载时，将只列出求解器中的菜单路径。

图 3-27　主菜单

3）Solution（求解器）：包含 Solution 操作，如分析类型选项、加载、荷载步选项、求解控制盒求解等。

4）General Postproc（通用后处理器）：包含了 POST1 后处理操作，如结果的图形显示和列表。

5）TimeHist Postproc（时间历程后处理器）：包含了 POST26 的操作，如对结果变量的定义、列表或者图形显示。

6）ROM Tool（减缩积分模型工具）：用于与减缩积分相关的操作。

7）Prob Design（概率设计）：结合设计和生产过程中的不确定因素，来进行设计。

8）Radiation Opt（辐射选项）：包含了 AUX12 操作，如定义辐射率、完成热分析的其他设置、写辐射矩阵、计算视角因子等。

9）Session Editor（记录编辑器）：用于查看在保存或者恢复之后的所有记录操作。

10）Finish（结束）：退出当前处理器，回到开始级。

3.6.1　优选项

Preferences 优选项选择分析任务涉及的学科以及在该学科中所用的方法，如图 3-28 所示。该步骤不是必需的，可以不选，但会在后续分析中面临很多选择项目。所以，使

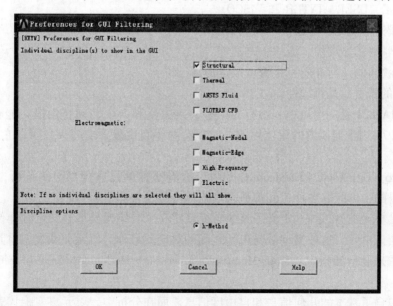

图 3-28　优选对话框

用优选项过滤掉用户不需要的选项是明智的。尽管默认的是所有学科，但这些学科并不是都能现时使用。例如，不可以把流体动力学（FLOTRAN）单元和其他某些单元同时使用。

在学科方法中，p-Method 方法是高阶计算方法，通常比 h-Method 方法具有更高的精度和收敛性。但是，该方法消耗的计算时间比后者大大增加，且不是所有学科都适用p-Method 方法，只有在结构静力分析、热稳态分析、电磁场分析中可用，其他场合下都采用h-Method 方法。

3.6.2 预处理器

Preprocessor 预处理器提供了建模、分网和加载的函数。执行 Main Menu > Preprocessor 命令或者在命令输入窗口中输入"/PREP7"，将进入预处理器，不同的是，后者并不打开预处理菜单。

预处理器的主要功能包括单元定义、实体建模和分网。

1. 单元定义

Element Type 用于定义、编辑或删除单元。如果单元需要设置选项，用该方法比用命令方法更为直观方便。

单元的转换可以在以下情况下进行：隐式菜单和显式菜单之间、热单元和结构单元之间、磁单元转换到热单元、电单元转换到结构单元、流体单元转换到结构单元。其他形式的单元类型转换都是不合法的。

ANSYS 单元库中包含了100 多种不同单元，单元是根据不同的号和前缀来识别的。不同前缀代表不同单元种类，不同的号代表该种类中的具体单元形式。如 BEAM4、PLANE7、SOLID96 等。ANSYS 中有以下一些种类的单元：BEAM、COMBIN、CONTAC、FLUID、HYPER、INFIN、LINK、MASS、MATRIX、PIPE、PLANE、SHELL、SOLID、SOURC、SURF、TARGE、USER、INTER 和 VISCO。

具体选择何种单元，由以下一些元素决定：

1）分析学科：如结构、流体、电磁等。

2）分析物体的几何性质：是否可以近似为二维。

3）分析的精度：是否线性。

例如，MASS21 是一个点单元，有 3 个平移自由度和 3 个转动自由度，能够模拟 3D 空间；而 FLUID79 用于器皿内的流体用的，它只有两个自由度 UX、UY，所以它只能模拟 2D 运动。

通过 Help > HelpTopic > Elements 命令可以查看哪种单元适合当前的分析，但是这种适合并不是绝对的，可能有多种单元都适合当前的分析任务。

必须定义单元类型。一旦定义了某个单元就定义了其单元类型号，后续操作将通过单元类型号来引用该单元。这种类型号与单元之间的对应关系称为单元类型表，单元类型表可以通过菜单命令来显示和指定：Main Menu > Preprocessor > Modeling > Create > Elements > Elem Attributes。

单元只包含了基本的几何信息和自由度信息。而在分析中，单元事实上代表了物体所有可能具有的其他一些几何和物理信息。这种单元本身不能描述的信息用实常数（Real Constants）来描述。如 Beam 单元的截面积（AREA），Mass 单元的质量（MASSX、MASSY、MASSZ）等。但不是所有的单元都需要实常数，如 PLANE42 单元，设置其 Keypts（3）= 3，就需要平面单元的厚度信息。

Material Props 用于定义单元的材料属性。每个分析任务都针对具体的实体，这些实体都具有物理特性，所以，大部分单元类型都需要材料属性。材料属性可以分为：

1）线性材料和非线性材料

2）各向同性、正交各向异性和非弹性材料。

3）温度相关和温度无关材料。

2. 实体建模

Main Menu > Preprocessor > Modeling > Create 命令用于创建模型（可以创建实体模型，也可以直接创建有限元模型，这里只介绍创建实体模型）。ANSYS 中有两种基本的实体建模方法。

1）自底向上建模。首先创建关键点，它是实体建模的顶点，然后把关键点连接成线、面和体。所有关键点都以笛卡尔直角坐标系上的坐标值定义的。但是，不是必须按点、线、面、体的顺序创建，如可以直接连接关键点为面。

2）自顶向下建模。利用 ANSYS 提供的几何原型创建模型，这些原型是完全定义好了的面或体。创建原型时，程序自动创建较低级的实体。

使用自底向上还是自顶向下的建模方法取决于习惯和问题的复杂程度，通常同时使用两种方式才能高效建模。

Preprocessor > Modeling > Operate 命令用于模型操作，包括拉伸、缩放和布尔操作。布尔操作对于创建复杂形体很有用，可用的布尔操作包括相加（Add）、相减（Subtract）、相交（Intersect）、分解（Divide）、粘接（Glue）、搭接（Overlap）等，不仅适用于简单原型的图元，也适用于从 CAD 系统输入的其他复杂几何模型。在默认情况下，布尔操作完成后输入的图元将被删除，被删除的图元编号变成空号，这些空号将被赋给新创建的图元。

尽管布尔操作很方便，但很耗时，也可以直接对模型进行拖动和旋转。如拉伸（Extrude）或旋转一个面，就能创建一个体。对存在相同部分的复杂模型，可以使用复制（Copy）和镜像（Reflect）。

Preprocessor > Modeling > Move/Modify 命令用于移动或修改实体模型图元。

Preprocessor > Modeling > Copy 命令用于复制实体模型图元。

Preprocessor > Modeling > Reflect 命令用于镜像实体模型图元。

Preprocessor > Modeling > Delete 命令用于删除实体模型图元。

Preprocessor > Modeling > Check Geom 命令用于检测实体模型图元，如选取短线段、检查退化、检查节点或者关键点之间的距离。

在修改和删除模型之前，如果较低级的实体与较高级的实体相关联（如点与线相关联），那么，除非删除高级实体，否则不能删除低级实体。所以，如果不能删除单元和单元荷载，那么不能删除与其相关联的体；如果不能删除面，则不能删除与其相关联的线。模型图元的级别见表 3-1。

表 3-1　图元级别

级　别	单元和单元荷载
最高级	节点和节点荷载
	体和实体模型体荷载
↓	面和实体模型表面荷载
	线和实体模型线荷载
最低级	关键点和实体模型点荷载

3. 分网

一般情况下，由于形体的复杂性和材料的多样性，需要多种单元，所以，在分网前，定义单元属性是很有必要的。

Preprocessor > MeshTool 命令是分网工具。它将常用分网选项集中到一个对话框中，如图 3-29 所示。该对话框能够帮助完成几乎所有的分网工作。但是，如果要用到更高级的分网操作，则需要使用 Mexhing 子菜单。单元属性用于设置整个或某个图元的单元属性，首先在下拉列表框中选择想设置的图元，单击 Set 按钮；然后在选取对话框中选取该图元的全部（单击 Pick All 按钮）或部分，设置其单元类型、实常数、材料属性、单元坐标系。

选中 Smart Size（智能网格）复选按钮，可以方便地由程序自动分网，只需拖动滑块控制分网的精度，其中 1 为最精细，10 为最粗糙，默认精度为 6。智能网格只适用于自由网格，不宜在映射网格中采用。

Size Control（网格控制）选项组提供了更多更细致的单元尺寸设置，可以设置全部（Global）、面（Areas）、线（Lines）、层（Layer）、关键点（Keypts）的网格密度。对面而言，需要设置单元边长；对线来说，可以设置线上的单元数，也可以用 Clear 按钮来清除设置；对线单元，可以把一条线的网格设置复制到另外几条线上，把线上的间隔比进行转换（Filp）；对层单元来说，还可以设置层网格。在某些需要特别注意的关键点上，可以直接设置其网格尺寸（Keypts）来设置关键点附近网格单元的边长。

一旦完成了网格属性和网格尺寸设置，就可以进行分网操作了，其步骤是：

1）在 Mesh 下拉列表框选择对什么图元分网，可以对线、面、体和关键点分网。

2）选择网格单元的形状（如图 3-29 所示的 Shape 选项：对面而言，为三角形或四边形；对体而言，为四面体或六面体；对线和关键点，该选择是不可选的）。

3）确定是自由网格（Free）、映射网格（Mapped）、还是扫掠网格（Sweep）。对面用映射分网时，如果形体是三面体或四面体，则在下拉列表框中选择 3 or 4 sided 选项；如果形体是其他不规则图形，则在下拉列表框中选择 pick corners 选项。对体分网时，四面体网格只能是自由网格，六面体网格则既可以为映射网格，也可以为扫掠网格。当为扫掠网格时，在下拉列表框中选择 Auto Src/Trg 选项将自动决定扫掠的起点和终点位置，否则，需要用户指定。

4）选择好上述选项之后，单击 Mesh 或 Sweep（对 Sweep 体分网）按钮，选择要分网的图元，就可以完成分网。注意根据输入窗口的指示来选取面、体或关键点。

对某些网格要求较高的地方，如应力集中区，需要用 Refine 按钮来细化网格。首先在 Refine at 下拉列表框中选择想要细化的部分，然后确定细化的程度，1 细化程度最小，10 细化程度最大。

要对分网进行更多控制，可以使用 Meshing 级联菜单。该菜单中主要包括 Size Contrls 命令（网格尺寸控制）、Mesher Opts 命令（分网器选项）、Concatenate 命令（线面的连接）、Mesh 命令（分网操作）、Modify Mesh 命令（修改网格）、Check Mesh 命令（网格检查）、Clear 命令（清除网格）。

4. 其他预处理操作

Preprocessor > Checking Ctrls 命令用于对模型和形状进行检查，用该菜单可以控制实体模型（关键点、线、面和体）和有限元模型（节点和面）之间的联系，控制后续操作中的单元形状和参数等。

Preprocessor > Numbering Ctrls 命令用于对图元号和实常数号等进行操作，包括号的压缩和合并、号的起始值设置、偏移值设置等。例如，当对面1和面6进行了操作，形成一个新面，面号1和面号6则空出来了。这时，用压缩面号操作（Compress Numbers）能够把面进行重新编号，原来的2号变为1号，3号变为2号，依次类推。

Preprocessor > Archive Model 命令用于输入输出模型的几何形状、材料属性、荷载或者其他数据。也可以只输入输出其中的某一部分。实体模型和荷载的文件扩展名为 IGES，其他数据则是命令序列，文件格式为文本。

Preprocessor > Coupling/Ceqn 命令用于添加、修改或删除耦合约束，设置约束方程。

图 3-29　分网工具

Preprocessor > FLOTRAN Set Up 命令用于设置流体力学选项，包括流体属性、流动环境、湍流和多组分运输、求解控制等选项。

Preprocessor > Loads 命令用于荷载的施加、修改和删除，将在 Main Menu > Solution 菜单中介绍。

Preprocessor > Physics 命令用于对单元信息进行读出、写入、删除或者列表操作。当对同一个模型进行多学科分析而又不同时对其分析（如对管路模型分析其结构和 CFD）时，就需要用到该操作。

3.6.3　求解器

Solution 求解器包含了与求解器相关的命令，包括分析选项、加载、载荷步设置、求解控制和求解。启动后，执行 Main Menu > Solution 命令打开求解器菜单如图 3-30 所示。这是一个缩略菜单，用于静态或者完全瞬态分析。执行最下面的 Unabridged Menu 命令打开完整的求解器菜单，在完整求解器菜单中执行 Abridged Menu 命令又可以使其恢复为缩略方式。

在完整求解菜单中，大致有以下 3 类操作：

1. 分析类型及其选项

Main Menu > Solution > Analysis Type > New Analysis 命令用于开始一次新的分析。在此用户需要决定分析类型。ANSYS 提供了静态分析、模态分析、谐分析、瞬态分析、功率谱分析、屈曲分析和子结构分析。根据所研究的内容、荷载条件和要计算的响应来决定分析类型。例如，要计算固有频率，就必须使用模态分析。一旦选定分析类型后，应当设置分析选项，其菜单路径为 Main Menu > Solution > Analysis Type > Analysis Option，不同的分析类型有不同分析选项。

Solution > Restart 命令用于重新启动分析，有单点和多点两种。大多数情况下，都应当开始一个新的分析。对静态、谐波、

图 3-30　缩略求解器菜单

子结构和瞬态分析可使用一般重启动分析，以在结束点或者中断点继续求解。多点重启动分析不能改变分析类型和分析选项。

执行 Solution > Analysis Type > Sol′s Control 命令打开一个求解控制对话框，包含 5 个选项卡。该对话框只适用于静态和全瞬态分析，它把大多数求解控制选项集成在一起。其中包括 Basic 选项卡中的分析类型、时间设置、输出项目，Transient 选项卡完全瞬态选项、荷载形式、积分参数，Sol′s Option 选项卡的求解方法和重启动控制，Nonlinear 选项卡中的非线性选项、平衡迭代、蠕变，Advanced NL 选项卡中的终止条件准则和弧长法选项等。当做静态和全瞬态分析时，使用该对话框很方便。

对某些分析类型，不可能有以下一些分析选项：

1）ExpansionPass：模态扩展分析。只能用于模态分析、子结构分析、屈曲分析、使用模态叠加法的瞬态和谐分析。

2）Model Cyclic Sym：模态循环对称分析。在分析类型为模态分析时才能使用。

3）Master DOFs：主自由度的定义、修改和删除，只能用于缩减谐分析、缩减瞬态分析、缩减屈曲分析和子结构分析。

4）Dynamic Gap Cond：间隙条件设置。它只能用于缩减或模态叠加法的瞬态分析中。

2. 荷载

DOF Constraints（DDF 约束）：用于固定自由度为确定值，如在结构分析中指定位移或者对称边条，在热分析中指定温度和热能量的平行边条。

Forces（集中荷载）：用在模型的节点或者关键点上，如结构分析中的力和力矩、热分析中的热流率、磁场分析中的电流段。

Surface Loads（表面荷载）：是应用于表面的分布荷载，如结构分析中的压强、热分析中的对流和热能量。

Body Loads（体荷载）：是一个体积或场荷载，如结构分析中的温度、热分析中的热生成率、磁场分析中的电流密度。

Inertia Loads（惯性荷载）：是与惯性（质量矩阵）有关的荷载，如重力加速度、角速度和角加速度，主要用于结构分析中。

Coupled-field Loads（耦合场荷载）：是以上荷载的一种特殊情况。将一个学科分析的结果作为另一个学科分析的荷载，如磁场分析中产生的磁力能够作为结构中的荷载。

这6种载荷包括了边界条件、外部或内部的广义函数。在不同的学科中，荷载有不同的含义：在结构（Structural）中为位移、力压强、温度等；在热（Thermal）中为温度、热流率、对流、热生成率、无限远面等；在磁（Magnetic）中为磁动势、磁通量、磁电流段、流源密度、无限远面等；在电（Electric）中为电位、电流、电荷、电荷密度、无限远面等；在流体（Fluid）中为速度、压强等。

Solution > Define Loads > Settings 命令用于设置荷载的施加选项，如表面荷载的梯度和节点函数设置、新施加荷载的方式，如图3-31所示。其中，最重要的是设置荷载的添加方式，有改写、叠加和忽略3种方式。当在同一位置施加荷载时，如果该位置存在同类型荷载，则要么重新设置荷载，要么与以前的荷载相加，要么忽略它。默认情况下是改写方式。在该菜单中，还有 Smooth Data（数据平滑）命令，用于对噪声数据进行预定阶数的平滑，并用图形方式显示结果。这时，首先需要用 * Dim 定义两个数组矢量，对其赋值后才能平滑。

图3-31　荷载设置选项

Solution > Define Loads > Apply 命令用于施加荷载，包括结构、热、磁、电、流体学科的荷载选项以及初始条件。只有选择了单元后，这些选项才能成为活动的。初始条件用来定义节点处各个自由度的初始值，对结构分析而言，还可以定义其初始速度。初始条件只对稳态和全瞬态分析有效。在定义初始自由度值时，要主要避免这些值发生冲突。例如，在刚性结构分析中，对一些节点定义了速度，对另外节点定义了初始条件。

Solution > Define Loads > Delete 命令用于删除荷载和荷载步（LS）文件。

Solution > Define Loads > Operate 命令用于荷载操作，包括有限元荷载的缩放、实体模型荷载与有限元荷载的转换、荷载步文件的删除等。

3. 荷载步设置

Solution > Load Step Opts 命令用于设置荷载步选项。

一个荷载步就是荷载的一个布局，包括空间和时间上的布局，两个不同布局之间用荷载步来区分。一个荷载步只有阶跃方式和斜坡方式两种时间状况。如果有其他形式的荷载，则需要离散为这两种形式，并以不同荷载步近似表达。

1）子步是一个载荷步内的计算点，在不同分析中有不同用途。

2）在非线性静态或稳态分析中，使用子步以获得精确解。

3）在瞬态分析中，使用子步以得到较小的积分步长。

4）在谐分析中，使用子步来得到不同频率下的解。

平衡迭代用于非线性分析，是在一个给定的子步上进行的额外计算，其目的是为了收敛。在非线性分析中，平衡迭代作为一种迭代校正，具有重要作用。

在荷载步选项菜单中，包含输出控制（Output Ctrls）、求解控制（Solution Ctrls）、时间/频率设置（Time/Frequency）、非线性设置（Nonlinear）、频谱设置（Spectrum）等。

有3种方式进行荷载设置：多步直接设置、利用荷载文件、使用荷载数组参量。其中，Solution > Load Step Opts > From LS File 命令用于读出荷载文件，Solution > Load Step Opts > Write LS File 命令用于写入荷载文件。在 ANSYS 中，荷载文件时以 Jobname. snn 来定义的，其中 nn 代表荷载步号。

4. 求解

Solution > Solve > Current LS 命令用于指示 ANSYS 求解当前荷载步。

Solution > Solve > From LS File 命令用于指示 ANSYS 读取荷载文件中的荷载和荷载选项来求解，可以指定多个荷载步文件。

Solution > Solve > Partial Sou 命令用于指示 ANSYS 只进行分析序列中的某一步，如只需要组集刚度矩阵或三角化矩阵。当只需要对某一步重复分析，而不需要重复整个分析过程时，使用该命令效率很高。

多数情况下，使用 Current LS 命令就可以了。

Solution > Flotran Setup 和 Run Flotran 命令用于设置流体动力学选项和运行流体动力学计算程序。

3.6.4 通用后处理器

当一个分析运行完成后，需要检查分析是否正确，获得并输出有用结果，这就是后处理器的功能。

后处理器分为通用后处理器和时间历程后处理器，前者用于查看某一荷载步和子步的结果。也就是说，它是在某一时间点或频率点上，对整个模型显示或列表；后者则用于查看某一空间点上的值随时间的变化情况。为了查看整个模型在时间上的变化，可以使用动画技术。

在命令窗口中，输入"/POST1"进入通用后处理器，输入"/POST26"进入时间历程后处理器。

求解阶段计算的两类结果数据是基本数据和导出数据。基本数据是节点解数据的一部分，指节点上的自由度解。导出数据是由基本数据计算得到的，包括节点上除基本数据外的解数据。不同学科分析中的基本数据和导出数据见表 3-2。在后处理操作中，需要确定要处理的数据是节点解数据还是单元解数据。

表 3-2　基本数据和导出数据

学　　科	基 本 数 据	导 出 数 据
结构分析	位移	应力、应变、反作用力等
热分析	温度	热流量、热流梯度等
流场分析	速度、压强	压强梯度、热流量等
电场分析	标量电势	电场、电流密度等
磁场分析	磁势	磁能量、磁流密度等

通用后处理器包含了以下功能：结果读取、结果显示、结果计算、解的定义和修改等。

1. 结果读取

General Postproc > Data & File Opts 命令用于定义从哪个结果文件中读取数据和读入哪些数据。如果不指定，则从当前分析结果文件中读入所有数据。其文件名为当前工程名，扩展名以 R 开头，不同学科有不同扩展名。结构分析的扩展名为 RST，流体动力学分析的扩展名为 RFL，热力分析的扩展名为 RTH，电磁场分析的扩展名为 RMG。

General Postproc > Read Results 子菜单用于从结果文件中读取结果数据到数据库，如图 3-32 所示，ANSYS 求解后，结果并不自动读入到数据库，然后对其进行操作和后处理。正如前面提到的，通用后处理器只能处理某个荷载步或荷载子步的结果。所以，只能读入某个荷载步或子步的数据。

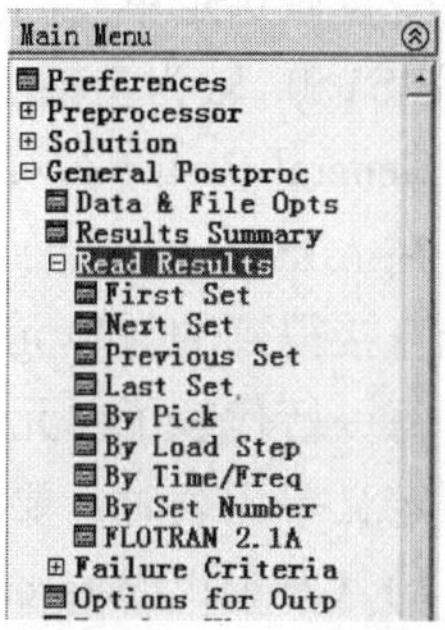

1）Previous Set：读前一子步数据。

2）First Set：读第一子步数据。

3）Next Set：读下一子步数据。

4）Last Set：读最后一子步数据。

图 3-32　结果读取选项

5）By Load Step：通过指定荷载步及其子步来读入数据。

6）By Time/Freq：通过指定时间或频率点读取数据，具体读入时间或频率的值由所进行的分析决定。当指定的时间或频率点位于分析序列的中间某点时，程序自动用内插法设置该时间点或频率点的值。

7）By Set Number：直接读取指定步的结果数据。

General Postproc > Options for Outp 命令用于控制输出选项。

2. 结果显示

在通用后处理器中，有图形显示、列表显示和查询显示 3 种。

（1）图形显示　General Postproc > Plot Result 命令用于显示图形结果。ANSYS 提供了丰富的图形显示功能，包括变形显示（Deformed Shape）、等值线图（Contour Plot）、矢量图（Vector Plot）、轨线图（Plot Path Item）、流动轨迹图（Flow Trace）以及混凝土图（Concrete Plot）。

绘制这些图形之前，必须先定义所要绘制的内容，如是角节点上的值、中节点的值，还是单元上的值。

确定对什么结果感兴趣，是压强、应力、速度还是变形等。有的图形能够显示整个模型的值，如等值线图，而有的只能显示其中某个或某些点处的值，如流动轨线图。

在 Utility Menu > Plot > Result 菜单中，也有相应的图形绘制功能。

（2）列表显示　General Postproc > List Results 命令用于对结果进行列表显示，可以显示节点解数据（Nodal Solution）、单元解数据（Element Solution）；也可以列出反作用力（Reaction Sou）或者节点载荷（Nodal Loads）值；还可以列出单元表数据（Elem Table Data）、矢量数据（Vector Data）、轨线上的项目值（Path Items）等。列表结果可以按节点或单元的升序排列（Unsorted Node 和 Unsorted Elems），也可以按某一解的升序或降序排列（Sorted Node 和 Sorted Elems）。

在 Utility Menu > List > Results 菜单中，也有响应和列表功能。

（3）查询显示　Query Results 命令显示结果查询，可直接在模型上显示结果数据。例如，为了显示某点的速度，选取 Query Result > Subgrid Solu 命令，在打开对话框中选择速度选项，然后在模型中选取要查看的点，解数据即出现在模型上；也可以使用三维注释功能，使得在三维模型的各个方向都能看到结果数据，要使用该功能，只要选中查询选取对话框中的 Generate 3D Anno 复选按钮即可。

3. 结果计算

General Postproc > Nodal Calcs 命令用于计算选定单元的合力、总的惯性力矩或者对其他一些变量做选定单元的表面积分。可以指定力矩的主轴，如果不指定，则默认的以结果坐标系（RSYS）轴为主轴。

General Postproc > Element Table 命令用于单元表的定义、修改、删除和其他一些数学运算。在 ANSYS 中，单元表是在结果数据中进行数学运算的工作空间，可以通过它得到一些不能直接得到的与单元相关的数据，如某些导出数据。事实上，单元表相当于一个电子表格，每一行代表了单元，每一列代表了该单元的项目，如单元体积、重心、平均应力等。

定义单元表时，要注意以下几点：

1）General Postproc > Element Table > Define Table 命令只用于对选定单元进行列表。也就是说，只有那些选定单元的数据才能复制到单元表中。通过选定不同单元，可以填充不同的表格行。

2）相同的顺序号组合可以代表不同单元形式的不同数据。所以，如果模型有单元形式的组合，注意选择同种形式的单元。

3）读入结果文件后，或改变数据后，ANSYS 程序不会自动更新单元表。

4）用 Define Table 命令来选择单元上要定义的数据项，如压强、应力等，然后使用 Plot Elem Table 命令来显示该数据项的结果，也可以用 List Elem Table 命令对数据项进行列表。

ANSYS 提供了以下一些单元表运算操作，这些运算是对单元上的数据项进行操作。

1）Sum of Each Item：列求和。对单元表中的某一列或几列求和，并显示结果。

2）Add Items：行相加。两列中，对应行相加，可以指定加权因子及其相加常数。

3）Multiply：行相乘。两列中，对应行相乘，可以指定乘数因子。

4）Find Maximum 和 Find Minimum：两列中，对应行各乘一个因子，然后比较并列出其最大或最小值。

5）Exponentiate：对两列先指数化后相乘。

6）Cross Product：对两个列矢量取叉积。

7）Dot Product：对两个列矢量取点积。

8）Abs Value Option：设置操作单元表时，在加、减、乘和求极值操作之前，是否先对列取绝对值。

9）Erase Table：删除整个单元表。

General Postproc > Path Operation 命令用于轨线操作。所谓轨线，就是模型上的一系列点，这些点上的某个结果项及其变化是用户关心的。而轨线操作就是对轨线定义、修改和删除，并把关心的数据项（称为"轨线变量"）映射到轨线上来，然后就可以对轨线标量进行列表或图形显示。这种显示通常是以到第一个点的距离为横坐标。

General Postproc > Fatigue 命令用于对结构进行疲劳计算。

General Postproc > Safety Factor 命令用于计算结构的安全系数，它把计算的应力结果转换为安全系数或者安全裕度，然后进行图形或者列表显示。

4. 解的定义和修改

General Postproc > Submodeling 命令用于对子模型数据进行修改和显示。

General Postproc > Nodal Results 命令用于定义和修改节点解。

General Postproc > Elem Results 命令用于定义和修改单元解。

General Postproc > Elem Tabl Data 命令用于定义或修改单元表格数据。

首先选取想修改的节点或单元，然后选取想要修改的数据项，如应力、压强等，然后输入其值，对某些项（如应力），存在3个方向的值，则可能需要输入3个方向的数据。即使不进行求解（Solution）运算，也可以定义或修改解结果，并像运算得到结果一样进行显示操作。

General Postproc > Reset 命令用于重置通用后处理器的默认设置。该函数将删除所有单元表、轨线、疲劳数据和荷载组指针。所以要小心使用该函数。

3.6.5　时间历程后处理器

时间历程后处理器可以用来观察某点结果随时间或频率的变化，包含图形显示、列表、微积分操作、响应频谐等功能。一个典型的应用是在瞬态分析中绘制结果项与时间的关系，或者在非线性结构中画出力与变形的关系。在 ANSYS 中该处理器为 POST26。

所有的 POST26 操作都是基于变量的，此时，变量代表了与时间（或频率）相对应的结果项数据。每个变量都被赋予一个参考号，该参考号大于等于2，参考号1赋给了时间（或频率）。显示、列表或者数学运算都是通过变量参考号进行的。

TimeHist Postproc > Settings 命令用于设置文件和读取的数据范围。默认情况下，最多可以定义 10 个变量，但可以通过 Settings > Files 命令来设置多达 200 个的变量。默认情况下，POST26 使用 POST1 中的结果文件，但可以通过 Settings > Files 命令来指定新的时间历程出来结果文件。

Settings > Data 命令用于设置读取的数据范围及其增量。默认情况下，读取所有数据。

TimeHist Postproc > Define Variable 命令用来定义 POST26 变量，可以定义节点解数据、单元解数据和节点反作用力数据。

TimeHist Postproc > Store Data 命令用于存储变量，定义变量时，就建立了指向结果文件中某个数据指针，但并不意味着已经把数据提取到了数据库中。存储变量则是把数据从结果文件复制到数据库中，有 3 种存储变量的方式。

1）Merge：添加新定义变量到以前存储的变量中，也就是说，数据库中将增加更多列。

2）New：代替以前存储的变量即删除以前计算的变量，存储新定义的变量。当改变了时间范围或其增量时，应当用此方式。因为以前存储的变量与当前的时间范围不一致，也就是说，以前定义的变量与当前的时间点并不存在对应关系，显然这些变量也就没有意义。

3）Append：追加数据到以前存储的变量。当要从两个文件中连接同一个变量时，这种方式是很有用的，但首先需要执行 Main Menu > TimeHist Postproc > Settings > Files 命令来设置结果文件名。

Time Hist Postproc > List Variables 命令用于列表方式显示变量值。

Time Hist Postproc > List Extremes 命令用于列出变量的极大值、极小值及对应的时间点。但它只考虑复数的实部。

Time Hist Postproc > Graph Variables 命令用于以图形显示变量随时间/频率的变化。默认情况下只显示复数的负值，可以通过 TimeHist Postproc > Setting > Graph 命令进行修改，以显示复数的实部、虚部或者相位角。

Time Hist Postproc > Math Operations 命令用于定义的变量进行数学运算。例如，在瞬态分析时定义了位移变量，将其对时间求导就得到速度变量，再次求导就得到加速度。其他一些数学运算包括加、乘、除、绝对值、方根、指数、常用对数、自然对数、微分、积分、复数的变换和求最大值最小值等。

Time Hist Postproc > Table Operations 命令用于变量和数组之间的赋值。首先设置一个矢量数组，然后把它的值赋给变量，也可以把 POST26 变量值赋给该矢量值数组，还可以直接对变量赋值（Table Operations > Fill Data），此时，可以对变量的元素逐个赋值，如果要赋的值是线性变化的，则可以设置其初始值及变化增量。

Time Hist Postproc > Smooth Data 命令用于对结果数据进行平滑处理。要设置数据平滑的点和阶数，以及如何绘制平滑后的数据。

Time Hist Postproc > Generate Spectrum 命令允许在给定的位移时间历程中生成位移、速度、加速度响应谱，频谱分析中的响应谱可用于计算整个结构的响应。该命令通常用于单自由度系统的瞬态分析。它需要两个变量，一个是含有响应谱的频率值，另一个是含有位移的时间历程。频率值不仅代表响应谱曲线的横坐标，也代表用于产生响应谱的单自由度激励的频率。

Time Hist Postproc > Reset Postproc 命令重置后处理器。这将删除所有定义的变量及设置的选项。

退出 POST26 时，将删除其中的变量、设置选项和操作结果。由于这些不是数据库的内容，故不能保存。然而，这些命令保存在 LOG 文件中。所以，当退出 POST26 后再重新进入时，要重新定义变量。

3.6.6　概率设计和辐射选项

Main Menu > Prob Design 命令用于概率设计。概率设计是为了衡量不确定因素（如参数和假定）对分析模型的影响，通过概率设计，可以得到不确定因素或者随机量对有限元分析结果的影响。例如，一段时间内的温度是一个随机量，它可能服从高斯分布或者服从均匀分布，概率设计正是通过这些假设的分布来得到随机量对模型的影响。概率设计的详细内容请参阅 ANSYS 帮助文档的 Probabilistic Design。

Main Menu > Radiation Opt 命令用于定义辐射选项，包括物体发射率的定义、波尔兹曼常数的定义和物体视角的计算等，详细内容请参阅 ANSYS 帮助文档的 Thermal Analysis Guide。

3.6.7　记录编辑器

记录编辑器（Session Editor）记录了在保存或者恢复操作之后的所有命令。单击该命令后将打开一个编辑器窗口，可以查看其中的操作或者编辑命令，如图 3-33 所示。

窗口上方的菜单具有以下功能：

1）OK：输入显示在窗口中的操作序列，此菜单用于输入修改后的命令。

2）Save：将显示在窗口中的命令保存为分开的文件。

3）Cancel：放弃当前窗口的内容，回到 ANSYS 主界面中。

4）Help：显示帮助。

3.7　输出窗口

输出窗口（Output Window）接受所有从程序来的文本输出：命令响应、注解、警告、错误以及其他信息。初始时，该窗口可能位于其他窗口之下。

输出窗口的信息能够指导用户进行正确操作。典型的输出窗口如图3-34所示。

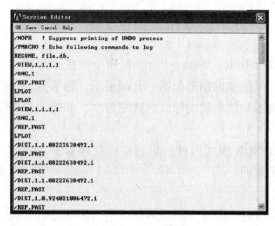

图 3-33　记录编辑器

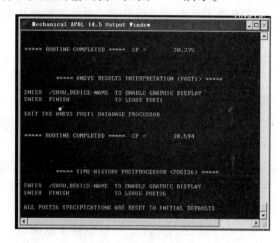

图 3-34　输出窗口

3.8　工具条

工具条（Toolbar）中包含需要经常使用的命令或函数。工具条上的每个按钮对应一个命令或菜单函数或宏。可以通过定义缩写来添加按钮。要添加按钮到工具条，只需要创建缩略词到工具条，一个缩略词是一个 ANSYS 命令或在 GUI 函数的别名。有两个途径可以打开创建缩略词对话框。

1) 执行 Utility Menu > MenuCtrls > Edit Toolbar 命令。

2) 执行 Utility Menu > Macro > Edit Abbreviations 命令。

工具条上能够立即反映出在该对话框中所做的修改。

在输入窗口中输入 "＊ABBR" 也可以创建缩略词，但使用该方法时，需要执行 Utility Menu > MenuCtrls > Update Toolbar 命令更新工具条。

缩略词在工具条上的放置顺序由缩略词的定义顺序决定，不能在 GUI 中修改。但可以把缩略词集保存为一个文件，编辑这个文件，就可以改变其次序。其菜单路径为 Utility Menu > MenuCtrls > Save Toolbar 或 Utility Menu > Macro > Save Abbr。

由于有的命令或者菜单函数对应不同处理器，所以在一个处理器下单击其他处理器的缩略词按钮时，会出现 "无法识别的命令" 警告。

3.9　图形窗口

图形窗口（Graphics Window）是图形用户界面操作的主窗口，用于显示绘制的图形，包括实体模型、有限元网格和分析结果，它也是图形选取的场所。

ANSYS 能够利用图形和图片描述模型的细节，这些图形可以在显示器上查看、存入文件或者打印输出。

ANSYS 提供了两种图形模式：交互式图形和外部图形。前者能够直接在屏幕终端查看的图形，后者指输出到文件中的图形，可以控制一个图形或者图片是输出到屏幕还是到文件。通常，在批处理命令中，是将图形输出到文件。

3.9.1　图形显示

通常，显示一个图形需要两个步骤：首先执行 Utility Menu > PlotCtrls 命令设置图形控制选项，然后执行 Utility Menu > Plot 命令绘图。可以绘制的图形包括：几何显示，如节点、关键点、线和面等；结果显示，如变形图、等值线图和结果动画等；曲线图显示，如应力应变曲线、时间历程曲线和轨线图等。

在图形窗口中，图形的显示有：直接模式和 XOR 模式两种。只能在预处理器中才能切换这两种模式，在其他处理器中，直接模式是无效的。

1. 直接模式

GUI 在默认情况下，一旦创建了新图元，模型会立即显示到图形窗口中，这就是直接模式。直接模式只是一个临时性的显示，如果在图形窗口中有菜单或者对话框，移动菜单或对话框将把图形上的显示破坏掉，而且改变了图形窗口大小。例如，将图形窗口缩小为图标，然后再恢复时，直接模式显示的图将不会显示，除非进行其他绘图操作，如用/REPLOT 命令重新绘制。

窗口的缩放依赖于最近的绘图命令，如新的实体位于窗口之外，将不能完全显示新的实体。为了显示完整的新的实体，需要一个绘图指令。

当定义了一个模型但是又不需要立即显示时，可以执行 Utility Menu > PlotCtrls > Erase Options > Immediate Display 命令，或在输入窗口中输入 IMMED 命令来关闭直接显示模式。

当不用 GUI 而交互运行 ANSYS 时，直接模式默认是关闭的。

2. XOR 模式

该模式用来在不改变当前已存在的显示的情况下，迅速绘制或擦除图形，也用来显示工作平面。

使用 XOR 模式的优点是它产生一个即时显示，该显示不会影响窗口中的已有图形，缺点是在同一个位置两次创建图形时，它将擦除原来的显示。例如，在已有面上再画一个面时，即使用/Replot 命令重新画图，也不能得到该面的显示。但是在直接模式下，当打开了面号（Utility Menu > PlotCtrls > Numbering）时，可以立刻看到新绘制的图形。

3. 矢量模式和光栅模式

矢量模式和光栅模式对图形显示有较大影响。矢量模式只显示图形的线框，光栅模式则显示图形实体；矢量模式用于透视，光栅模式用于立体显示。一般情况下都采用光栅模式，但在图形查询选取等情况下，用矢量模式是比较方便的。

执行 Utility Menu > PlotCtrls > Device Options 命令，然后选中 vector mode 复选按钮，使其变为 On 或者 Off，可以实现矢量模式和光栅模式的切换。

3.9.2　多窗口绘制

ANSYS 提供了多窗口绘制，使得在建模时能够从各个角度观察图形，在后处理时能够方便地比较结果。

工程实例教程

1. 定义窗口布局

所谓窗口布局，即窗口外观，包括窗口的数目、每个窗口的位置及大小。

Utility Menu > PlotCtrls > Multwindow Layout 命令用于定义窗口布局，对应的命令是/WIN-DOW。

在打开的对话框中，包括以下一些窗口布局设置。

1）One Window：单窗口。

2）Two（Left- Right）：两个窗口，左右排列。

3）Two（Top- Bottom）：两个窗口，上下排列。

4）Three（2Top/Bot）：三个窗口，两个上面，一个下面。

5）Three（Top/2Bot）：三个窗口，一个上面，两个下面。

6）Four（2Top/2Bot）：四个窗口，两个上面，两个下面。

在该对话框中，Display upon OK/Apply 选项的设置比较重要。有以下一些选项：

1）No Redisplay：单击 OK 按钮或者 Apply 按钮后，并不更新图形窗口。

2）Replot：重新绘制所有图形窗口的图形。

3）Multi- Plots：多重绘图。实现窗口之间的不同绘图模式时，通常使用该选项。例如，在一个窗口内绘制矢量图，在另一个窗口内绘制等值线图。还可以执行 Utility Menu > PlotCtrls > Windows Controls > Window Layout 命令定义窗口布局，打开的对话框如图3-35 所示。

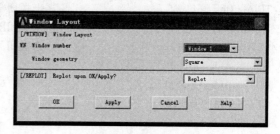

首先在 WN 下拉列表框中设置窗口号，然后在 Window geometry 下拉列表框设置其位置和大小，对应的命令是/WINDOW。这种设置将覆盖 Multiwindow Layout 位置。具体地说，如果定义了 3 个窗口，两个在上，一个在下，则在上的窗口为 1 和 2，在下的

图3-35 窗口布局

窗口为 3。如果用/WINDOW 命令设置窗口 3 在右半部分，则它将覆盖窗口 2。

如果在 Window geometry 下拉列表框中选择 Picked 选项，则可以用鼠标选取窗口的位置和大小，也可以从输入窗口中输入其位置，在输入时，以整个图形窗口的中心作为原点。例如，对原始尺寸来说，设置（- 1.0，1.67，1.1）表示原始窗口的全屏幕。Utility Menu > PlotCtrls > Style > Colors > Window Colors 命令用于设置每个窗口的背景色。

2. 设置显示类型

一旦完成了窗口布局设置，就要选择每个窗口要显示的类型。每个窗口可以显示模型图元、曲线图或其他图形。

Utility Menu > PlotCtrls > Multi- Plot Controls 命令用来设置每个窗口显示的内容。

在打开的对话框中，首先选择要设置的窗口号（Edit Window），但在绘制曲线图时，不用设置该选项。因为程序默认是绘制模型（实体模型和有限元模型）的所有项目，包括关键点、线、面、体、节点和单元。在单元选项中，可以设置当前的绘图是单元，还是 POST1 中的变形、节点解、单元解，或者单元表数据的等值线图、矢量图。

这些绘图设置与单个窗口的绘图设置相同。例如，绘制等值线图或者矢量图打开的对话框与在通用后处理中打开的对话框是一样的。

为了绘制曲线图，应当将 Display Type 设置为 Graph Plots，这样就可以绘制所有的曲线图，包括材料属性图、轨线图、线性应力和数组变量的列矢量图等。对应的命令为/GCMD。

完成这些设置后，还可以对所有窗口进行通用设置，菜单路径为 Utility Menu > PlotCtrls > Style，关于图形的通用设置，也就是设置颜色、字体、样式等。

多窗口绘图可以绘制不同类型的图，但它主要用于三维建模过程中。在图形用户交互建模过程中，可以设置 4 个窗口，其中一个显示前视图，一个显示顶视图，一个显示左视图，另一个则显示 Iso 立体视图。这样，就可以很方便地理解图形并建模。

3. 绘图显示

设置好窗口后，执行 Utility Menu > Plot > Multi-Plot 命令，就可以进行多窗口绘图操作，对应的命令为/GPLOT。

以下是一个多窗口绘图的命令集结果（假设已经进行了计算），完整的命令序列（可以在命令窗口内逐行输入）：

```
/POST1
SET,LAST                        ! 读入数据到数据库
/WIND,1,LEFT                    ! 创建两个窗口,左右排列
/WIND,2,RIGHT
/TRIAD,OFF                      ! 关闭全局坐标显示
/PLOPTS,INFO,0                  ! 关闭图例
/GTYPE,ALL,KEYP,0              ! 关闭关键点、线、面、体和节点的显示
/GTYPE,ALL,LINE,0
/GTYPE,ALL,AREA,0
/GTYPE,ALL,VOLU,0
/GTYPE,ALL,NODE,0
/GTUPE,ALL,ELEM,1             ! 在所有窗口中都使用单元显示
/GCMD,1,PLDI,2                 ! 在窗口 1 中绘制变形图,2 代表了绘制未变形边界
/GCMD,2,PLVE,U                 ! 在窗口 2 中绘制位移矢量图
GPLOT                          ! 执行绘制命令
```

4. 图形窗口的操作

定义了图形窗口，在完成绘图操作之前或之后，可以对窗口及其内容进行复制、删除、激活或者关闭窗口。

Utility Menu > PlotCtrls > Window Controls > Window On or Off 命令用于激活或者关闭窗口，对应的命令是/WINDOW, wn, On or Off。其中 wn 是窗口号。

Utility > Menu > PlotCtrls > Window Controls > Delete Window 命令用于删除窗口，对应的命令是/WINDOW, wn, Dele。

Utility Menu > PlotCtrls > Window Controls > Copy Windows 命令用于把一个窗口的显示设置复制到另一个窗口中。

Utility Menu > PlotCtrls > Erase Options > Erase between Plots 命令是一个开关操作。如果不选中该选项，则在屏幕显示之间不会进行屏幕擦除。这使得新的显示在原有显示上重叠，有时，这种重叠是有意义的，但多数情况下，它只能使屏幕看起来很乱。其对应的命令是/NOERASET 和/ERASE。

5. 捕获图像

捕获图像能够得到一个图像快照，用户通过对该图像存盘或恢复，可以比较不同视角、不同结果或者其他有明显差异的图像。其菜单路径为 Utility Menu > PlotCtrls > Capture Image。

3.9.3 增强图形显示

ANSYS 提供有两种图形显示方式。

1）全模式显示方式：菜单路径为 Toolbar > POWRGRPH，在打开的对话框中，选择 Off，对应的命令为 GRAPHICS，FULL。

2）增强图形显示方式：菜单路径为 Toolbar > POWRGRPH，在打开的对话框中，选择 On，对应的命令为 GRAPHICS，POWER。

默认情况下，除存在电路单元外，所有其他分析都使用增强图形显示方式。通常情况下，能用增强图形显示时，尽量使用它，因为它的显示速度比全模式显示方式快很多，但是，有一些操作只支持增强图形显示方式，有一些绘图操作只支持全模式方式。除了显示速度快这个优点外，增强图形显示方式还有很多优点：

1）对具有中节点的单元绘制二次表面。当设置多个显示小平（Utility Menu > PlotCtrls > Style > Size and Shape）时，用该方法能够绘制有各种曲率的图形，指定的小平面越多（1~4），绘制的单元表面就越平滑。

2）对材料类型和实常数不联系的单元，它能够显示不连续结果。

3）壳单元的结果可同时在顶层和底层显示。

4）可用 Query 命令在图形用户界面方式下查询结果。

使用增强图形显示方式的缺点如下：

1）不支持电路单元。

2）当被绘制的结果数据不能被增强图形显示方式支持时，结果将用全模式绘制出来。

3）在绘制结果数据时，它只支持结果坐标系下的结果，而不支持基于单元坐标系的绘制。

4）当结果数据要求平均时，增强图形显示方式只适用于绘制或者列表模型的外表面，全模型方法则对整个外表面和内表面的结果都进行平均。

5）使用增强图形显示方式时，图形显示的最大值可能和列表输出的最大值不同，因为图形显示非连续处是不进行结果平均，而列表输出则是在非连续处进行了结果平均。

PowerGraphics 还有其他一些使用上的限制，它不能支持以下命令：/CTYPE、DSYS、/EDGE、/ESHAPE、* GET、/PNUM、/PSYMB、RSYS、SHELL 和 * VGET。另外有些命令，不管增强图形显示方式是否打开，都使用全模式方式显示，如/PBF、PRETAB、PRSECT等。

3.10 个性化界面

图形用户界面可以根据用户的需要和喜好来定制，以获得个性化的界面。存在不同的定制水平，由低到高依次为：改变 GUI 布局、改变颜色和字体、改变 GUI 的启动菜单、菜单链接和对话框设计。

1. 改变字体和颜色

可通过 Windows 控制面板改变 GUI 组件的颜色、字体。对于 UNIX 系统，通过编辑 X-资源文件来改变字体和颜色。注意，在 Windows 系统下，如果把字体设为大字体，可能会使屏幕不能显示某些大对话框和菜单的完整组件。

在 ANSYS 中，可以改变出现在图形窗口的数字和文字的属性，如颜色、字体和大小。其菜单路径为 Utility Menu > Plot Controls > Font Controls 和 Utility Menu > PlotCtrls > Style > Colors。

可以改变 ANSYS 的背景显示，使其显示带有颜色或纹理，更富有表现力。对应的菜单路径为 Utility Menu > PlotCtrls > Style > Background。

2. 改变 GUI 的启动菜单显示

默认情况下，启动时 6 个主要菜单（通用菜单、主菜单、工具条、输入窗口、输出窗口和图形窗口）都将出现。但可以用/MSTART 命令设置启动时出现的菜单。

在 ANSYS Inc\v145\ansys\apdl 文件中找到并打开文件 start145. ans，然后添加/MSTART 命令。例如，为了启动时不显示主菜单，而显示移动－缩放－旋转菜单，添加的命令为：

/MSTART，MAIN，OFF

/MSTART，ZOOM，ON

用这种方式启动 ANSYS 时要选择读取 start145. ans 文件。

3. 改变菜单链接和对话框

这是高级的 GUI 配置方式，为了分析更为方便，可以改变菜单链接、改变对话框的设计、添加链接于菜单的对话框（其内部形式是宏）。

ANSYS 在启动时读入 menulist145. ans 文件，该文件列出了包含在 ANSYS 菜单中所有命令。通常，该文件存在于 ANSYS Inc\v145\ansys\gui\en- us\UIDL 子目录下。但是，工作目录和根目录下的 menulist145. ans 文件也将被 ANSYS 搜索，从而允许用户设置自己的菜单系统。

如果要修改 ANSYS 菜单和对话框，需要学习 ANSYS 高级 GUI 编程语言 UIDL（User Interface Design Language）。

另一种修改菜单链接和对话框的方法是使用工具命令语言和工具箱 Tcl/Tk（Tool Command Language and Toolkit）。

第4章

建立实体模型

本章导读

　　本章从实体模型的基本概念讲述，详细介绍了如何利用 ANSYS 的实体建模功能建立问题的几何模型，包括自底向上建模、自顶向下建模、编辑图元、运用组件和部件。

　　有限元建模的直接法对复杂的结构，不但费时而且容易出错，使用间接法建立实体模型可以大大减少工作量。和一般的 CAD 软件一样，ANSYS 中的实体也是用点、线、面和体组合而成。只是 ANSYS 中的实体操作功能不如某些专业的 CAD 系统方便，但利用它完全可以建立用户想得到的模型。

4.1　实体模型概述

　　实体模型是由点、线、面和体组合而成的，这些基本的点、线、面和体在 ANSYS 中通常称为图元。直接生成实体模型的方法主要有自底向上和自顶向下两种。实体模型几何图形定义之后，可以由边界来确定网格，即每一线段要分成几个单元或单元的尺寸是多大。定义了每边单元数目或尺寸大小之后，ANSYS 程序就能自动产生网格，即自动产生节点和单元，并同时完成有限元模型。

　　下面简单介绍一下利用实体模型快速得到有限元模型的思路。

1. 自底向上建模

　　有限元模型的顶点在 ANSYS 中通常称为关键点（Keypoint），关键点是实体模型中最低级的图元。自底向上建立实体模型时，首先要定义关键点，再利用这些关键点定义较高级的图元（线、面或体），这样由点到线，由线到面，由面到体，由低级到高级，如图 4-1 所示。

2. 自顶向下建模

　　和自底向上建模方式相反，ANSYS 允许用户通过汇集线、面、体等几何体的方法构造模型。当用户直接建立一个体时，ANSYS 会自动生成所有从属于该体的低级图元。这种一开始就从较高级图元开始建模的方法就叫做自顶向下建模，如图 4-2 所示。

　　用户也可以根据自己的需要和习惯结合自底向上和自顶向下两种建模方法，需要注意的是，自底向上建模是在活动坐标系上定义的，而自顶向下建模是在工作平面内定义的。

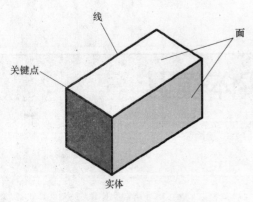

图 4-1 自底向上建模

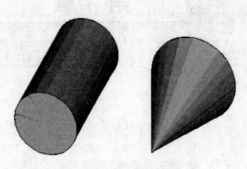

图 4-2 自顶向下建模

3. 使用布尔运算

不是所有遇到的实体都能够通过 ANSYS 的实体工具直接生成，对于有些几何特征复杂的实体，用户可以借助强大的布尔运算操作来完成。用户可以使用求交、相减或其他的布尔运算，直接用较高级的图元生成复杂的实体。布尔运算对于自底向上或者自顶向下的方法生成的图元均有效。图 4-3 是通过布尔运算操作得到的复杂几何体。

4. 移动和复制实体模型

一个复杂的面或体在模型中重复出现时，用户可以利用 ANSYS 的移动和复制功能快速实现。而且，在方便的位置生成几何体，然后将其移动到所需之处，这样往往比直接改变工作平面生成所需的体更为方便。图 4-4 显示了复制得到的图元。

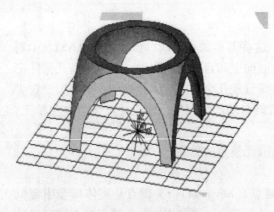

图 4-3 利用布尔运算生成的几何体

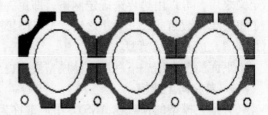

图 4-4 利用复制生成的一个面

4.2 自底向上建模

4.2.1 定义关键点

1. 在活动坐标系中定义关键点

执行 Main Menu > Preprocessor > Modeling > Create > Keypoints > In Active CS 命令，弹出

图4-5 所示的对话框。以当前激活坐标系为参照系输入关键点的坐标，如（2，0，0），单击 OK 按钮，则 1 号关键点被创建。

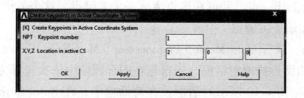

图4-5 在活动坐标系中定义关键点

2. 在工作平面中定义关键点

执行 Main Menu > Preprocessor > Modeling > Create > Keypoints > On Working Plane 命令，弹出图4-6 所示对话框。此时可直接在视图窗口中单击，即可定义关键点。如果想准确定位关键点的位置，也可以在图中所示的对话框中选择 WP Coordinates 单选按钮，然后在文本框中输入关键点在工作平面上的坐标即可，如（0，5），然后单击 OK 按钮，则 2 号关键点被创建。

3. 在已知线上给定位置定义关键点

以上已经定义了两个关键点，把这两个关键点连起来就生成了线。用户可以直接在输入窗口中输入以下命令：L，1，2，如图4-7 及图4-8 所示。关于线定义的 GUI 操作，将在下一小节中详细介绍。

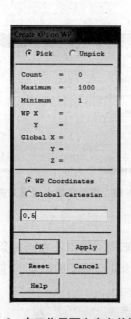

图4-6 在工作平面上定义关键点

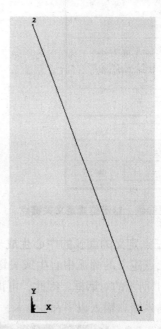

图4-7 两点直线

图4-8 两点直线命令输入

执行 Main Menu > Preprocessor > Modeling > Create > Keypoints > On Line 命令，弹出图形
拾取对话框。在视图窗口中单击刚才生成的线，然后单击 OK 按钮。接着弹出图 4-9 所示的
对话框，此时单击线上任一点，即可在该点生成一个关键点。这个关键点的编号为 3。

4. 在两关键点间填充关键点

接着上面的操作，执行 Main Menu > Preprocessor > Modeling > Create > Keypoints > Fill be-
tween KPs 命令，弹出图形拾取对话框，用鼠标在图形视窗中依次选择关键点 1 和 3，然后单
击 OK 按钮，接着弹出图 4-10 所示对话框。在对话框中，在 No of keypoints to fill 文本框中
输入 2，表示要填充的关键点数量；在 Starting keypoint number 文本框中输入 100，表示要填
充关键点的起始编号；在 Inc. between filled keyps 文本框中输入 10，表示要填充关键点编号
的增量；在 Spacing ratio 中输入 1，表示关键点间隔的比率，应为 0 ~ 1 之间的一个数。单击
OK 按钮，即在关键点 1 和 3 之间填充了两个关键点 100 和 110。

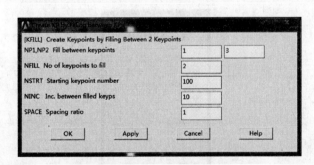

图 4-9　在已知线上给定位置定义关键点　　　　图 4-10　在两关键点间填充关键点

5. 由三点定义的圆弧的中心生成一个关键点

通过三点定义的圆弧中心生成关键点，要求三个已知的关键点不在同一条线上，否则会
出现图 4-11 所示的对话框。因此，可再按上述方法在笛卡儿坐标系的原点创建一个关键点 4，
或直接在输入窗口输入以下命令：K, 4, 如图 4-12 所示。

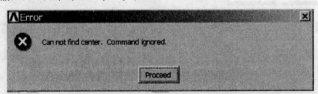

图 4-11　三点共线时的错误提示

图 4-12　关键点 4 的创建

执行 Main Menu > Preprocessor > Modeling > Create > Keypoints > KP at Center > 3 keypoints 命令，弹出图形拾取对话框，用鼠标在图形视窗中依次选择关键点 4、100 和 110，然后单击 OK 按钮确认。这时将在关键点 4、100 和 110 所在圆弧的中心处生成新的关键点 5。最后生成的关键点如图 4-13 所示。

4.2.2　选择、查看和删除关键点

1. 选择关键点

执行 Utility Menu > Select > Entities 命令，弹出图 4-14 所示对话框。在选择对象下拉列表框中选择 Keypoints，在选择方式下拉列表框中选择 By Num/Pick，在选择集操作框中选择 From full，单击 OK 按钮，弹出图形拾取对话框，用鼠标在视图窗口中拾取要选择的关键点即可。

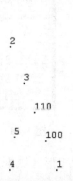

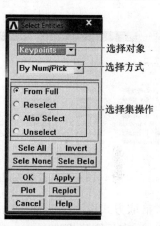

图 4-13　由三点定义的圆弧的中心生成一个　　　　图 4-14　关键点的选择

下面介绍一下实体选择对话框中一些选项的功能：

1）选择对象可以是节点（Nodes）、单元（Elements）、体（Volumes）、面（Areas）、线（Lines）和关键点（Keypoints）。如图 4-15 所示。

2）选择方式主要有 By Num/Pick（通过编号或鼠标拾取）、Attached to（按关联方式选取）、By Location（按位置选取）和 By Attributes（按属性进行选取）等，如图 4-16 所示。

图 4-15　选择对象　　　　　　　　图 4-16　选择方式

2. 查看关键点

选择一部分关键点后，以后的所有操作都是对当前的选择集进行操作，执行 Utility Menu > List > Keypoints > Coordinates only 命令，将列表显示选择集中的关键点信息（只有坐标信息），如图 4-17 所示。

3. 删除关键点

执行 Main Menu > Preprocessor > Modeling > Delete > Keypoints 命令，将弹出图 4-18 所示的图形拾取对话框。选择适当的拾取方式，用鼠标在图形视窗中选择待删除的关键点即可。

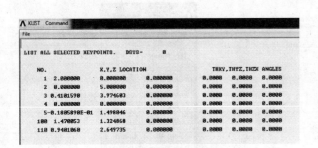

图 4-17　查看关键点　　　　　　　　图 4-18　拾取待删除的关键点

几种拾取方式说明：Single 表示逐个选择；Box 表示矩形区域框选；Polygon 表示多边形框选；Circle 表示圆形框选。

4.2.3　定义线

连接两个或多个关键点即成一个线图元。在 ANSYS 中，线是一个向量，不仅有长度，还有方向。线可以是直线，也可以是弧线。建立实体模型时，线为面或体的边界，由点与点连接而成，构成不向种类的线段，如直线、曲线、圆、圆弧等，也可直接由建立面积或体积而产生。线的建立与坐标系统有关，直角坐标系为直线，圆柱坐标下是曲线。

在 ANSYS 中定义线的方法很多，下面结合实际操作介绍一些常用方法。

1. 在指定两个关键点之间生成直线或三次曲线

1) 按前述关键点的定义方法，先在工作平面内定义任意两个关键点 1 和 2。

2) 执行 Main Menu > Preprocessor > Modeling > Create > Lines > Lines > In Active Coord 命令，弹出图形拾取对话框，然后用鼠标依次在图形视窗中选择关键点 1 和 2 即生成一条线 L1。

以上操作是在默认的全局笛卡儿坐标系下完成的，下面改在柱坐标系下进行同样的操作：执行 Utility Menu > WorkPlane > Change Active CS to > Global Cylindrical 命令，改变当前活动坐标系为柱坐标系；执行 Main Menu > Preprocessor > Modeling > Create > Lines > Lines > In Active Coord 命令，弹出图形拾取对话框，然后用鼠标依次在图形视窗中选择关键点 1 和 2，此时又生成了一条弧线 L2，如图 4-19 所示。

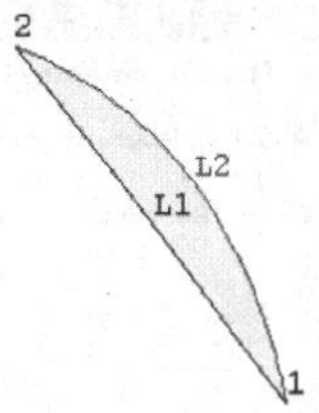

2. 通过两个关键点外加一个半径生成弧线

执行 Main Menu > Preprocessor > Modeling > Create > Lines > Arcs > By End KPs & Rad 命令，弹出图形拾取对话框，用鼠标在图形视窗中选择圆弧的起止点，再选择某关键点表明圆弧在哪一侧生成，单击 OK 按钮确认，接着会弹出图 4-20 所示的对话框。在 Radius of the arc 文本框中输入弧线的半径，单击 OK 按钮即可。图 4-21 是弧线生成示意图。

图 4-19　指定两个关键点定义线

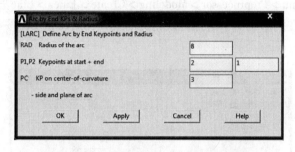

图 4-20　通过指定端点和半径建立弧线

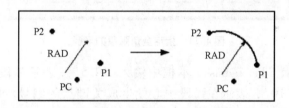

图 4-21　弧线的生成过程

3. 生成圆弧线

1) 执行 Main Menu > Preprocessor > Modeling > Create > Lines > Arcs > By Cent & Radius 命令，弹出图形拾取对话框，用鼠标在图形视窗中选择一关键点作为圆弧的圆心，再在图形视窗中任意选择一点定出圆弧的半径和起始点，然后单击 OK 按钮，将弹出图 4-22 所示的对话框。

2) 如图 4-22 所示，在 Arc length in degrees 文本框中输入圆弧的度数 180，表示半圆；在 Number of lines in arc 文本框中输入 2，表示将弧段分成两段弧线，分别编号。然后单击 OK 按钮确认，得到图 4-23 所示的弧线。

> **说明**：此操作产生的圆弧线为圆的一部分，依参数状况而定，与所在的坐标系无关，点的编号和圆弧的线段编号会自动产生。

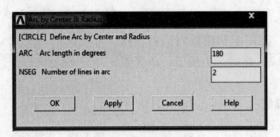

图 4-22　生成圆弧线

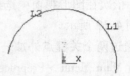

图 4-23　通过圆心和半径生成圆弧线

4. 在两条线之间生成倒角线

假设用户已经建立了两条相交的线，则对其进行倒角的操作如下：

1）执行 Main Menu > Preprocessor > Modeling > Create > Lines > Line Fillet 命令，弹出图形拾取对话框，用鼠标在图形视窗中选择两条相交的线，然后单击 OK 按钮，接着弹出图 4-24 所示的对话框。

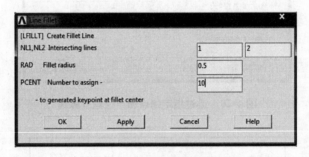

图 4-24　指定全角弧段的半径

2）在图 4-24 所示 Fillet radius 文本框中输入 "0.5"，表示弧段半径；在 Number to assign 文本框中输入 "10"，表示在弧段中心处生成关键点的编号。单击 OK 按钮，得到图 4-25 所示弧线。

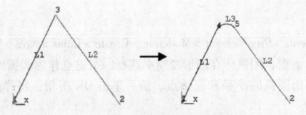

图 4-25　两线之间产生倒角

> **说明：** 执行此操作的两条线必须有一个共同的交点，才能产生倒角线。

ANSYS 还提供了一些其他生成线的方法，读者可自己练习操作：

1）通过一系列关键点生成多义线。GUI：Main Menu > Preprocessor > Modeling > Create > Lines > Splines > Segmented Spline。

2）生成与一条线成一定角度的线。GUI：Main Menu > Preprocessor > Modeling > Create >

Lines > Lines > At angle to line。

4.2.4 选择、查看和删除线

1. 选择线

和选择关键点类似，执行 Utility Menu > Select > Entities 命令，弹出实体选择对话框，在选择对象下拉列表框中选择 Lines 选项即可。

2. 查看线

列表查看线的操作：执行 Utility Menu > List > Lines 命令，弹出图 4-26 所示的对话框。选择 Attribute format（属性格式）单选按钮，然后单击 OK 按钮即可。

3. 删除线

执行 Main Menu > Preprocessor > Modeling > Delete > Lines Only 命令，弹出图 4-27 所示的对话框。选择合适的拾取方式，然后用鼠标在图形视窗中选择要删除的线，单击 OK 按钮即可。其中 Loop 表示以封闭路径的方式选择线。

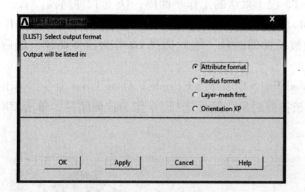

图 4-26 查看线操作

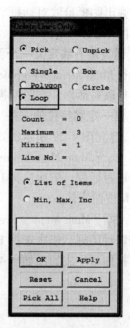

图 4-27 拾取要删除的线

> 说明：此菜单删除线后仍保留线上关键点，要删除线及附着在线上的关键点，可执行 Main Menu > Preprocessor > Modeling > Delete > Line and Below 命令。

4.2.5 定义面

实体模型建立时，面为体的边界。面的建立可由关键点直接相接或线围接而成，并构成不同数目边的面，也可直接建构体积而产生面积，如要进行对应网格化，则必须将实体模型建构为四边形面积的组合，最简单的面积为三点连接成面。在 ANSYS 中定义面的方法很多，下面结合实际操作介绍一些常用方法。

1. 通过关键点生成面

（1）执行 Main Menu > Preprocessor > Modeling > Create > Keypoints > On Working Plane 命令，在图形视窗中定义 5 个关键点，如图 4-28a 所示。

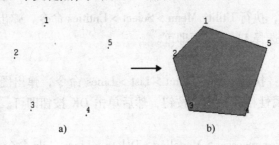

图 4-28　由点生成面

（2）执行 Main Menu > Preprocessor > Modeling > Create > Areas > Arbitrary > Through KPs 命令，弹出图形拾取对话框。用鼠标在图形视窗中选择建立好的关键点，单击 OK 按钮即可，如图 4-28b 所示。

2. 通过边界线定义一个面

执行 Main Menu > Preprocessor > Modeling > Create > Areas > Arbitrary > By Lines 命令，弹出图形拾取对话框，在图形视窗中选择已经定义好的边界线，单击 OK 按钮即可。

3. 沿一定路径拉伸一条（或几条）线生成面

1）建立图 4-29 所示的 6 条线，L1 ~ L5 位于默认的工作平面内，L6 是拉伸路径。

2）执行 Main Menu > Preprocessor > Modeling > Operate > Extrude > Along Lines 命令，弹出图形拾取对话框。依次选择 L1 ~ L3 作为被拉伸的对象，然后选择 L6 作为拉伸路径，最后单击 OK 按钮确认。

3）执行 Main Menu > Preprocessor > Modeling > Operate > Extrude > Along Lines 命令，弹出图形拾取对话框。依次选择 L4 ~ L5 作为被拉伸对象，然后选择 L6 作为拉伸路径，单击 OK 按钮。拉伸后生成的面如图 4-30 所示。

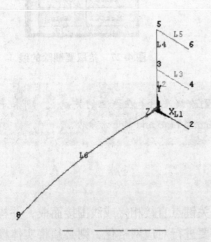

图 4-29　建立被拉伸的线及路径

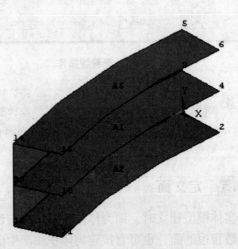

图 4-30　经拉伸生成的面

注意： 进行拉伸操作时，如果选择的拉伸对象太多，可能会不成功。用户可以选择少一些拉伸对象再次拉伸。

4. 对面进行倒角

以图4-30生成的面为例，操作如下：

1）执行 Main Menu > Preprocessor > Modeling > Create > Areas > Area Fillet 命令，弹出图形拾取对话框，选择想要倒角的两个面，然后单击 OK 按钮，弹出图4-31所示的对话框。

2）在 Fillet radius 文本框中输入弧面半径"0.5"，单击 OK 按钮确认，生成的面如图4-32所示。

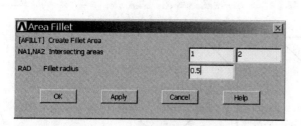

图4-31 对面进行倒角设置

图4-32 对相交面进行倒角

4.2.6 选择、查看和删除面

1. 选择面

和选择关键点类似，执行 Utility Menu > Select > Entities 命令，弹出实体选择对话框，在选择对象下拉列表框中选择 Areas 选项即可。

2. 查看面

列表查看面：执行 Utility Menu > List > Areas 命令。

图形显示面：执行 Utility Menu > Plot > Areas 命令，即可将选择集中的面在图形视窗中绘出。要显示关键点的编号，执行 Utility Menu > PlotCtrls > Numbering 命令，按第3章介绍的方法打开关键点的编号，或直接输入命令：/PNUM, AREA, 1。

3. 删除面

执行 Main Menu > Preprocessor > Modeling > Delete > Areas Only 命令，弹出图形拾取对话框。选择合适的拾取方式，然后用鼠标在图形视窗中选择要删除的面，单击 OK 按钮即可。

注意： 此菜单删除面后仍保留面上的线及关键点，要删除面及附着在面上的低级图元，可单击 Main Menu > Preprocessor > Modeling > Delete > Area and Below 菜单。

4.2.7　定义体

体为最高图元，最简单体定义由关键点或面组合而成。由关键点组合时，最多由八点形成六面体，八点顺序为相应面顺时针或逆时针皆可，其所属的面、线，自动产生。以面组合时，最多为十块面围成的封闭体积。也可由原始对象，如由圆柱、长方体、球体等，直接建立体。在 ANSYS 中定义体的方法很多，下面结合实际操作介绍一些常用方法。

1. 通过关键点定义体

执行 Main Menu > Preprocessor > Modeling > Create > Volumes > Arbitrary > Through KPs 命令，弹出图形拾取对话框，依次选择关键点，则原有的关键点即成为体的角点。

> **说明**：点的输入必须按连续的顺序，以八点面言，连接的原则为相对应面相同方向。如图 4-33 所示，对于正六面体可以是 V, 1, 2, 3, 4, 5, 6, 7, 8 或 V, 8, 7, 3, 4, 5, 6, 2, 1。

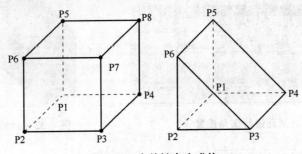

图4-33　由关键点生成体

2. 通过边界面定义体

执行 Main Menu > Preprocessor > Modeling > Create > Volumes > Arbitrary > By Areas 命令，弹出图形拾取对话框，依次选择面，则原有的面将成为体的边界面。

> **说明**：至少需要输入四个面才能围成一个体，面编号可以是任何次序输入，只要该组面能围成封闭的体即可。

3. 将面沿某个路径拖拉生成体

执行 Main Menu > Preprocessor > Operate > Extrude > Along Lines 命令，弹出图形拾取对话框，然后选择等拉伸的面，单击 OK 按钮，最后选择拉伸路径，单击 OK 按钮确认，如图 4-34 所示。

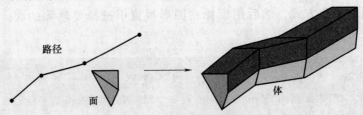

图4-34　拖拉面生成体

4.2.8 选择、查看和删除体

1. 选择体

和选择关键点类似，执行 Utility Menu > Select > Entities 命令，弹出实体选择对话框，在选择对象下拉列表框中选择 Volumes 选项即可。

2. 查看体

列表查看：执行 Utility Menu > List > Volumes 命令。

图形显示：执行 Utility Menu > Plot > Volumes 命令，即可将选择集中的面在图形视窗中绘出。要显示关键点的编号，执行 Utility Menu > PlotCtrls > Numbering 命令，按第3章介绍的方法打开关键点的编号，或直接输入命令：/PNUM，VOLU，1。

3. 删除体

执行 Main Menu > Preprocessor > Modeling > Delete > Volumes Only 命令，弹出图形拾取对话框。选择合适的拾取方式，然后用鼠标在图形视窗中选择要删除的体，单击 OK 按钮确认。

>
> **注意：** 此菜单删除体后仍保留体上的面、线和关键点，要删除体及附着在体上的低级图元，可执行 Main Menu > Preprocessor > Modeling > Delete > Volume and Below 命令。

4.3 自顶向下建模

自顶向下建模的思路是：利用 ANSYS 内部已有的常用实体轮廓（ANSYS 中叫作体素），如矩形面、圆形面、六面体和球体等，直接生成用户想要的模型。因为这些体素都是高级图元，当生成这些高级图元时，ANSYS 会自动生成所有必要的低级图元，包括关键点。自顶向下建模的操作主要包括：

1）建立面原始对象：包括矩形、圆形和正多边形，如图 4-35 所示。

矩形　　　　　　圆形　　　　　正多边形

图 4-35　常用的面原始对象

2）建立体原始对象：包括长方体、圆柱、棱柱、球、锥体和环体等，如图 4-36 所示。

4.3.1 建立矩形面原始对象

1. 在工作平面上任意位置生成一个矩形面

执行 Main Menu > Preprocessor > Modeling > Create > Areas > Rectangle > By Dimensions 命

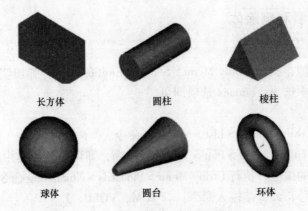

长方体　　　　　　圆柱　　　　　　棱柱

球体　　　　　　圆台　　　　　　环体

图4-36　常用的体原始对象

令，弹出图4-37所示的对话框。在X-coordinates文本框中分别输入左下角点和右上角点的X坐标；在Y-coordinates文本框中分别输入左下角点和右上角点的Y坐标，单击OK按钮确认即可。

2. 通过定义矩形的角点与边上生成矩形面

执行 Main Menu > Preprocessor > Modeling > Create > Areas > Rectangle > By 2 Corners 命令，弹出图4-38所示的对话框。在WP X和WP Y文本框中输入矩形某角点的X坐标和Y坐标（工作平面下）；在Width文本框中输入矩形的宽，在Height文本框中输入矩形的高，然后单击OK按钮即可。用户也可以直接在图形视窗用鼠标直接绘出矩形面。

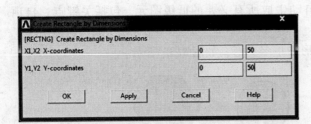

图4-37　通过定义角点坐标创建矩形

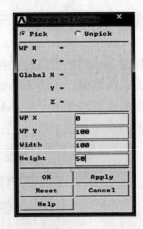

图4-38　选择角点和边长定义矩形面

3. 通过中心和角点生成矩形面

执行 Main Menu > Preprocessor > Modeling > Create > Areas > Rectangle > By Centr & Cornr 命令，操作与通过角点和边长生成矩形面类似。

4.3.2　建立圆或环形面原始对象

1. 生成以工作平面原点为圆心的圆（环）形面

执行 Main Menu > Preprocessor > Modeling > Create > Circle > By Dimensions 命令，弹出图

4-39a 所示对话框，在 Outer radius 文本框中输入圆的外径值；在 Optional inner radius 文本框中输入圆的内径值；在 Starting angle（degrees）文本框中输入起始角度；在 Ending angel（degrees）文本框中输入终止角度。单击 OK 按钮，得到图 4-39b 所示圆环。

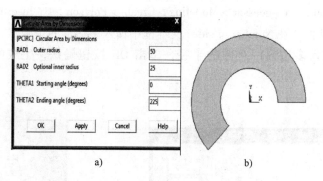

图4-39 以工作平面原点为圆心定义圆环

2. 在工作平面任意位置生成圆（环）形面

执行 Main Menu > Preprocessor > Modeling > Create > Circle > Partial Annulus 命令，弹出图 4-40 所示的对话框，在 WP X 和 WP Y 文本框中分别输入圆心的 X 和 Y 坐标；在 Rad-1 和 Rad-2 文本框中分别输入圆的内径和外径；在 Theta-1 和 Theta-2 文本框中分别输入圆的起始和终止角度。然后单击 OK 按钮。

如果用户想创建整个圆环，可执行 Main Menu > Preprocessor > Modeling > Create > Circle > Annulus 命令；想创建实心圆，可执行 Main Menu > Preprocessor > Modeling > Create > Circle > Solid Circle 命令。

3. 通过端点生成一个圆形面

执行 Main Menu > Preprocessor > Modeling > Create > Circle > By End Points 命令，弹出图 4-41 所示的对话框。在 WP XE1 和 WP YE1 文本框中分别输入一个端点的 X 和 Y 坐标；在 WP XE2 和 WP YE2 文本框中分别输入另一个端点的 X 和 Y 坐标，则以这两点连线为直径的圆就唯一确定了，单击 OK 按钮即可。

图4-40 在工作平面创建部分圆环 　　**图4-41 在工作平面通过端点生成圆形面**

4.3.3 建立正多边形面原始对象

1. 以工作平面的原点为中心生成一个正多边形面

执行 Main Menu > Preprocessor > Modeling > Create > Polygon > By Inscribed Rad 命令，弹出图 4-42 所示的对话框。在 Number of sides 文本框中输入多边形的边数；在 Minor（inscribed）radius 文本框中输入多边形内接圆的半径，单击 OK 按钮确认，生成的多边形如图 4-43 所示。

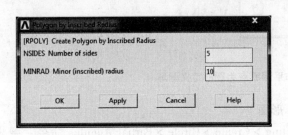

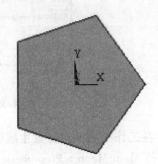

图 4-42　定义正多边形的边数及内接圆的半径

图 4-43　以工作平面的原点为中心定义正多边形面

如果用户想按多边形的外接圆半径创建多边形面，可执行 Main Menu > Preprocessor > Modeling > Create > Polygon > By Circumscr Rad 命令；按多边形的边长创建多边形面，可执行 Main Menu > Preprocessor > Modeling > Create > Polygon > By Side Length 命令，其操作和以上类似，如图 4-44 所示。

2. 在工作平面的任意位置处生成一个正多边形面

执行 Main Menu > Preprocessor > Modeling > Create > Polygon > Hexagon 命令，弹出图 4-45 所示的对话框。在 WP X 和 WP Y 文本框中分别输入多边形中心的 X 和 Y 坐标；在 Radius 文本框中输入外接圆的半径；在 Theta 文本框中输入方向角。单击 OK 按钮即可生成一个中心位于（50，0）的正六边形。

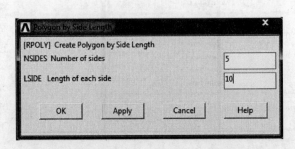

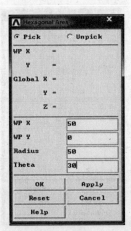

图 4-44　定义多边形的边长的边数及边长

图 4-45　在工作平面任意位置创建正六边形

生成其他正多变形的方法如下：

1）执行 Main Menu > Preprocessor > Modeling > Create > Polygon > Octagon 命令生成正八边形。

2）执行 Main Menu > Preprocessor > Modeling > Create > Polygon > Pentagon 命令生成正五边形。

3）执行 Main Menu > Preprocessor > Modeling > Create > Polygon > Septagon 命令生成正七边形。

4）执行 Main Menu > Preprocessor > Modeling > Create > Polygon > Square 命令生成正方形。

5）执行 Main Menu > Preprocessor > Modeling > Create > Polygon > Triangle 命令生成正三角形。

> **注意：** 由命令或 GUI 途径生成的面位于工作平面上，方向由工作平面坐标系而定；
> 所定义的面的面积必须大于 0，不能用退化面来定义线。

4.3.4 建立长方体原始对象

1. 通过对角点生成长方体

执行 Main Menu > Preprocessor > Modeling > Create > Volumes > Block > By Dimensions 命令，弹出图 4-46 所示的对话框。在 X-coordinates、Y-coordinates 和 Z-coordinates 文本框中分别输入两个对角点的 X、Y 和 Z 坐标，单击 OK 按钮，最后生成的长方体如图 4-47 所示。

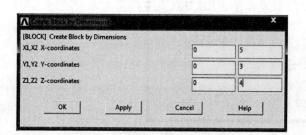

图 4-46 通过对角点生成长方体

图 4-47 生成的长方体

2. 通过底面的两个角点和高生成长方体

执行 Main Menu > Preprocessor > Modeling > Create > Volumes > Block > By 2 Corners & Z 命令，弹出图 4-48 所示的对话框，在对话框中输入一个角点的坐标和长宽高，单击 OK 按钮即可。

3. 通过中心及角点生成长方体

执行 Main Menu > Preprocessor > Modeling > Create > Volumes > Block > By Centr, Corner, Z 命令，弹出图 4-49 所示的对话框，在对话框中输入底面中心点坐标和长宽高，单击 OK 按钮即可。

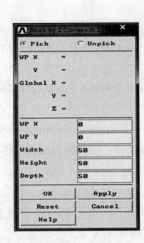

图 4-48　通过底面的两个角点和高生成长方体　　　图 4-49　通过中心及角点生成长方体

4.3.5　建立柱体原始对象

1. 以工作平面原点为圆心生成圆柱体

执行 Main Menu > Preprocessor > Modeling > Create > Volumes > Cylinder > By Dimensions 命令，弹出图 4-50 所示的对话框。在 Outer radius 文本框中输入圆柱体的外径；在 Optional inner radius 文本框中输入圆柱体的内径（可选，默认为 0）；在 Z-coordinates 输入圆柱顶面与底面的 Z 坐标；在 Starting angle（degrees）和 Ending angle（degrees）文本框中分别输入圆柱截面的起止角度。然后单击 OK 按钮确认，最后生成的圆柱体如图 4-51 所示。

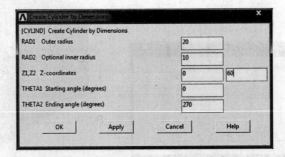

图 4-50　以工作平面原点为圆心生成圆柱体

2. 在工作平面任意处生成圆柱体

执行 Main Menu > Preprocessor > Modeling > Create > Volumes > Cylinder > Hollow Cylinder 命令，弹出图 4-52 所示的对话框。在 WP X 和 WP Y 文本框中输入圆柱底面中心的 X 坐标和 Y 坐标（工作平面下）；在 Rad-1 和 Rad-2 文本框中分别输入圆柱的内外径；在 Depth 文本框中输入圆柱的高，然后单击 OK 按钮，最后生成图 4-53 所示的圆柱体。

用户还可以执行 Main Menu > Preprocessor > Modeling > Create > Volumes > Cylinder > Partial Cylinder 命令生成半圆柱；执行 Main Menu > Preprocessor > Modeling > Create > Volumes > Cylinder > Solid Cylinder 命令生成实心圆柱。

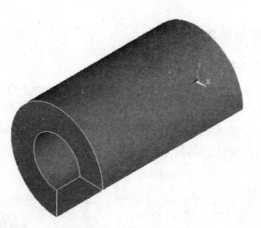

图 4-51　生成的圆柱体

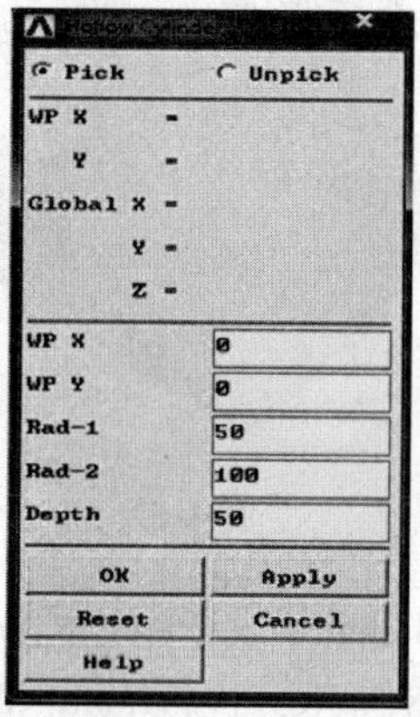

图 4-52　在工作平面任意处生成圆柱

图 4-53　生成的圆柱体

3. 通过端点生成圆柱体

执行 Main Menu > Preprocessor > Modeling > Create > Volumes > Cylinder > By End Pts & Z 命令，系统弹出图 4-54 所示图形拾取对话框，选择两个端点以定义圆柱截面直径，再选择高来定义圆柱，最后可生成图 4-55 所示圆柱体。

图 4-54　通过端点生成圆柱体

图 4-55　生成的圆柱体

4.3.6 建立多棱柱原始对象

1. 以工作平面的原点为圆心生成正棱柱

执行 Main Menu > Preprocessor > Modeling > Create > Volumes > Prism > By Circumscr Rad 命令，系统弹出图 4-56 所示对话框。在 Z-coordinates 文本框中输入棱柱的顶面和底面 Z 坐标；在 Number of sides 文本框中输入截面边数；在 Major（circumscr）radius 文本框中输入截面外接圆的半径。单击 OK 按钮确认，最后生成图 4-57 所示的正棱柱。

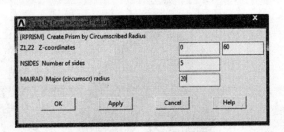

图 4-56　在工作平面生成正棱柱

图 4-57　生成的正棱柱

用户还可以执行 Main Menu > Preprocessor > Modeling > Create > Volumes > Prism > By Inscribed Rad 命令按内接圆半径生成棱柱，如图 4-58 所示；执行 Main Menu > Preprocessor > Modeling > Create > Volumes > Prism > By Side Length 命令按截面边长生成棱柱，如图 4-59 所示。

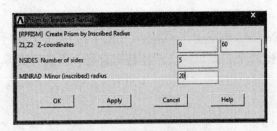

图 4-58　按内接圆半径生成棱柱

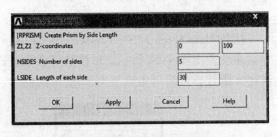

图 4-59　按截面边长生成棱柱

2. 在工作平面任意位置处生成多棱柱

生成其他多棱柱的方法如下：

1）执行 Main Menu > Preprocessor > Modeling > Create > Volumes > Prism > Hexagonal 命令生成正六棱柱。

2）执行 Main Menu > Preprocessor > Modeling > Create > Volumes > Prism > Octagonal 命令生成正八棱柱，如图 4-60 所示。

3）执行 Main Menu > Preprocessor > Modeling > Create > Volumes > Prism > Pentagonal 命令生成正五棱柱。

4）执行 Main Menu > Preprocessor > Modeling > Create > Volumes > Prism > Septagonal 命令生成正七棱柱。

5）执行 Main Menu > Preprocessor > Modeling > Create > Volumes > Prism > Square 命令生成立方体。

6）执行 Main Menu > Preprocessor > Modeling > Create > Volumes > Prism > Triangular 命令生成正三棱柱。

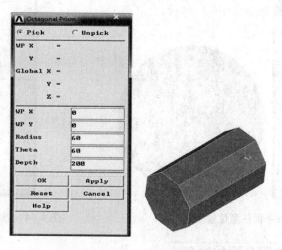

图 4-60　工作平面任意位置处生成八棱柱

4.3.7　建立球体或部分球体原始对象

1. 以工作平面原点为中心生成球体

执行 Main Menu > Preprocessor > Modeling > Create > Volumes > Sphere > By Dimensions 命令，系统弹出图 4-61 所示的对话框。在 Outer radius 文本框中输入球的外径值；在 Optional inner radius 文本框中输入球的内径值；在 Starting angle 文本框中输入起始角度；在 Ending angel 文本框中输入终止角度。单击 OK 按钮确认，最后可生成图 4-62 所示球体。

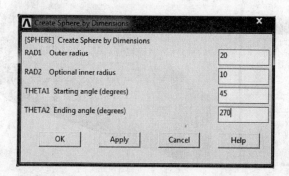

图 4-61　以工作平面原点为中心生成球体

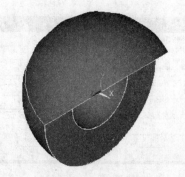

图 4-62　生成的球体

2. 在工作平面任意位置生成球体

执行 Main Menu > Preprocessor > Modeling > Create > Volumes > Sphere > Hollow Sphere 命令生成空心球体；执行 Main Menu > Preprocessor > Modeling > Create > Volumes > Sphere > Solid

Sphere 命令生成实体球体，如图 4-63 所示。

3. 以直径的端点生成球体

执行 Main Menu > Preprocessor > Modeling > Create > Volumes > Sphere > By End Points 命令，弹出图形拾取对话框，如图 4-64 所示，选择两个端点以定义球截面直径来定义圆柱。

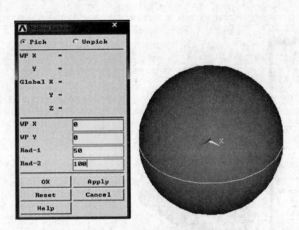

图 4-63　工作平面任意位置生成球体　　　　　图 4-64　以直径的端点生成球体

4.3.8　建立锥体或圆台原始对象

执行 Main Menu > Preprocessor > Modeling > Create > Volumes > Cone > By Dimensions 命令，弹出图 4-65 所示的对话框。在 Bottom radius 文本框中输入底面半径；在 Optional top radius 文本框中输入顶面半径（可选，默认为 0）；在 Z-coordinates 文本框中分别输入底面和顶面的 Z 坐标；在 Starting angle 和 Ending angle 文本框中分别输入圆台的起止角度。单击 OK 按钮确认，最后生成图 4-66 所示圆台。

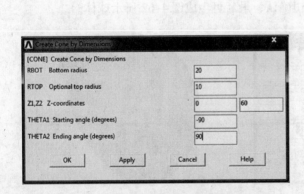
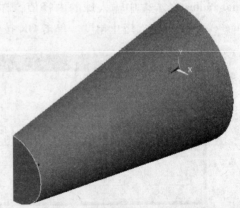

图 4-65　以工作平面原点为中心生成圆台　　　　图 4-66　生成的圆台

4.3.9　建立环体或部分环体原始对象

执行 Main Menu > Preprocessor > Modeling > Create > Volumes > Torus 命令，弹出图 4-67 所

示的对话框。在 Outer radius 文本框中输入圆环的外径；在 Optional inner radius 文本框中输入圆环的内径；在 Major radius of torus 文本框中输入圆环的主半径；在 Starting angle 和 Ending angle 文本框中分别输入圆环的起止角度。单击 OK 按钮确认，生成的部分圆环如图 4-67 所示。

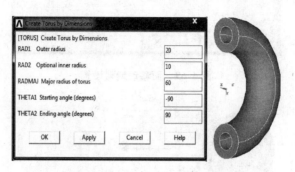

图4-67 生成部分圆环

注意：上述操作定义的体都是相对于工作平面的。

4.4 编辑图元

图元生成后，有时用户需要对其进行适当的编辑和修改。ANSYS 提供了对图元进行移动、复制、镜像和缩放等编辑功能。这样就不需要每次都一步一步从头开始生成图元，而可以在已经创建的复杂图元的基础上进一步编辑。

4.4.1 移动图元

在 ANSYS 的自顶向下建模过程中，有些命令只能直接在工作平面的原点处生成相应的图元。如果用户已经对图元的形体构造满意，但想把图元放到其他位置上，就可以考虑使用移动图元的操作。

下面以一个圆面的移动为例来介绍移动图元的操作步骤：

1）启动 ANSYS，执行 Main Menu > Preprocessor > Modeling > Create > Circle > Solid Circle 命令，弹出图 4-68 所示对话框，在 WP X 文本框和 WP Y 文本框输入 "0"，在 Radius 文本框输入半径 "10"，单击 OK 按钮，在工作平面原点处生成一个半径为 10mm 的圆面。

2）执行 Main Menu > Preprocessor > Modeling > Move/Modify > Areas > Areas 命令，弹出图形拾取对话框，在视图窗口中选择上一步中生成的圆面，单击 OK 按钮，弹出图 4-69 所示的对话框。

3）在 X-offset in active CS 文本框和 Y-offset in active CS 文本框中分别输入 10，设置面在当前活动坐标系中的移动增量。单击 OK 按钮确认，移动后的圆面如图 4-70 所示。

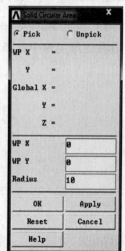

图4-68 生成圆面

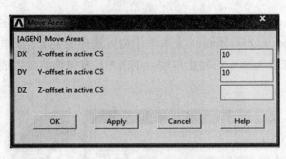

图 4-69　面移动增量设置

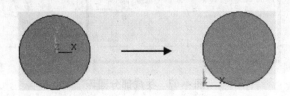

图 4-70　面的移动

用户还可以执行 Main Menu > Preprocessor > Modeling > Move/Modify > Keypoints > Set of KPs 命令移动关键点；执行 Main Menu > Preprocessor > Modeling > Move/Modify > Lines 命令移动线；执行 Main Menu > Preprocessor > Modeling > Move/Modify > Volumes 命令移动体。

4.4.2　复制图元

如果用户建模过程中某一图元会重复出现多次，即可考虑使用复制图元的功能。这时只需要对重复的图元生成一次，然后在需要的位置或方向上复制即可。以前面生成的圆面为例来介绍复制图元的操作步骤：

> 📢　说明：复制高级图元时，附属于其上的低级图元将一起被复制。

1）执行 Main Menu > Preprocessor > Modeling > Copy > Areas 命令，弹出图形拾取对话框。接着在图形视窗中选择生成的圆面，单击 OK 按钮，弹出图 4-71 所示对话框。

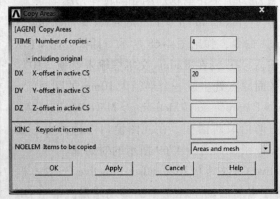

图 4-71　复制面的设置

2）在 Number of copies 文本框中输入复制的数量"4"（包括现有的图元），在 X-offset in active CS 文本框中输入当前活动坐标系中的 X 增量"20"，然后单击 OK 按钮确认。此时新生成三个圆面，位置如图 4-72 所示。

图 4-72 复制面生成

用户还可以执行 Main Menu > Preprocessor > Modeling > Copy > Keypoints 命令复制关键点；执行 Main Menu > Preprocessor > Modeling > Copy > Lines 命令复制线；执行 Main Menu > Preprocessor > Modeling > Copy > Volumes 命令复制体。

4.4.3 镜像图元

有些模型中，图元是对称分布的，用户可以先生成一部分模型，然后利用镜像图元功能生成另外一部分模型。此功能对于复杂实体模型非常有用。接着上面生成的四个圆面介绍操作步骤：

1）执行 Main Menu > Preprocessor > Modeling > Reflect > Areas 命令，弹出图形拾取对话框，在图形视窗中选择所有的面，单击 OK 按钮确认，弹出图 4-73 所示对话框。

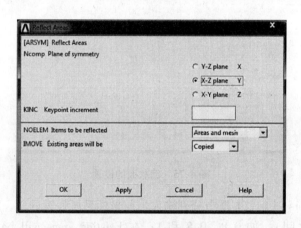

图 4-73 面镜像设置

2）设置 Plane of symmetry（对称平面）为 X-Z plane，在 Existing areas will be 下拉列表框中选择 Copied。单击 OK 按钮确认，此时新生成了四个圆面，如图 4-74 所示。

> **说明**：如在图 4-73 的对话框中，在 Existing areas will be 下拉列表框中选择 Moved，则原始的面将被删除，相当于移动镜像。

用户还可执行 Main Menu > Preprocessor > Modeling > Reflect > Keypoints 命令镜像关键点；

图 4-74　镜像生成面

执行 Main Menu > Preprocessor > Modeling > Reflect > Lines 命令镜像线；执行 Main Menu > Preprocessor > Modeling > Reflect > Volumes 命令镜像体。其设置与镜像面类似，不再详述。

4.4.4　缩放图元

已生成的图元还可以进行放大和缩小。ANSYS 用当前活动坐标系的坐标轴方向来定义图元缩放的方向。如在全局笛卡儿坐标系下，则运用实体的 X、Y 和 Z 坐标；在柱坐标系下，X、Y 和 Z 坐标分别代表 R、θ 和 Z；在球坐标系下，X、Y 和 Z 则分别代表 R、θ 和 Φ。接着上面生成的圆面介绍缩放的操作步骤：

1）执行 Main Menu > Preprocessor > Modeling > Operate > Scale > Areas 命令，弹出图形拾取对话框，在图形视窗中选择 A1 ~ A4 四个圆面，单击 OK 按钮，弹出图 4-75 所示的设置对话框。

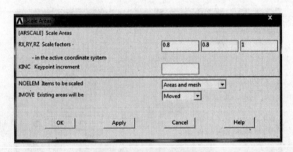

图 4-75　缩放面的设置

2）在 Scale factors 三个文本框中分别输入当前坐标系所代表的 X、Y 和 Z 方向的缩放因子（取值为 0 ~ 1 之间），如 0.8、0.8 和 1；在 Existing areas will be 下拉列表框中选择 Moved，删除原来的面；单击 OK 按钮确认，缩放后的结果如图 4-76 所示。

图 4-76　面的缩放

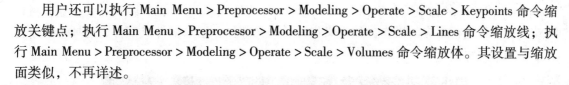

用户还可以执行 Main Menu > Preprocessor > Modeling > Operate > Scale > Keypoints 命令缩放关键点；执行 Main Menu > Preprocessor > Modeling > Operate > Scale > Lines 命令缩放线；执行 Main Menu > Preprocessor > Modeling > Operate > Scale > Volumes 命令缩放体。其设置与缩放面类似，不再详述。

4.4.5 将图元转换坐标系

如果用户需要将图元从一个坐标系转换到另一个坐标系，可考虑使用转换坐标系功能。下面以面为例介绍操作步骤：

1）新建一个坐标系，如坐标系编号为11。

2）执行 Main Menu > Preprocessor > Modeling > Move/Modify > Transfer Coord > Areas 命令，弹出图形拾取对话框，选择要转换坐标系的面，单击 OK 按钮，弹出图 4-77 所示的对话框。在 No. of coordinate sys- areas are to be transferred to 文本框中输入坐标系号"11"，单击 OK 按钮，当前坐标系下的面就移到刚才定义的 11 号坐标系下了。

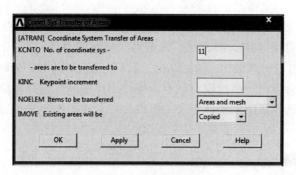

图 4-77 转换坐标系设置

用户还可以执行 Main Menu > Preprocessor > Modeling > Move/Modify > Transfer Coord > Keypoints 命令对关键点进行坐标转换；执行 Main Menu > Preprocessor > Modeling > Move/Modify > Transfer Coord > Lines 命令对线进行坐标转换；执行 Main Menu > Preprocessor > Modeling > Move/Modify > Transfer Coord > Volumes 命令对体进行坐标转换。

4.5 运用组件和部件

组件（Components）是便于选择或者取消选择的一些几何实体的集合。一个实体可以是节点、单元、关键点、线、面和体，而一个组件只能是一种实体类型。一个实体可以同时属于不同的组件。用户使用组件可以方便地在 ANSYS 的各个模块进行选择和取消选择。

组件可以进一步组合成为部件（Assemblies），也就是说部件是组件的集合。部件也是为了方便用户选择。无论是组件还是部件，当删除或组件或部件中的实体后，组件或部件都会自动更新。

4.5.1 组件和部件的操作

假定用户已经建立了一个体，要进行组件和部件的操作，执行 Utility Menu > Select >

Components Manager 命令，弹出图 4-78 所示窗口，用户单击窗口工具栏的相关按钮，可以对组件和部件进行相应的操作，如定义组件、定义部件、删除组件或部件、选择组件或部件、取消选择组件或部件等。

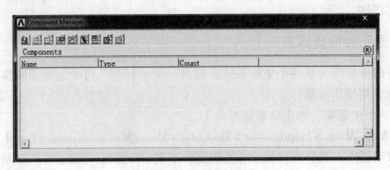

图 4-78　组件管理

1. 定义组件

单击组件定义按钮，弹出图 4-79 所示的 Create Component 对话框，在 Create from 选项组中设置定义组件的类型（体、面、线、关键点、单元或节点）；在下部文本框中输入要定义组件的名称（用户可以随意选择，易记就行，如 CM_5）；中间的 Pick entities 复选框为选择方式，如果选中，则会弹出图形拾取对话框，等待用户用鼠标选择相应类型的实体，如果未选中，则默认把当前选择集中的实体定义为组件。按上述操作定义了三个组件后的组件管理器如图 4-80 所示。

图 4-79　定义组件

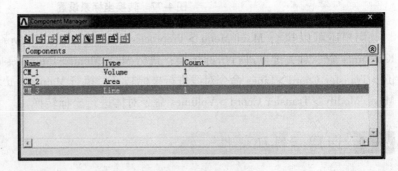

图 4-80　组件定义结果

2. 定义部件

按住 <SHIFT> 键选中要生成部件的组件，单击部件定义按钮，弹出图 4-81 所示 Create Assembly 对话框。在 Assembly name 文本框中输入部件名称，单击 OK 按钮。

3. 修改组件或部件名称

先选中要修改的组件或部件，然后单击组件（部件）定义按钮，弹出图 4-82 所示对话框，在 Component Name 文本框中输入新的组件或部件名，单击 OK 按钮。

4. 删除、显示组件或部件

1）删除组件或部件：先选中要删除的组件或部件，单击组件（部件）删除按钮。

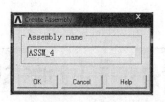

图 4-81　定义部件　　　　　　　　　　图 4-82　修改名称

2）显示组件或部件：先选中要显示的组件或部件，单击组件（部件）图形显示按钮，或单击组件（部件）列表显示按钮。

4.5.2　通过组件和部件选择实体

用户定义组件或部的目的就是为了方便选择，方法如下：

1）执行 Utility Menu > Select > Components Manager 命令，打开组件管理器。

2）在列表框中选中要选择的组件或部件，然后单击相应按钮即可；如要从当前选择集中取消选择某个组件或部件，选中组件，单击相应按钮即可。

此外 ANSYS 还提供了另外一种对组件和部件选择的方式，读者可以自己试着操作。其菜单路径为 Utility Menu > Select > Comp/Assembly ，如图 4-83 所示。

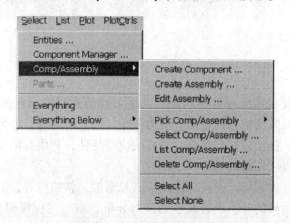

图 4-83　组件与部件操作菜单

第5章

ANSYS在桥梁结构工程中的应用

本章导读

　　桥梁工程是土木行业中最常见的工程结构之一，对桥梁进行较为精确的受力分析，合理模拟其在各种工况下的静力和动力响应，对结构的安全设计与安全控制具有十分重要的现实意义。本章首先介绍了典型桥梁的有限元仿真模拟的过程与方法；然后以桁架桥、连续刚构桥、斜拉桥及悬索桥为实例，来阐述在 ANSYS 中如何实现各种桥梁的几何模型构建、有限元网格划分、荷载施加及静动力分析等有限元分析的相关技术。

5.1　概述

　　ANSYS 程序有丰富的单元库和材料库，几乎可以仿真模拟出任何形式的桥梁。静力分析中，可以较精确地反映出结构的变形、应力分布、内力情况等；动力分析中，也可精确地表达结构的自振频率、振型、荷载耦合、时程响应等特性，利用有限元软件对桥梁结构进行全桥模拟分析，可以得出较精确的分析结果。

　　桥梁的种类繁多，如梁桥、拱桥、刚构桥、悬索桥、斜拉桥等，不同类型的桥梁可以采用不同的建模方法。桥梁的分析内容又包括静力分析、施工过程模拟、动荷载相应分析等。桥梁的整体分析过程比较复杂，总体上来说，主要的模拟分析过程如下：

　　1）根据计算数据，选择合适的单元和材料，建立准确的桥梁有限元模型。

　　2）施加静力或者动力荷载，选择适当的边界条件。

　　3）根据分析问题的不同，选择合适的求解器进行求解。

　　4）在后处理器中观察计算结果。

　　5）如有需要，调整模型或者荷载条件，重新分析计算。

5.2　典型桥梁模拟过程

5.2.1　创建物理环境

　　建立桥梁模型之前必须对工作环境进行一系列的设置。进入 ANSYS 前处理器，按照以下 6 个步骤来建立物理环境。

1. 设置 GUI 菜单过滤

如果通过 GUI 路径来运行 ANSYS, 当 ANSYS 被激活后, 执行 Main Menu > Preferences 命令, 弹出图 5-1 所示的对话框, 选择 Structural, 这样 ANSYS 会根据所选参数来对 GUI 图形界面进行过滤。

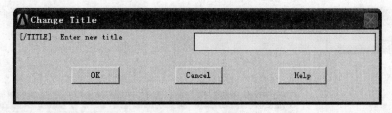

图 5-1　图形界面过滤

2. 定义分析标题

给所要进行的分析起一个能够代表分析内容的标题, 以便能够从标题上与其他模型有所区别。

命令流方式: /TITLE, TITLE

GUI 方式: Utility Menu > File > Change Title

GUI 方式定义标题如图 5-2 所示。

图 5-2　定义标题

3. 定义单元类型及其选项 (KEYOP 选项)

ANSYS 软件提供了 100 种以上的单元类型, 可以模拟工程中的各种结构和材料, 各种不通的单元组合在一起, 成为具体物理问题的抽象模型。在桥梁的模拟分析中, 最常见的单元是梁单元, 如梁单元可模拟不同截面的钢梁、混凝土梁等; 壳单元和杆单元也很常用, 壳单元可以模拟桥面板箱梁等薄壁结构, 杆单元可以模拟预应力钢筋和桁架等。桥梁分析常见单元见表 5-1。定义好不同的单元及其选项 (KEYOPTS) 后, 就可以建立线性或非线性有限元模型。

设置单元以及其关键选项的方式如下：

命令流方式：ET

          KEYOPT

GUI 方式：Main Menu > Preprocessor > Element Type > Add/Edit/Delete，如图 5-3 和图 5-4 所示。

表 5-1　桥梁分析常见单元

单元	维数	形状和自由度	特　性
LINK8	3-D	线性，2 节点，3 自由度	刚性杆，可承受拉力或压力，用于定义桁架等。可定义其截面积和初始应变，仅适用于命令流
LINK10	3-D	线性，2 节点，3 自由度	只能承受拉力的柔性杆，用于模拟索单元或力筋单元。可定义其截面积和初始应变，仅适用于命令流
LINK180	3-D	线性，2 节点，3 自由度	用于桁架、钢索、连杆和弹簧等。此三维杆单元能承受拉伸或压缩（支持仅受拉和仅受压的情况）。在销钉连接结构中，可以不考虑单元的弯曲。包括塑性、蠕变、旋转、大变形和大应变等
BEAM3	2-D	线性，2 节点，3 自由度	二维弹性梁，可定义其截面积、惯性矩、初始应变、截面高度等
BEAM4	3-D	线性，2 节点，6 自由度	三维弹性梁，可定义多个截面的截面积、截面形状、三向惯性矩、初始应变、截面高度等
BEAM44	3-D	变截面不对称，2 节点，6 自由度	三维弹性梁，可定义多个截面的截面积、截面形状、三向惯性矩、初始应变、截面高度等
BEAM188	3-D	线性，2 节点，6 或（7）自由度	三维弹性梁，适合于分析从细长到中等粗短的梁结构，该单元基于铁木辛格结构理论，并考虑了剪切变形的影响，非常适合于分析线性、大角度转动或非线性大应变问题
BEAM189	3-D	线性，2 节点，6 或（7）自由度	适合于分析从细长到中等粗短的梁结构。该单元基于铁木辛格结构理论，并考虑了剪切变形的影响，非常适合于分析线性、大角度转动或非线性大应变问题
SHELL63	3-D	四边形或三角形，4 节点，6 自由度	三维弹性壳单元，可定义其节点处厚度、刚度、初始弯曲曲率

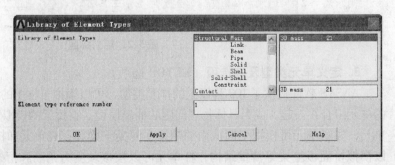

图 5-3　添加单元类型　　　　　　　　　　　图 5-4　选择单元类型

4. 设置实常数和单位制

单元实常数和单元类型密切相关，用 R 族命令（如 R，RMODIF 等）或者相应 GUI 菜单路径来说明。例如在结构分析中，可常用实常数定义梁单元的横截面积、惯性矩及高度等。当定义实常数时，要遵循如下两个原则：

1）必须按次序输入实常数。

2）对于多个单元类型模型，每种单元采用独立的实常数组（即不同的 REAL 参考号），但一个单元类型可以同时注明几个实常数组。

命令流方式：R

GUI 方式：Main Menu > Preprocessor > Real Constants > Add/Edit/Delete，如图 5-5 和图 5-6 所示。

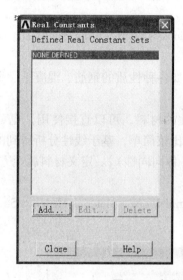
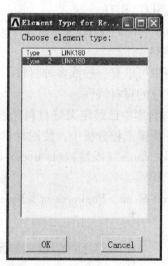

图 5-5　定义实常数（一）

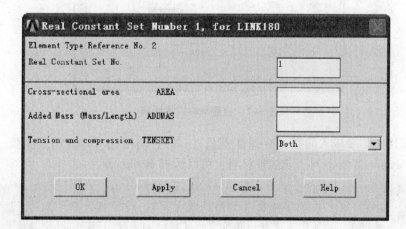

图 5-6　定义实常数（二）

在结构分析中，系统没有设置单位制，可以根据自己的需要选用各种单位制。在本章的实例中，所有算例都采用国际单位制。

5. 创建截面

在结构分析中，采用梁单元一般都需要定义梁单元的截面。在 ANSYS 中，既可以建立一般的截面，即标准的几何形状和单一的材料，也可以建立自定义截面，即截面形状任意和多材料性质。

命令流方式：SECTYPE

　　　　　　SECDATA

　　　　　　SECOFFSET

GUI 方式：Main Menu > Preprocessor > Sections > Beam > Common Sections。

也可以通过用户定义网格建立自定义截面，此时必须建立用户网格文件。首先要建立一个 2D 实体模型，然后保存。

命令流方式：SECWRITE

GUI 方式：Main Menu > Preprocessor > Sections > Beam > Write Sec Mesh。

6. 定义材料属性

桥梁几何模型中可以有一种或多种材料，如各种性质的钢筋、混凝土、地基土等。每种材料区都要输入相应的材料特性。

ANSYS 程序材料库中已经定义好材料特性的材料，可以直接使用，也可以修改成需要的形式再使用。在桥梁工程分析中，使用材料比较简单，基于线性分析得到的桥梁结构，基本选择线弹性材料［Liner（线性）、Isotropic（各向同性）］。定义材料属性方式如下：

命令流方式：MP

GUI 方式：Main Menu > Preprocessor > Material Props > Material Models > Structural > Liner > Isotropic，如图 5-7 所示。

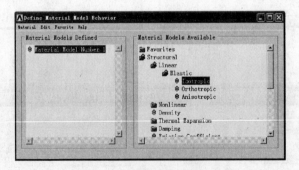

图 5-7　设置材料属性选项

在材料属性中需要输入的数据有弹性模量（EX）、泊松比（PRXY）、密度（Density）、材料阻尼（Damping）等。对于非线性材料，可以选择 Nonlinear。

> **注意**：必须按照形式定义刚度（如弹性模量 EX，超弹性系数等）；对于惯性荷载（重力），必须定义质量计算所需的数据，如密度 DENS；对于温度荷载，必须定义热膨胀系数 ALPX。

5.2.2 建模、指定特性、网格划分

在 ANSYS 结构分析中，有两种建立有限元模型的方式。第一种方法为直接建立节点单元，形成有限元模型，可自己控制每个单元，不需要程序划分单元，这种方法可用来建立结构比较简单、形式单一的结构；第二种方法是先建立几何体模型，然后再利用软件将几何模型划分单元而形成有限元模型，这种方法适用于结构复杂的桥梁。

1. 第一种方法

命令流方式：N

GUI 方式：Main Menu > Preprocessor > Modeling > Create > Nodes

命令流方式：E

GUI 方式：Main Menu > Preprocessor > Modeling > Create > Elements

2. 第二种方法

命令流方式：K

GUI 方式：Main Menu > Preprocessor > Modeling > Create > Keypoints

命令流方式：L

GUI 方式：Main Menu > Preprocessor > Modeling > Create > lines

命令流方式：A

GUI 方式：Main Menu > Preprocessor > Modeling > Create > Areas

命令流方式：V

GUI 方式：Main Menu > Preprocessor > Modeling > Create > Volumes

几何模型操作：

GUI 方式：Main Menu > Preprocessor > Modeling > Operate

合理利用 Extrude（拉伸）、Extend Line（延长线）、Booleans（布尔操作）、Intersect（相交截取交集）、Add（相加）、Subtract（相减）、Divide（分割）、Glue（粘贴）、Overlap（搭接）、Partition（分成多个小区域）、Scale（梯度）等操作，可以建立出非常精确的结构几何模型。然后对几何模型进行网格划分，形成有限元模型。划分单元具体操作如下：

命令流方式：LSEL（选择要划分的线单元）、TYPE（选择单元类型）、MAT（选择材料属性）、REAL（选择实常数）、ESYS（单元坐标系）、MSHAPE（选择单元形状）、MSHKEY（选择单元划分方式）、LMESH（开始划分线单元）。

GUI 方式：Main Menu > Preprocessor > Meshing > MeshTool

在划分单元之前，首先要对单元大小形状等进行适当控制，否则可能出现意想不到的结果。MeshTool 工具条如图 5-8 所示。

Element Attributes：选择单元类型、材料属性、实常数、单元坐标系、截面号。

Smart Size：控制模型细部单元精细度。

Size Controls：通过给定几何体分段的大小或者数量控制各个几

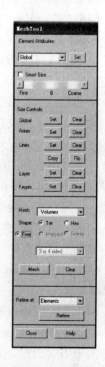

**图 5-8 MeshTool
工具条**

何体上面单元数量与大小。

Mesh：划分单元（点、线、面、体）。单元形状分为三角形或四面体、四边形或六面体；换分方式为自由划分、映射划分、扫掠划分。

> **注意**：①应力或应变急剧变化区域（通常为敏感区）的网格，要比应力或应变近乎常数区域的网格密；②在考虑非线性影响时，需要足够的网格来得到非线性效应，如塑性分析需要相当的积分点密度，因而在高塑性变形梯度区需要较密的网格。

5.2.3　施加边界条件和荷载

边界条件和荷载既可以施加给实体模型（关键点、线、面），也可以施加给有限元模型（节点和单元）。在求解时，ANSYS 会自动将施加到实体模型上的边界条件和荷载转递到有限元模型上。

在 GUI 方式中，可以通过一系列级联菜单，实现所有的加载操作，如图 5-9 所示。

GUI 方式：Main Menu > Solution > Define Loads > Apply > Structural

这时，ANSYS 程序将列出结构分析中所有的边界条件和荷载类型。然后根据实际情况选择合理的边界条件和荷载。例如，要施加均布荷载到桥面板单元上。

GUI 方式：Main Menu > Preprocessor > Define Loads > Apply > Structural > Pressure > on Elements/on Areas

也可以通过 ANSYS 命令来输入荷载，集中常见的结构分析荷载如下。

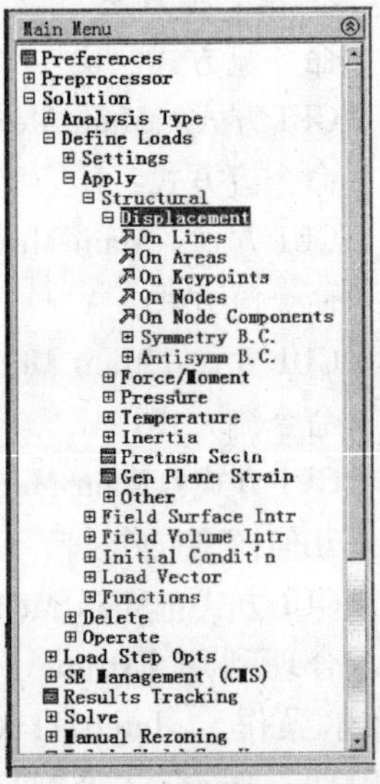

1. 位移（UX，UY，UZ，ROTX，ROTY，ROTZ）

这些自由度约束往往施加到模型边界上，用以定义刚性支撑

图 5-9　施加荷载菜单

点，也可以用于指定对称边界条件以及已知运动的点。例如，一个有三个自由度的二维简支梁单元，边界条件为：i 端点约束 UX、UY 方向位移，j 端点约束 UY 方向位移。桥梁结构分析中，位移约束一般加载于桥墩基础处、主梁支座处、梁端等部位。施加在点、线、面、节点上的位移约束，最终都会转化为施加在节点上的约束。注意：由标号指定的方向是按照节点坐标系定义的。

命令流方式：D

GUI 方式：Main Menu > Preprocessor > Define Loads > Apply > Structural > Displacement or Potential

GUI 方式：Main Menu > Preprocessor > Define Loads > Apply > Structural > Displacement

2. 力（FX，FY，FZ）/**力矩**（MX，MY，MZ）

集中力（力矩）通常在模型的外边界上指定，其方向是按节点坐标系定义的。集中力或弯矩可以模拟桥梁上的集中力荷载。例如：当车辆行驶于桥面上时，轴重简化为一组集中力作用于梁上。集中力或弯矩只能施加到关键点或者节点上面。

命令流方式：F

GUI 方式：Main Menu > Preprocessor > Define Loads > Apply > Structural > Force/Moment

GUI 方式：Main Menu > Solution > Define Loads > Apply > Structural > Force/Moment

3. 压力荷载（PRES）

压力荷载是面荷载，通常作用于模型外部。正压力为指向单元面（起到压缩的效果）。均布荷载和梯度荷载都属于压力荷载，在桥梁结构分析中会经常施加压力荷载。例如：在桥面板上施加均布的人群荷载，就需要选择桥面板单元，然后在选择的单元或者面上施加压力。注意：在三维面上施加压力荷载时，要注意面的方向与压力的方向。压力荷载可以施加在线、面、节点、单元、梁上。

命令流方式：SF

GUI 方式：Main Menu > Preprocessor > Define Loads > Apply > Structural > Pressure

Main Menu > Solution > Define Loads > Apply > Structural > Pressure

4. 惯性力荷载（用来加载重力、旋转等）

ANSYS 结构分析中，一般通过施加惯性力来施加结构的重力，也可以用来施加加速度。用来加载重力的惯性力与重力加速度的方向相反，如重力方向为 Y 轴的负方向，则加的惯性力应该为 Y 轴的正方向。注意：定义惯性荷载之前必须定义密度。

命令流方式：ACEL

GUI 方式：Main Menu > Preprocessor > Define Loads > Apply > Structural > Inertia > Gravity

Main Menu > Solution > Define Loads > Apply > Structural > > Inertia > Gravity

5.2.4 求解

结构分析的求解种类比较多，应根据不同的需要选择不同的求解方式。

1. 定义分析类型

在定义分析类型和分析将用的方程求解前，要首先进入 SOULUTION 求解器，然后选择分析类型。

命令流方式：/SOLU

GUI 方式：Main Menu > Solution

命令流方式：ANTYPE

GUI 方式：Main Menu > Solution > Analysis Type > New Analysis，如图 5-10 所示。

桥梁结构常用的分析类型有：

（1）静力分析　静力分析是桥梁结构分析的重要环节，其结果必须要满足设计要求。通过静力计算，可以求解出结构的位移、内力、应力分布、变形形状、稳定性等。

命令流方式：ANTYPE, STATIC, NEW

GUI 方式：Main Menu > Solution > Analysis Type > New Analysis

选择 Static 选项，单击 OK 按钮。如果是需要重启动一个分析（施加了另外的激励），先前分析的结果 Jobname. EMAT, Jobname. ESAV 和 Jobname. DB 还可用，使用命令 ANTYPE, STATIC, REST。

（2）模态分析　在模态分析中，可以求解出结构的自振频率以及各阶振型，同时也可以求出每阶频率的参与质量等。

命令流方式：ANTYPE, MODAL, NEW

GUI 方式：Main Menu > Solution > Analysis Type > New Analysis

选择 Modal 选项，单击 OK 按钮。

模态分析由四个主要步骤组成：

1）建模；

2）加载及求解。除了零位移约束外的其他类型荷载（力、压力、加速度等）可以在模态分析中指定，但是模态提取时将被忽略；求解输出内容主要有固有频率、参与系数表等。

3）扩展模态。指将振型写入结果文件，得到完整的振型；在扩展处理前必须明确离开求解器（FINISH）并且重新写入求解器。

4）观察结果。模态分析结果包括固有频率、扩展振型、相对应力和力分布。在 POST1 中观察结果。

> **注意**：在模态分析中只有线性行为是有效的，如果指定了非线性单元，它们将被看作是线性的；在模态分析中必须指定弹性模量 EX 和密度 DENS。

（3）瞬态分析　瞬态分析用于分级计算结构受到突然加载的荷载时的响应情况。在桥梁结构分析中，桥梁受到地震激励的时程作用，或者计算桥墩受到突然撞击的情况，都可以使用瞬态分析来计算结构响应。

命令流方式：ANTYPE, TRANS, NEW

GUI 方式：Main Menu > Solution > Analysis Type > New Analysis

选择 Transient 选项，单击 OK 按钮，弹出图 5-11 所示的对话框，选择适当的求解方式，单击 OK 按钮。

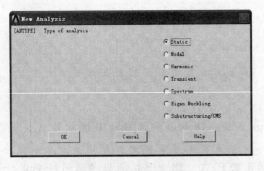

图 5-10　选择分析类型

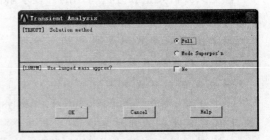

图 5-11　瞬态分析选项

（4）谱分析　谱分析是一种将模态分析结果与已知谱联系起来计算模型的位移和应力的分析技术。谱分析主要用于确定结构对随机荷载和随时间变化荷载（如地震荷载、风荷载等）的动力响应情况。注意：在谱分析前要进行模态分析。

命令方式：ANTYPE, SPECTR, NEW

GUI 方式：Main Menu > Solution > Analysis Type > New Analysis

选择 Spectrum 选项，单击 OK 按钮。

谱分析的全过程包括以下几步：

1）建立模型

2）模态分析。注意只有 Block 法、Subspace 法和 Reduced 法才对谱分析有效。

3）谱分析。输入反应谱，有加速度反应谱、位移反应谱、力反应谱等。

4）扩展模态。扩展振型之后才能在后处理器中观察结果。

5）合并模态。模态的组合方式在桥梁结构设计规范中规定选择 SRSS 方式，即先求平方和再求平方根。

6）观察结果。

2. 定义分析选项

定义好分析类型之后，就可设置分析选项。每种分析的选项对话框各不相同。

（1）静力分析

命令流方式：EQSLV

GUI 方式：Main Menu > Solution > Analysis Type > Sol'n Controls

在图 5-12 所示的 Basic 选项卡中，在 Analysis Options 选项组中的 Small Displacement Static（小位移静力分析）、Large Displacement Static（大位移静力分析）、Small Displacement Transient（小位移瞬态分析）、Large Displacement Transient（大位移瞬态分析）下拉列表框中设置成大位移或小位移静力分析，在 Calculate prestress effect 复选框中进行计算预应力效应设置；在 Time Control 选项组中进行 Time at and of loadstep（最后一个荷载步的时间）、Number of substeps（通过荷载子步控制）、Time increment（通过时间增量控制）等参数

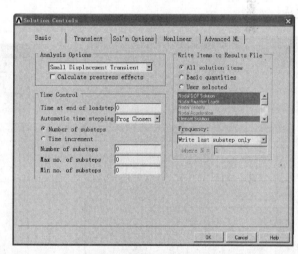

图 5-12 静力分析求解选项卡

设置；在 Write Items to Results File 选项组中进行结果文件输出设置。

在 Basic 选项卡中的设置参数，提供了分析中所需的最少数据。一旦 Basic 选项卡中的参数设置满足以后，就不需要设置其他选项卡中相关参数的选项，除非是要进行高级控制而修改其他默认设置。

> 注意：在设置 ANTYPE 和 NLGEOM 时，如进行一个新的分析并忽略大变形效应（如大挠度、大转角、大应变）时，选择 "Small Displacement Static" 项。如预期有大挠度或大应变，则选择 "Large Displacement Static" 项。如果向重启动一个失败的非线性分析，或者已经进行了完整的静力分析，而想指定其他荷载，则选择 "Restart Current Analysis" 项。在设置 TIME 时，记住这个荷载步选项指定该荷载步结束的时间，默认时只有 1000 个结果集记录到结果文件中，如果超过这一数目，程序将出错停机。可以通过/CONFIG，NRES 命令来增大这一限值。

（2）模态分析

命令流方式：EQSLV

GUI 方式：Main Menu > Solution > Analysis Type > Analysis Options，如图 5-13 所示。

目前模态分析一共有 7 种（子空间法、PCG Lanczos 法、PowerDynamics 法、缩减法、非对称法、阻尼法、QR 阻尼法），前 4 种方法是最常用的模态提取方法。桥梁结构分析计算中一般采用 PCG Lanczos 法和子空间法。常用选项意义如下：NO. of modes to extract（提取模态数），除缩减法外，该选项是必须设置的；Expand mode shapes（扩展模态），如果准备在谱分析之后进行模态扩展，该选项设置为 0；NO. of modes to expand（扩展模态数），该选项只在采用缩减法、非对称和阻尼法时要求设置；Incl prestress effect（是否包括预应力效应），用于确定是否考虑预应力对结构振动的影响，默认分析过程不包括预应力效应。当选择 PCG Lanczos 法时，单击 OK 按钮后弹出如图 5-14 所示的对话框，在对话框中输入起始频率和截止频率，也就是给出一定的频率范围，程序最后计算出的自振频率结果在所给频率范围之内。

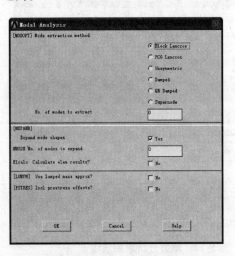

图 5-13　模态分析求解选项卡

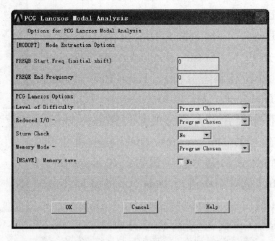

图 5-14　模态分析（PCG Lanczos 法）求解选项卡

PCG Lanczos 法用于提取大模型的多阶模态（40 阶以上），当模型中包含形状较差的实体和壳单元时建议采用此法，最适合用于由壳或壳与实体组成的模型，速度快，存储要求低。

（3）瞬态分析

命令流方式：EQSLV

GUI 方式：Main Menu > Solution > Analysis Type > Analysis Options

出现的图 5-15 所示对话框，选项设置与静力分析相同。

（4）谱分析

命令流方式：EQSLV

GUI 方式：Main Menu > Solution > Analysis Type > Analysis Options

在图 5-16 所示对话框中，设置谱类型：Single-pt resp（单点响应谱分析）、Multi-pt respons（多点响应谱分析）、D. D. A. M（动力设计分析）、P. S. D（功率谱密度分析）。结构

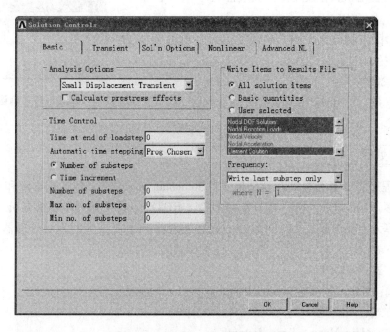

图 5-15 瞬态分析求解选项卡

分析常采用单点响应谱分析。在谱分析中，必
须进行模态扩展，模态扩展要重新回到模态分
析中进行模态扩展。执行以下命令：ANTYPE，
MODAL，NEW，或 GUI 方式：Main Menu > So-
lution > Analysis Type > New Analysis，选择 Mo-
dal 选项，单击 OK 按钮。

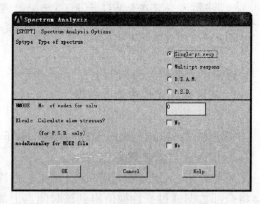

3. 备份数据库

工具条中的 SAVE DB 按钮用于备份数据
库，如果计算过程中出现差错，可以方便地
恢复需要的模型数据。恢复模型时重新进入
ANSYS，用下面的命令：

图 5-16 谱分析求解选项卡

命令流方式：RESUME

GUI 方式：Utility Menu > File > Resume Jobname. db

4. 开始求解

对于简单的静力分析，依次加载求解可以计算出结果。例如，计算在自重作用下，钢梁
的挠度变形，施加荷载后只需求解依次便得出结果。

对于动荷载来说，加载方式比较复杂，而且要经过多次求解才能得出最终结果。例如，
计算钢梁在一段地震波作用下的响应，就需要将地震波加速度按时间分成小段，一次一次的
加载到结构上并且每次加载都要求解，最终才能得到钢梁在地震波作用下的时程响应。对于
施加复杂动荷载，往往采用命令流方式输入，菜单输入较为烦琐。

用下面的 GUI 方式进行静力求解：

Main Menu > Solution > Solve > Current LS

命令流方式：SOLVE

检查弹出的求解信息文档，确认无误后，单击图 5-17 所示对话框中的 OK 按钮。

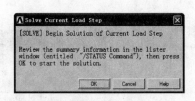

5. 完成求解

命令流方式：FINISH

GUI 方式：Main Menu > Finish

图 5-17　确认求解

5.2.5　后处理

ANSYS 程序将计算结果储存到结果文件 Jobname. rmg 中去，包括基本解和导出解。基本解是节点位移（UX，UY，UZ，ROTX，ROTY，ROTZ）。导出解是节点和单元应力、节点和单元应变、单元力、节点反力。可以在一般后处理器 POST1 或者时程后处理器 POST26 中观看处理结果。

命令流方式：/POST1

GUI 方式：Main Menu > General Postproc

命令流方式：/POST26

GUI 方式：Main Menu > Time Postproc

> **注意：** 如欲在 POST1 和 POST26 后处理器中查看结果，在数据库中必须包含与求解相同的模型。同时，结果文件 Jobname. rst 也必须存在。

检查结果数据，方式如下：

1. 从数据库文件中读入数据

命令流方式：RESUME

GUI 方式：Utility Menu > File > Resume from

2. 读入适当的结果表

用荷载步、子步或时间来区分结果数据库。若指定的时间值不存在相应的结果，ANSYS 会将全部数据通过线性插值得到该时间点上的结果。

命令流方式：SET

GUI 方式：Main Menu > General Postproc > Results > Read Result > By Load Step

如果模型不在数据库中，需要 RESUME 命令后再用 SET 命令或者其等效路径读入需要的数据集。

3. 查看结果数据文件

要观察结果文件中的解，可使用 LIST 选项。可以分布看不同加载步及子步或者不同时间的结果数据集。典型的 POST1 后处理操作如下：

（1）显示变形图

命令流方式：PLDISP

GUI 方式：Main Menu > General Postproc > Plot Results > Deformed Shape

用户可以使用 PLDISP 命令的 KUND 参数在原始图上叠加变形图。

（2）列出反力和反力矩

命令流方式：PRESOL

GUI 方式：Main Menu > General Postproc > Plot Results > Reaction Solu

为了显示反力，执行/PBC，RFOR，1，然后显示所需节点或单元（NPLOY 或者EPLOYT）。如果要显示反力矩，用 RMOM 代替 RFOR。

（3）列出节点力和力矩

命令流方式：PRESOL，F（或 M）

GUI 方式：Main Menu > General Postproc > Plot Results > Element Solution

也可以列出所选择的节点集的所有节点力和力矩。首先选择节点，然后列出作用于这些节点上的所有力。

命令流方式：FSUM

也可以在选择的节点上检查所有力和力矩。对于处于平衡状态的实体，除荷载作用点和存在反力的节点以外的所有节点上，其荷载总和为 0。

GUI 方式：Main Menu > General Postproc > Nodal Calcs > Sum @ Each Node

Main Menu > General Postproc > Options for Outpt，指明检查方向：√全部（默认）、√静力分量、√阻尼峰量、√惯性力分量

对于处于平衡状态的实体，除荷载作用点或者存在反力荷载的作用点外，其他所有节点的总荷载为 0。

（4）线单元结果 对于线单元，可以得到应力、应变等导出数据，结果数据用一个标号和一个序列号组合，或者用元件名来区别。

命令流方式：ETABLE

GUI 方式：Main Menu > General Postproc > Element Table > Define Table

定义好单元数据表之后，可以显示线单元结果，即可显示弯矩图、剪力图、轴力图。

命令流方式：PLLS

GUI 方式：Main Menu > General Postproc > Plot Resuls > Contour Plot- Line Elem

（5）误差评估 在实体和壳单元的线性静力分析中，通过误差评估列出网格离散误差的评估值。这个命令按照结构能量模（SEPC）计算和列出误差百分比，代表一特定的网格离散的相对误差。

命令流方式：PRERR

GUI 方式：Main Menu > General Postproc > List Results > Percent Error

（6）等值线显示 几乎所有的结果项都可以显示为等值线，如应力、应变和位移等。用户可以使用 PLNSOL 和 PLESOL 命令的 KUND 参数在原始结构上叠加显示。

命令流方式：PLNSOL

GUI 方式：Main Menu > General Postproc > Plot Results > Contour Plot- Nadal solu

GUI 方式：Main Menu > General Postproc > Plot Results > Contour > PlotElement Solu

显示单元表数据和线单元数据

命令流方式：PLETAB、PLLS

GUI 方式：Main Menu > General Postproc > Element Table > Plot Element Table

GUI 方式：Main Menu > General Postproc > Plot Results > Contour PlotLine Elem Res

（7）矢量显示　对于观察矢量如位移（DISP）、转角（ROT）、主应力（S1、S2、S3），矢量显示（不要与矢量模态混淆）是一种有效的方法。

1）显示矢量：

命令流方式：PLVECT

GUI 方式：Main Menu ＞General Postproc＞Plot Results＞Vector Plot＞Predefined

2）矢量列表：

命令流方式：PRVECT

GUI 方式：Main Menu ＞General Postproc＞List Results＞Vector Data

（8）表格列示　在列表之前，要进行数据排列，然后进行表格列示。

命令流方式：NSORT，ESORT

GUI 方式：Main Menu ＞General Postproc＞List Results＞Sorted Listing＞Sort Nodes

GUI 方式：Main Menu ＞General Postproc＞List Results＞Sorted Listing＞Sort Elems

命令流方式：PRNSOL（节点结果1）、PRESOL（单元与单元之间的结果）、PRRSOL（反力等）

GUI 方式：Main Menu ＞General Postproc＞List Results＞solution option

（9）列表显示所有频率

命令流方式：SET，LIST

GUI 方式：Main Menu ＞General Postproc＞List Results＞Results Shape

（10）列表显示主自由度

命令流方式：MIST，ALL

GUI 方式 Main Menu ＞Solution＞Master DOFs＞List ALL

5.3　连续刚构桥的受力分析

5.3.1　相关概念

1. 连续刚构桥体系特点

连续梁桥在结构体系上主要分为连续梁桥、连续刚构桥等。根据主梁截面形状可分为等截面梁与变截面梁。等截面梁是指梁高沿梁长方向不变，等截面梁适用于中等跨度（40～60m）的、一联较长的桥梁，采用等截面布置的连续梁具有构造相对简单，施工相对容易的特点，其施工主要采取预制安装、顶推和支架法逐孔现浇等方法制造。当桥跨增加时，在荷载作用下，连续梁桥的中支点部位主梁将承受较大的负弯矩，采用变截面梁更能抵抗截面不利应力的影响。此外，大跨度变截面连续梁常采用节段悬臂浇筑法施工，近年来也出现了预制短线施工方法，其截面特性可与三向预应力体系设置更能有效结合，其受力状态又能与施工阶段的内力分布规律基本吻合，因此，大跨度预应力混凝土多采用变截面布置。

连续刚构是连续梁与T型刚构结合的组合体系，采用墩梁固结连接，利用高墩的柔度来适应结构由预应力效应、混凝土收缩徐变效应及温度变化引起的位移变动。典型的连续刚构桥采用对称分孔布置、悬臂浇筑方法修建。随着墩高的增加，桥墩对上部结构的嵌固作用越来越小，并逐步转化为对柔性墩的作用。连续刚构桥具有顺桥向抗弯刚度和横桥向抗扭刚度较大，受力性能好，跨越能力大，能充分发挥高强材料的作用，外形美观、结构尺寸小、桥下净空大、桥面行车平顺的优点，但是墩梁连接构造复杂。

连续刚构桥的主要特点表现在以下几个方面：

1）构造上一般有两个以上主墩采用墩梁固结，要求主墩有一定的柔度形成摆动支撑体系。

2）墩梁固结有利于悬臂施工，同时避免了更换支座，省去了连续梁施工在体系转换时采用的临时固结措施。

3）受力方面，上部结构仍保持了连续梁的特点，但因桥墩受力及混凝土收缩徐变及温度变化引起的弹塑性变形对上部结构的影响，桥墩需要有一定的柔度，使所受弯矩有所减小，而在墩梁结合处仍有刚架受力性质。

4）抗震性能得到改善，水平地震力可均摊给各个墩来承受，不像连续梁需设置制动墩，或采用昂贵的专用抗震支座。

5）边跨桥墩较矮，相对刚度较大时，为适应上部结构位移的需要，墩梁可做成铰接或在墩顶设置支座。

6）伸缩缝位置在连续梁的两端，可置于桥台处，长桥也可设置在铰接处，行车舒适性表现优越。

7）为保证结构的横向稳定性，桥台处需设置控制水平位移限位挡块。

2. 带 V 形或 V 形支撑的连续梁体系

为了适当增加连续梁的跨越能力，节省材料，可以采用 V 形墩或 V 形支撑的连续梁。V 形墩或 V 形支撑的力学作用在于削弱墩顶的负弯矩，在外观上也显得轻巧别致。如设置 V 形墩的桂林雉山漓江公路桥和设置 V 形支撑的南昆线南盘江大桥。

3. 连续刚构桥的横截面及预应力钢筋布置

预应力混凝土连续梁桥可选用的截面形式较多，应根据桥梁的跨度、宽度、梁高、支撑体系、施工方法确定。一般的截面类型有板式、肋式截面，箱形截面（带横隔板）等。

连续梁桥的预应力钢筋一般为三向预应力体系，即纵向预应力钢筋、横向预应力钢筋与竖向预应力钢筋。沿桥跨方向的纵向力筋也称为主筋。力筋按位置可分为顶板筋、地板筋、腹板筋和空间筋等。

5.3.2 问题的描述

某连续刚构桥，主桥全长 170m，跨径布置为 48m + 74m + 48m，主梁为预应力变截面双箱双室构造，下部为 V 形桥墩，V 形墩角度为 90°，墩梁固结体系，与 V 形墩固结处的梁高为 3m，跨中梁高 1.8m。假设布置纵向预应力钢筋，位置如图 5-18 所示。已知条件如下：

材料：混凝土，$E = 3.25 \times 10^{10} \text{Pa}$，$u = 0.2$，密度为 2600kg/m^3；钢筋，$E = 2.07 \times 10^{11} \text{Pa}$，$u = 0.3$，密度为 7800kg/m^3。

几何尺寸：箱形截面的顶板与底板厚度为 0.25m，腹板厚度为 0.6m，V 形板厚 1m。预应力钢筋面积为 0.02m^2，初始应变为 -0.005。

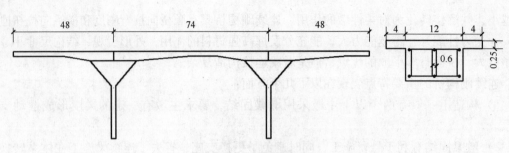

图 5-18　连续梁桥模型

 提示：①采用 SHELL63 壳单元模拟箱形梁的顶板、底板、腹板及 V 形支撑，它具有弯曲和薄膜的功能，面内和法向荷载都是允许的。本单元具有 3 个平动自由度和 3 个转动自由度。本单元包括应力刚化和大变形功能，在有限转动的大变形非线性分析中，可以用一致切线刚度矩阵。②采用 LINK8 单元模拟预应力钢筋的作用，它是一个有广泛工程应用的单元，如桁架、缆索、连杆及弹簧等。这种三维杆单元是杆轴方向的拉单元，每个节点有 3 个平动自由度。本单元具有塑性、蠕变、膨胀、应力刚化、大变形和大应变等功能。

5.3.3　建模

建模方法：自底向上。建模顺序：生成各节点→生成顶板并划分网格→生成腹板并划分网格→划分预应力钢筋→生成 V 形支撑并划分网格→合并压缩重复节点与单元。由于建模较为复杂，本节以 APDL 命令流方为主进行。

建模步骤如下：

1）以交互方式进入 ANSYS，设置初始工作文件名为 rigid bridge。

2）定义分析类型，制定分析类型为 Structural，程序分析方法为 h-method，路径：Main Menu > Preference。

3）定义单元类型，路径 Main Menu > Preprocessor > Element Type > Add/Edit/Delete。在弹出 Element Types 对话框中选择 SHELL63 弹性壳单元为 1 号单元，然后单击 OK 按钮，再单击 Add 按钮，选择 LINK8 为 2 号单元，单击 OK 按钮；最后单击 Close 按钮关闭对话框。

注意： SHELL63 壳单元用来模拟箱形梁的底板及腹板，LINK8 单元用来模拟预应力钢筋。

4）定义实常数，路径 Main Menu > Preprocessor > Real Constants > Add/Edit/Delete。在弹出的 Real Constant 对话框中单击 Add 按钮，选择 SHELL63 单元，单元需要定义三种实常数，分别对应于箱梁的顶板与底板（0.25m）、腹板（0.6m）、V 形支撑的厚度 1m。定义完单元实常数后，单击 Add 按钮，选择 LINK8 单元，单击 OK 按钮，在弹出的对话框中设置Area为"0.02"，初始应变 ISTRN 为"0.005"，然后单击 OK 按钮，再单击 Close 按钮关闭对话框。

5）定义材料属性。

路径1：Main Menu u > Preprocessor u > Material Props u > Material Models

路径2：Material Models Available u > Structural u > Linear u > Elastic u > Isotropic

路径3：Material Models Available u > Structural u > Density

执行路径1，在弹出的 Define Material Model Behaviour 对话框中执行路径2的操作，然后定义好1单元的弹性模型为"3.25×10^{10}"，泊松比为"0.2"；执行路径3，定义密度为"2700"，材料对应于混凝土材料。

增加一个新的材料模型，同样执行路径2和路径3，定义预应力钢筋的弹性模量为"2.07×10^{11}"，泊松比为"0.3"，密度为"7800"。

6）保存数据，路径 ANSYS Toolbar u > SABE_DB，数据将保存到 rigid bridge. db 中。

7）建立模型的关键点。

```
/FILNAME,RIGID BRIDGE,1
KEYW,PR_STRUC,1
/PREP7                           ! 进入前处理模块
                                 ! 定义单元类型
ET,1,SHELL63                     ! 主梁单元类型定义
ET,2,LINK8                       ! 预应力钢筋定义
                                 ! 定义实常数
R,1,0.25                         ! 顶层与底层
R,2,0.6                          ! 腹板实常数
R,3,1                            ! V 形支撑的厚度
R,4,0.02,-0.005
                                 ! 定义材料属性
MP,EX,1,3.25E10                  ! 混凝土材料弹性模量
MP,PRXY,1,0.2                    ! 混凝土材料泊松比
MP,DENS,1,2700                   ! 混凝土材料质量密度
MP,EX,2,207E9                    ! 钢筋材料弹性模量
MP,PRXY,2,0.3                    ! 钢筋材料泊松比
MP,DENS,2,7800                   ! 钢筋材料质量密度
/VIEW,1,1,1,1                    ! 以正等测方式观看
K,1                             ! 建立主桥边界面上的关键点
K,2,4                           ! 建立点 2,坐标为(4,0,0)
K,3,10                          ! 建立点 3,坐标为(10,0,0)
K,4,16
K,5,20
K,6,24
K,7,30
K,8,36
K,9,40
```

```
K,10,4,-1.8
K,11,10,-1.8
K,12,16,-1.8
K,13,24,-1.8
K,14,30,-1.8
K,15,36,-1.8
KGEN,2,1,15,1,,,-16                          ! 建立梁高为1.8m 处的关键点
KGEN,2,1,15,1,,,-85
KGEN,2,1,15,1,,,-154
KGEN,2,1,15,1,,,-170
K,101,,,-36                                  ! 建立梁高为3m 处的关键点
K,102,4,,-36
K,103,10,,-36
K,104,16,,-36
K,105,20,,-36
K,106,24,,-36
K,107,30,,-36
K,108,36,,-36
K,109,40,,-36
KGEN,2,102,104,1,,-3,,8
KGEN,2,106,108,1,,-3,,7
KGEN,2,101,115,1,,,-12,15
KGEN,2,116,130,1,,,-12,15
KGEN,2,131,145,1,,,-50,15
KGEN,3,146,160,1,,,-12,15
```

116

8）建立箱形梁的顶层并划分网格。

```
*DO,I,1,8,1                                  ! 循环生成截面
A,I,I+15,I+16,I+1
*ENDDO
*DO,I,16,23,1
A,I,I+85,I+86,I+1
*ENDDO
*DO,I,101,108,1
A,I,I+15,I+16,I+1
*ENDDO
*DO,I,116,123,1
A,I,I+15,I+16,I+1
*ENDDO
*DO,I,31,38,1
A,I,I+100,I+101,I+1
*ENDDO
```

```
*DO,I,31,38,1
A,I,I+115,I+116,I+1
*ENDDO
*DO,I,146,153,1
A,I,I+15,I+16,I+1
*ENDDO
*DO,I,161,168,1
A,I,I+15,I+16,I+1
*ENDDO
*DO,I,46,53,1
A,I,I+130,I+131,I+1
*ENDDO
*DO,I,46,53,1
A,I,I+15,I+16,I+1
*ENDDO
LESIZE,ALL,4                    ! 设置单元长度为4
AATT,1,1,1                      ! 顶层单元属性
AMESH,ALL                       ! 划分顶层单元
```

完成以上建模后的顶层几何模型及网格划分模型如图 5-19 与图 5-20 所示。

图 5-19　顶层几何模型

图 5-20　顶层网格划分模型

9）建立箱形梁的底层并划分网格。

```
ASEL,U,,,ALL                    ! 选择面命令,全部都不选择
KPLOT                           ! 显示关键点
*DO,I,10,11,1
A,I,I+15,I+16,I+1
*ENDDO
*DO,I,13,14,1
A,I,I+15,I+16,I+1
*ENDDO
*DO,I,25,26,1
A,I,I+85,I+86,I+1
*ENDDO
```

```
*DO,I,28,29,1
A,I,I+85,I+86,I+1
*ENDDO
*DO,I,110,111,1
A,I,I+15,I+16,I+1
*ENDDO
*DO,I,113,114,1
A,I,I+15,I+16,I+1
*ENDDO
*DO,I,125,126,1
A,I,I+15,I+16,I+1
*ENDDO
*DO,I,128,129,1
A,I,I+15,I+16,I+1
*ENDDO
*DO,I,40,41,1
A,I,I+100,I+101,I+1
*ENDDO
*DO,I,43,44,1
A,I,I+100,I+101,I+1
*ENDDO
*DO,I,40,41,1
A,I,I+115,I+116,I+1
*ENDDO
*DO,I,43,44,1
A,I,I+115,I+116,I+1
*ENDDO
*DO,I,155,156,1
A,I,I+15,I+16,I+1
*ENDDO
*DO,I,158,159,1
A,I,I+15,I+16,I+1
*ENDDO
*DO,I,170,171,1
A,I,I+15,I+16,I+1
*ENDDO
*DO,I,173,174,1
A,I,I+15,I+16,I+1
*ENDDO
*DO,I,55,56,1
A,I,I+130,I+131,I+1
*ENDDO
```

```
*DO,I,58,59,1
A,I,I+130,I+131,I+1
*ENDDO
*DO,I,55,56,1
A,I,I+15,I+16,I+1
*ENDDO
*DO,I,58,59,1
A,I,I+15,I+16,I+1
*ENDDO
LESIZE,ALL,4                        ！将所有线按长度 4 的划分
AATT,1,1,1                          ！赋予选中的面的材料和实常数单元类型均为1
AMESH,ALL                           ！划分所有的面
```

10）建立腹板并划分网格。

```
ASEL,U,,,ALL                        ！选择面的命令,所有面均不选择
*DO,I,2,4,1                         ！循环生成截面
A,I,I+8,I+23,I+15
*ENDDO
*DO,I,6,8,1
A,I,I+7,I+22,I+15
*ENDDO
*DO,I,17,19,1
A,I,I+8,I+93,I+85
*ENDDO
*DO,I,21,23,1
A,I,I+7,I+92,I+85
*ENDDO
*DO,I,102,104,1
A,I,I+8,I+23,I+15
*ENDDO
*DO,I,106,108,1
A,I,I+7,I+22,I+15
*ENDDO
*DO,I,117,119,1
A,I,I+8,I+23,I+15
*ENDDO
*DO,I,121,123,1
A,I,I+7,I+22,I+15
*ENDDO
*DO,I,32,34,1
A,I,I+8,I+108,I+100
*ENDDO
```

```
*DO,I,36,38,1
A,I,I+7,I+107,I+100
*ENDDO
*DO,I,32,34,1
A,I,I+8,I+123,I+115
*ENDDO
*DO,I,36,38,1
A,I,I+7,I+122,I+115
*ENDDO
*DO,I,147,149,1
A,I,I+8,I+23,I+15
*ENDDO
*DO,I,151,153,1
A,I,I+7,I+22,I+15
*ENDDO
*DO,I,162,164,1
A,I,I+8,I+23,I+15
*ENDDO
*DO,I,166,168,1
A,I,I+7,I+22,I+15
*ENDDO
*DO,I,47,49,1
A,I,I+8,I+138,I+130
*ENDDO
*DO,I,51,53,1
A,I,I+7,I+137,I+130
*ENDDO
*DO,I,47,49,1
A,I,I+8,I+23,I+15
*ENDDO
*DO,I,51,53,1                          ! 循环生成截面
A,I,I+7,I+22,I+15
*ENDDO
LSEL,S,LOC,Y,-0.9                      ! 选择 Y 轴为 -0.9 的线
LESIZE,ALL,,,1                         ! 将所选中的线按长度 1 划分
LSEL,S,LOC,Y,-1.5                      ! 选择 Y 轴为 -1.5 的线
LESIZE,ALL,,,2                         ! 将所选中的线按长度 2 划分
ESIZE,ALL,4                            ! 基本单元长度为 4
AATT,1,2,1                             ! 实常数为 2
AMESH,ALL                             ! 对所有面划分网格
```

运行上述命令流后生成的腹板几何模型如图 5-21 所示。

11）预应力钢筋的布置及网格划分。选择顶层和底层面上的预应力钢筋的直线为当前

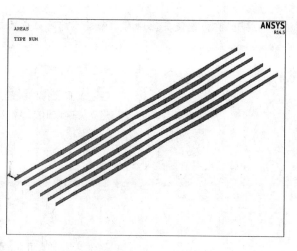

图 5-21 腹板几何模型

有效线元素，然后进行网格划分，命令流如下：

```
LSEL,S,LOC,X,3.9,4.1
LSEL,A,LOC,X,9,11
LSEL,A,LOC,X,15,17
LSEL,A,LOC,X,23,25
LSEL,A,LOC,X,29,31
LSEL,A,LOC,X,35,37
LSEL,U,LOC,Y,-1.7,-0.1
LESIZE,ALL,4                      ! 单元长度为 4
LATT,2,4,2                        ! 单元为 2,实常数为 4,材料属性为 2
LMESH,ALL
```

图 5-22 给出了腹板网格划分后的局部示意图，预应力钢筋网格划分如图 5-23 所示。

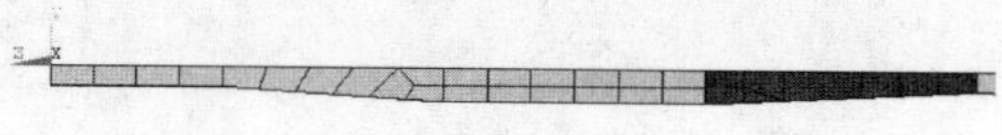

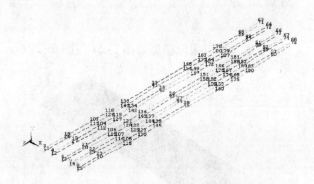

图 5-22 腹板网格划分模型局部图

图 5-23 预应力钢筋网格划分图

12）建立 V 形支撑模型并划分网格。

> **注意：** 在建立 V 形的模型前，先使其他所有面都处于非有效面状态，方法同步骤9）。

```
ASEL,U,LOC,Y,−3.1,0.1
K,1001,4,−15,−48                              ! 创建 V 形支撑的关键点
K,1002,16,−15,−48                             ! 建立关键点 1002 号,坐标为(16,−15,−48)
K,1003,24,−15,−48
K,1004,36,−15,−48
K,2001,4,−15,−122
K,2002,16,−15,−122
K,2003,24,−15,−122
K,2004,36,−15,−122
A,110,112,1002,1001                           ! 创建 V 形支撑面,点号为 110、112、1002、1001
A,112,113,1003,1002
A,113,115,1004,1003
A,140,142,1002,1001
A,142,143,1003,1002
A,143,145,1004,1003
A,155,157,2002,2001
A,157,158,2003,2002
A,158,160,2004,2003
A,185,187,2002,2001
A,187,188,2003,2002
A,188,190,2004,2003
LESIZE,ALL,4                                   ! 单元长度为 4
AATT,1,3,1                                     ! 实常数为 3
AMESH,ALL                                      ! 划分面
NUMMRG,ALL                                     ! 合并重复节点、单元等元素
NUMCMP,ALL                                     ! 压缩编号
ALLSEL                                         ! 选择所有元素
```

完成全桥有限元模型如图 5-24 与图 5-25 所示。

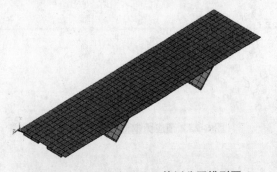

图 5-24 刚构桥有限元正等侧分网模型图

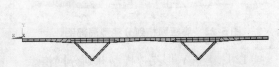

图 5-25 刚构桥有限元模型立面分网图

5.3.4　加载及求解

　　模型建立完毕后即可对其进行边界条件设置，施加荷载，选择分析类型后，进而进行求解。

　　（1）施加位移约束　约束桥两侧箱形梁的底层节的 Y 方向自由度，对 V 形支撑的底部节点的所有转动自由度和平动自由度进行约束。命令流如下：

```
NSEL,S,LOC,Z,-0.1,0.1              ! 选择节点集
NSEL,A,LOC,Z,-171,-169            ! 向所选节点集合中添加另一子集
NSEL,R,LOC,Y,-1.9,-1.7           ! 重新选择节点集
D,ALL,UY                          ! 约束所选节点 Y 方向平动自由度
ALLSEL                            ! 选择所有元素
NSEL,S,LOC,Y,-16,-14            ! 选择节点集
D,ALL,ALL                         ! 约束所选节点的所有自由度
ALLSEL                            ! 选择所有元素
```

　　节点约束后的图形如图 5-26 所示。

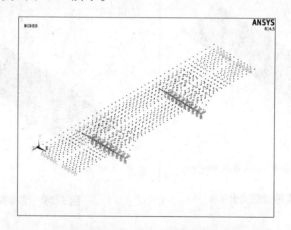

图 5-26　刚构桥位移约束情况

　　（2）预应力静力求解

```
/SOLU              ! 进入求解模块
ACEL,9.8           ! 施加重力加速度
PSTRES,ON          ! 激活预应力效应
ALLSEL             ! 选择所有元素
SOLVE              ! 求解
FINISH             ! 结束本步求解
```

　　（3）预应力模态求解

```
/SOLU
ANTYPE,2
UPCOORD,1,ON       ! 根据当前位移结果更新节点坐标
```

工程实例教程

```
PSTRES,ON                              ! 激活预应力效应
MODOPT,SUBSP,10                        ! 振型正则化
MXPAND,10,,,1                          ! 指定被扩展的模态个数
ALLSEL                                 ! 选择所有元素
SOLVE                                  ! 求解
FINISH                                 ! 结束模态求解
```

5.3.5 结果分析

1. 静力结果分析

进入通用后处理模块，执行 Main Menu > General Postproc > Plot Results > Contour Plot > Nodal Solu 命令，选择 Stress 下的 VonMises Stress 得到图 5-27 所示的节点等效应力分布情况。执行 Main Menu > General Postproc > Plot Results > Contour Plot > Deformed Shape 命令显示结构位移，如图 5-28 所示。

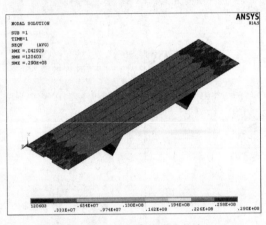

图 5-27 节点等效应力分布

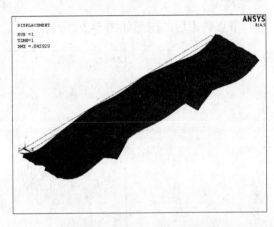

图 5-28 结构变形前后对比图

命令流方式如下：

```
/POST,1
PLNSOL,N,EQV
PLDISP,2
```

> 📢 **提示：** 可通过 PLNSOL 命令中的 KUND 选项来控制变形显示方式，当 KUND 为 0 时，仅显示结构的位移形状及变形形状；若为 1，重叠显示结构变形前后的形状；若为 2 重叠显示变形前后的形状，只是变形前的形状仅为结构的几何边界。若不显示变形，则在 GUI 方式下相关命令框中将 Scale Factor 设置为 off。

2. 模态结果分析

执行 Main Menu > General Postproc > Results Summary 命令得到各阶的频率列表，如图 5-29 所示；执行 Main Menu > General Postproc > Read Results > First Set 命令，继续执行 Main Menu >

General Postproc > Read Results > Deformed Shape 命令得到一阶振型，如图 5-30 所示；执行 Main Menu > General Postproc > Read Results > Nest Set 命令，然后执行 Postproc > Read Results > Deformed Shape 命令得到结构的二阶和三阶振型，如图 5-31 与图 5-32 所示。

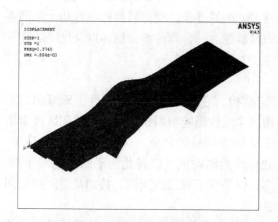

图 5-29　各阶振型列表显示

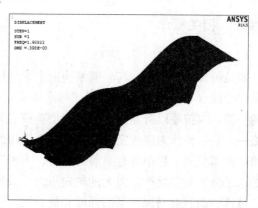

图 5-30　一阶振型 Y 方向反对称弯曲

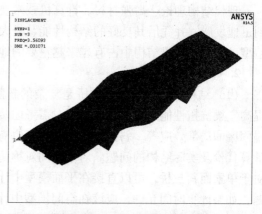

图 5-31　二阶振型 Y 方向对称弯曲

图 5-32　三阶振型横向扭转

 提示：通过 apdl 方式，可制作各阶段振型动画，并提取振型图，示例的命令形式如下：

```
SET,LIST
*DO,I,1,10
SET,,,,,,I                          ! 查看各阶振型
PLDISP,0                           ! 显示各阶振型图
*ENDDO
SET,1,1                            ! 读取第 1 阶振型
PLNSOL,U,Y,0,1.0                   ! 显示 Y 向位移
ANMODE,10,0.5,,0                   ! 制作第 1 阶动画
SET,1,10                           ! 读取第 10 阶振型
PLNSOL,U,Y,0,1.0                   ! 显示 Y 向位移
ANMODE,10,0.5,,0                   ! 制作第 10 阶动画
```

5.4 斜拉桥的受力分析

5.4.1 相关概念

1. 斜拉桥概述

斜拉桥又称斜张桥，其上部结构由主梁、拉索、主塔三类构件组成，是一种桥面体系以加劲梁受压（密索体系）或受弯（稀索体系）为主，支撑体系以斜拉桥受拉及桥塔受压为主的桥梁。斜拉桥以跨越能力大、造型美观成为现代桥梁工程中发展最快、最具竞争力的桥型之一。斜拉桥作为现代交通工程中广泛采用的桥梁体系，正起着日益重要的作用，尤其是在跨江跨海交通工程中具有显著的优势，大跨度斜拉桥是其技术发展的一个重要方面。斜拉桥的水平分力对主梁产生强大的轴向压力，采用预应力混凝土主梁不仅能够充分发挥材料的力学性能，而且能增加主梁的强度和抗裂性。所以，预应力混凝土斜拉桥在技术、经济上显示出了很大的优越性。

现代结构理论、高强材料、计算机技术及施工方法的进步，使得斜拉桥在近几十年间得到迅速发展，并凭借其良好的结构性能、较大的跨越能力、合理的经济指标以及优美的建筑造型，在现代桥梁结构中占有越来越重要的地位。

2. 计算理论

（1）结构静力分析　斜拉桥是复杂的超静定结构，它具有空间静力特性，即索和塔有提高主梁抗扭性能的效应，在设计时需考虑结构的非线性影响与斜拉桥的索梁锚固区及索塔锚固区的局部效应等。斜拉桥的结构分析也有平面和空间问题之分，这里要牵涉计算精度、计算代价及实际结构的问题。对于空间对称荷载作用的结构也可以转化为平面问题来计算。对于单索面斜拉桥，可以直接在平面模型中计算，但是对于双索面问题，特别是空间扭转问题，如果计算时间允许，应该在空间模型中计算。

（2）斜拉桥的非线性　斜拉桥存在着材料非线性与几何非线性影响。材料性质的非线性主要指混凝土在长期荷载作用下的收缩、徐变非线性影响荷载内力与变形分布；材料的非线性还包括拉索锚固区局部应力所引起的塑性重分析的影响等。结构的几何非线性影响主要包含两方面，即拉索垂度非线性及梁或塔的轴力效应的大挠度影响，这些问题可采用非线性有限元法进行计算，也可采用近似理论处理，把问题线性化，ANSYS 中使用增量-初始应变法或预估轴力，逐次逼近计算以得到最终结果。

（3）斜拉桥的动力分析　在车辆动荷载、风力和地震力作用下，桥梁结构产生的振动会增大按静力计算的内力，可能引起结构局部疲劳损伤，或会形成影响桥上行车舒适与安全的振动变形与加速度，甚至使桥梁完全破坏。1940 年主跨 853m 的美国 Tacoma 吊桥在仅有 19m/s 的风速下，因发生激振而造成悲惨的毁桥事故。在斜拉桥方面，加拿大的 Hawksha 桥因风振而局部破坏。地震引起桥梁垮塌的事例也很多。可见桥梁结构的振动是影响桥梁使用与安全的重要因素之一。所以，桥梁的设计计算中都包含有求车辆动力作用的内容；对大跨径的吊桥和斜拉桥还需要通过理论计算和风洞试验来保证它在架设时和建成后的空气动力稳定性；对于在地震区的桥梁，则不论跨径大小，必须在结构上和构造上考虑地震力的作用。

桥梁结构振动是伴随着外作用输入（车辆动荷载、风力、地震波）和摩阻损耗（材料内摩阻和连接及支承的摩阻）、结构体系的变形能量和运动能力相互转换的周期性过程。体系受外力作用输入的感应程度，与它的固有频率及输入作用的频率值比，即共振程度密切相关。因此，在所有桥梁结构动力分析中，必须首先确定结构的固有频率和阻尼这两个动力特性。但是今天桥梁结构的振动阻尼还不能像固有频率那样准确计算出来，在振动分析中常参考一些桥上实测资料来取值。

（4）斜拉索的应用与非线性特征　斜拉索在现代工程结构中应用广泛，目前多应用于斜拉桥、悬索桥、桅杆等结构，在体育场和飞机场场馆的很多设施中也可以看到斜拉索的存在。斜拉索在斜拉桥的应用是作为主要承重结构来使用的。斜拉索设置的合理性、斜拉索索力的优化情况都对斜拉索整体结构的稳定与安全起着关键作用。对以桅杆结构而言，斜拉索可以保证杆身的直立与稳定。对桅杆结构常采用在三个方向布设斜拉索，这种布置比较经济。体育场与飞机场场馆中所用的斜拉索既是受力构件也是出于美观与造型的需要。

索与其他刚性的结构构件不同，它具有以下特点。

1）索没有弯曲和抗压刚度，只能承受拉力。

2）索的抗拉刚度的大小除与本身的截面特性有关外，还与自重及外部作用有关。

伴随着较小的应变和应力、索会产生很大的位移，体现了索结构较强的小应变大位移的几何非线性特征。

3）索会产生松弛和应力损失。

因为具有以上主要特性，索结构具有完全不同于传统刚性结构的特点，主要表现为：张拉结构外形的形成很大程度上取决于对索的张拉过程，并且张拉结构从施工开始就具有不可忽略的几何非线性效应。

斜拉桥的桥型很早就有，但是直到最近60年才得到广泛应用。主要因为早期制作斜拉索的材料强度比较低，不能施加预应力，以致在车辆及风荷载等作用下，拉索容易断裂，最后导致整个桥梁的倒塌。高强钢材的发展揭开了现代斜拉桥建设的序幕。由此可见斜拉桥结构性能的好坏，关键在于斜拉索。斜拉索应用在斜拉桥中，由于柔度大、质量小及阻尼小等特点，其非线性特征非常明显：

1）对于大跨度斜拉桥，斜拉索的自重会引起垂度效应；斜拉索的垂度变化与应力无关，完全是几何变化的结果；受斜拉索内张力、斜拉索长度和重力的控制。

2）斜拉索与梁共同作用，对于外部激励的不同反应会引起较复杂的非线性现象。

3）大变形效应。

4）弯矩与轴力的组合效应。由于斜拉索的拉力使得其他构件处于弯矩与轴力的组合作用下，这些构件即使在材料满足胡克定律的情况下也会呈现出非线性特性。由于以上斜拉索的非线性特性，较长的斜拉索在受到风雨激励以及塔或桥面的振动时容易产生较大的振幅，同时可能呈现强烈的非线性行为，如出现极限环、发生分岔以及混沌等。

5.4.2　问题的描述

某桥为单斜塔双索面预应力混凝土斜拉桥，桥梁全长130m，跨径布置为75m+55m，其中主跨75m，背跨55m，采用墩塔梁固结的结构体系。主梁截面采用双实心边主梁大悬臂截面（π形梁），主梁中心高 1.90m，顶板宽 38.0m，悬臂长 4.5m，主跨侧实心梁宽 3.0m，背跨侧实心梁宽 4.0m，时限梁间顶板厚 0.28m。背跨部分梁段由于配重的需要而增设底板形成箱形截面。主梁采用双向预应力体系。主塔为钢筋混凝土结构斜塔，塔中心线与水平面夹角为 75°，桥面以上垂直高为 50.7m。主塔采用变截面实心矩形，顺桥向截面高度从 3m（塔顶部）变化到 8m（桥上塔根部）；横桥向宽度为 2.5m。全桥示意图如图 5-33 所示。

斜拉桥组成构件较多，为便于读者看清全文的脉络，下面就斜拉桥主要构件的相关参数进行简要的说明。

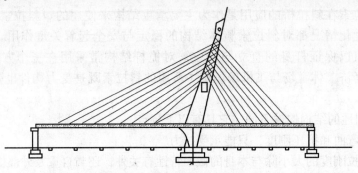

图 5-33　斜拉桥桥型示意图

1. 材料性能

主梁、索塔：$E = 3.5 \times 10^{10}\,\text{Pa}$，$\rho = 2600\,\text{kg/m}^3$，$u = 0.17$

刚性鱼刺横梁：$E = 3.5 \times 10^{13}\,\text{Pa}$，$\rho = 0$，$u = 0$

斜拉索：$E = 1.9 \times 10^{10}\,\text{Pa}$，$\rho = 1200\,\text{kg/m}^3$，$u = 0.25$

2. 截面特性

主要通过建立辅助单元作出斜拉桥各个截面的特性。

3. 边界条件

左桥端仅给予竖向的平动自由度约束，右桥端仅给予横向的平动自由度约束，索塔底部完全约束，索单元和梁段给予铰约束。

4. 预应力钢筋的模拟

模型中的预应力采用对主梁降温的方法来模拟，混凝土的弹性压缩使预应力损失，导致力筋中张拉力达不到控制应力的要求，因此，需要增加温度值，然后重新调试，直到满足控制应力的要求为止（误差 5% 以内）。利用降温法来模拟预应力主要是计算预应力对应的温度的变化值 $\Delta T = \sigma / E / \alpha$，其中 σ 为应力，E 为弹性模量，α 为线膨胀系数。

5.4.3　建模

```
! 进入前处理
*CREAT,SECTION,MAC
/PREP7
ET,1,PLANE82                                    ! 定义单元类型
H = 1.9                                         ! 截面高
```

```
S=0.015                                       ! 桥面横坡度
! 创建斜拉桥 6 类自定义截面
K,1,0,1.9
K,2,-9.5,H-9.5*S
K,3,-11.5,H-11.5*S
K,4,14.5,H-14.5*S
K,5,-19,H-19*S
K,6,-19,H-19*S-0.15
K,7,-14.5,H-14.5*S-0.45
K,8,-14.5,0
K,9,-11.5,0
K,10,-11.5,H-11.5*S-0.6
K,11,-9.5,H-9.5*S-0.28
K,12,0,H-0.28
KSYMM,X,2,11,1,100                            ! 沿 YZ 平面映射生成对称点,编号相差 100
A,5,6,7,8,9,10,11,12,111,110,109,108,107,106,105,104,103,102,1,2,3,4,5
                                             ! 生成主跨侧主梁截面
APLOT                                         ! 显示面
SMRTSIZE,5                                    ! 设定网格密度等级为 5
AMESH,ALL                                     ! 智能划分截面网格
SECWRITE,JM1,SECT,,1                          ! 将截面信息写入文件 JM1
SECTYPE,1,BEAM,MESH                           ! 截面代号为 1
SECOFFSET,CENT,,,                             ! 设置截面中心
SECREAD,"JM1","SECT","",MESH                  ! 读入截面
SECPLOT,1                                     ! 显示截面特性
ASEL,ALL                                      ! 选择所有面
ACLEAR,ALL                                    ! 清除所有面
ADELE,ALL,,,1                                 ! 将图形及面、线、点全部删除
K,1,0,1.9                                     ! 创建边跨侧主梁 1 号块平均截面关键点
K,2,-8.5,H-8.5*S
K,3,-10.5,H-10.5*S
K,4,-14.5,H-14.5*S
K,5,-19,H-19*S
K,6,-19,H-19*S-0.15
K,7,-14.5,H-14.5*S-0.45
K,8,-14.5,0
K,9,-10.5,0
K,10,-10.5,H-10.5*S-0.6-0.125
K,11,-8.5,H-8.5*S-0.28-0.125
K,12,0,H-0.28-0.125
KSYMM,X,2,11,1,100                            ! 沿 YZ 平面映射生成对称点,编号相差 100
A,5,6,7,8,9,10,11,12,111,110,109,108,107,106,105,104,103,102,1,2,3,4,5
```

	!生成边跨侧主梁1号块平均截面
SMRTSIZE,5	!设定网格密度等级为5
AMESH,ALL	!智能划分所建截面网格
SECWRITE,JM2,SECT,,1	!将截面信息写入文件JM2中
SECTYPE,2,BEAM,MESH	!截面代号为2
SECOFFSET,CENT	!设置梁的截面中心
SECREAD,'JM2','SECT','',MESH	!读入划分网格的截面JM2
SECPLOT,2,1	!显示截面特性
ASEL,ALL	!选择所有面
ACLEAR,ALL	!清除所有面
ADELE,ALL,,,1	!将图形及面、线、点全部删除

完成后主跨侧及边跨侧主梁截面如图 5-34 及图 5-35 所示。

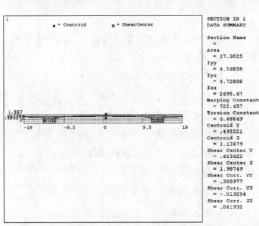

图 5-34　主跨侧主梁截面

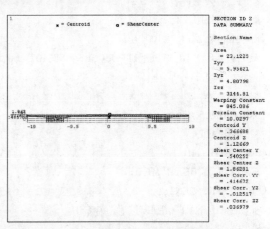

图 5-35　边跨侧主梁截面

!创建0号块主梁平均截面关键点

K,1,0,1.9	!建立1号关键点,坐标为(0,1.9,0)
K,2,-8.5,H-8.5*S	
K,3,-10.5,H-10.5*S	
K,4,-14.5,H-14.5*S	
K,5,-19,H-19*S	
K,6,-19,H-19*S-0.15	
K,7,-14.5,H-14.5*S-0.45	
K,8,-14.5,0	
K,9,-10.5,0	
K,10,-10.5,H-10.5*S-0.6-0.36	
K,11,-8.5,H-8.5*S-0.28-0.36	
K,12,0,H-0.28-0.36	
KSYMM,X,2,11,1,100	!沿YZ平面映射生成对称点,编号相差100

A,5,6,7,8,9,10,11,12,111,110,109,108,107,106,105,104,103,102,1,2,3,4,5
　　　　　　　　　　　　　　　　　　！生成0号块主梁平均截面
SMRTSIZE,5　　　　　　　　　　　　！设定网格密度等级为5
AMESH,ALL　　　　　　　　　　　　！智能划分所建截面网格
SECWRITE,JM3,SECT,,1　　　　　　　！将截面信息写入文件JM3中
SECTYPE,3,BEAM,MESH　　　　　　　！截面代号为3
SECOFFSET,CENT　　　　　　　　　！设置梁的截面中心
SECREAD,'JM3','SECT',''',MESH　　　　！读入划分网格的截面JM2
SECPLOT,3,1　　　　　　　　　　　　！显示截面特性
ASEL,ALL　　　　　　　　　　　　　！选择所有面
ACLEAR,ALL　　　　　　　　　　　　！清除所有面
ADELE,ALL,,,1　　　　　　　　　　　！将图形及面、线、点全部删除
！创建边跨侧箱梁平均截面关键点
K,1,0,1.9
K,2,-8.5,H-8.5*S
K,3,-10.5,H-10.5*S
K,4,-14.5,H-14.5*S
K,5,-19,H-19*S
K,6,-19,H-19*S-0.15
K,7,-14.5,H-14.5*S-0.45
K,8,-14.5,0
K,9,-8.5,0.28+0.1
K,10,-10.5,0.53+0.1
K,11,-10.5,H-10.5*S-0.6-0.125
K,12,-8.5,H-8.5*S-0.28-0.1
K,13,0,H-0.28-0.1
KSYMM,X,2,12,,100　　　　　　　　　！沿YZ平面映射生成对称点,编号相差100
A,5,6,7,8,108,107,106,105,104,103,102,1,2,3,4　！生成边跨侧箱梁截面
A,11,10,9,109,110,111,112,13,12　　！生成边跨侧箱梁内截面
APLO　　　　　　　　　　　　　　　！显示面
ASBA,1,2　　　　　　　　　　　　　！运用布尔运算面1减去面2,得到箱梁截面
SMRTSIZE,5　　　　　　　　　　　　！设置网格目睹为5
AMESH,ALL　　　　　　　　　　　　！智能划分所建截面网格
SECWRITE,JM4,SECT,,1　　　　　　　！将截面信息写入文件JM4
SECTYPE,4,BEAM,MESH　　　　　　　！截面代号为4
SECOFFSET,CENT　　　　　　　　　！设置截面中心
SECREAD,'JM4','SECT',''',MESH　　　　！读入截面JM4
SECPLOT,4,1　　　　　　　　　　　　！显示截面特性
ASEL,ALL　　　　　　　　　　　　　！选择所有面
ACLEAR,ALL　　　　　　　　　　　　！清除所有面
ADELE,ALL,,,1　　　　　　　　　　　！将图形及面、线、点全部删除

0号块主梁和边跨侧主梁截面如图5-36和图5-37所示。

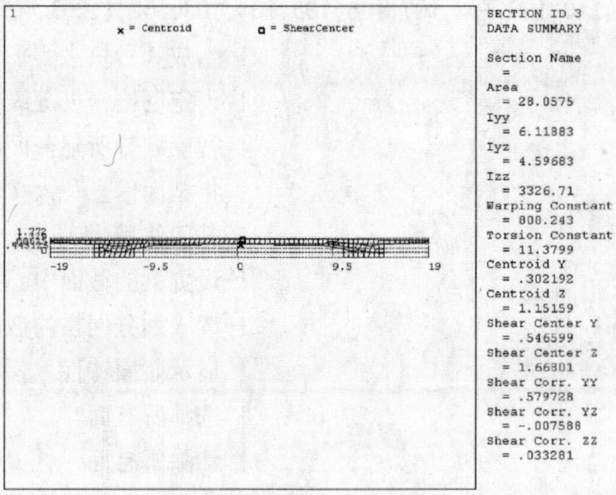

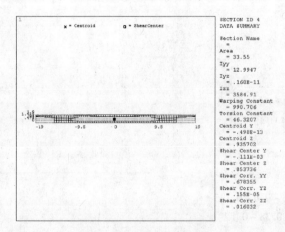

图5-36　0号块主梁截面

图5-37　边跨侧主梁截面

！创建0号块墩处梁截面关键点	
K,1,0,1.9	
K,2,－8.5,H－8.5*S	
K,3,－10.5,H－10.5*S	
K,4,－14.5,H－14.5*S	
K,5,－19,H－19*S	
K,6,－19,H－19*S－0.15	
K,7,－14.5,H－14.5*S－0.45	
K,8,－14.5,0	
KSYMM,X,2,8,1,100	！沿YZ平面映射生成对称点,编号相差100
A,5,6,7,8,108,107,106,105,104,103,102,1,2,3,4	！生成0号块处墩的梁截面
SMRTSIZE,5	！设定网格密度等级为5
AMESH,ALL	！智能划分所建截面网格
SECWRITE,JM5,SECT,,1	！将截面信息写入文件JM5中

SECTYPE,5,BEAM,MESH	! 截面代号为5
SECOFFSET,CENT	! 设置梁的截面中心
SECREAD,'JM5','SECT','',MESH	! 读入划分网格的截面 JM5
SECPLOT,5,1	! 显示截面特性
ASEL,ALL	! 选择所有面
ACLEAR,ALL	! 清除所有面
ADELE,ALL,,,1	! 将图形及面、线、点全部删除
! 创建鱼刺梁截面关键点	
K,1,-0.95,H	! 建立1号关键点,坐标为(-0.95,H,0)
K,2,-0.95,H-0.28	
K,3,-0.15,H-0.28-0.15	
K,4,-0.15,0	
KSYMM,X,1,4,1,100	! 沿 YZ 平面映射生成对称点,编号相差100
A,1,2,3,4,104,103,102,101	! 生成鱼刺梁截面
SMRTSIZE,5	! 设定网格密度等级为5
AMESH,ALL	! 智能划分所建截面网格
SECWRITE,JM6,SECT,,1	! 将截面信息写入文件 JM6 中
SECTYPE,6,BEAM,MESH	! 截面代号为6
SECREAD,'JM6','SECT','',MESH	! 设置梁的截面中心
SECPLOT,6,1	! 读入划分网格的截面 JM6
ASEL,ALL	! 显示截面特性
ASEL,ALL	! 选择所有面
ACLEAR,ALL	! 清除所有面
ADELE,ALL,,,1	! 将图形及面、线、点全部删除
FINI	! 完成自定义截面过程
*END	! 结束宏定义

0号块墩顶处主梁和鱼刺横梁截面如图 5-38 和图 5-39 所示。

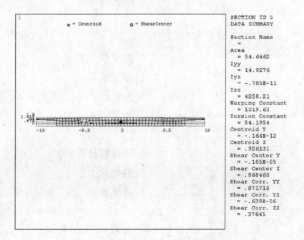

图 5-38   0 号块墩顶处主梁截面

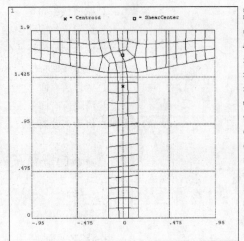

图 5-39 鱼刺横梁截面

对于斜拉桥，用实体建模较为复杂，划分网格以后模型文件将会很大；而采用直接建模方法，一方面由于在 ANSYS 中用点和线就能完整地刻画整个斜拉桥的几何形状，另一方面由于有设计图，各个单元与节点的编号容易控制，模型文件较小，故以下用直接建模的方法来建立斜拉桥的有限元模型。由于本桥为斜塔，所以主跨与次跨不是对称的。桥梁主梁用带刚臂的空间梁单元简化为鱼刺形，桥塔采用空间梁单元进行离散；拉索则离散成空间杆单元。对于边墩和辅助墩，为了简化起见，用约束代替，不再考虑，只要建立全桥模型，就可以进行全桥的静动力分析。

FINI	
/CLEAR	! 清除数据库
/TITLE,EXM354	! 定义工作名称
SECTION. MAC	! 读入宏文件 SECTION. MAC（置于工作目录下）
/PREP7	! 进入前处理
!定义材料特性	
! 主梁与塔特性	
ET,1,BEAM4	! 定义单元类型
MP,EX,1,3.5E10	! 弹性模量
MP,PRXY,1,0.17	! 泊松比
MP,DENS,1,2600	! 质量密度
! 刚性横梁特性	
MP,EX,2,3.5E13	! 弹性模量
MP,PRXY,2	! 泊松比
MP,DENS,2	! 质量密度
! 斜拉索特性	
ET,2,LINK10	! 选取 LINK10 杆单元
MP,EX,3,1.95E10	! 弹性模量

```
MP,PRXY,3,0.25                                                    ! 泊松比
MP,DENS,3,1200                                                    ! 质量密度
! 主梁实常数定义
R,1,22.885,2949,5.65,22.885/25,25,0                              ! 主梁实常数 1
R,2,30.48,3439,6.959,30.48/25,25,0                               ! 主梁实常数 2
R,3,25.545,3258,6.851,25.52/25,25,0                              ! 主梁实常数 3
R,4,54.646,4258,14.928,54.646/25,25,0                            ! 主梁实常数 4
R,5,30.48,3439,6.959,30.48/25,25,0                               ! 主梁实常数 5
R,6,33.55,3585,12.995,33.55/25,25,0                              ! 主梁实常数 6
! 主塔实常数定义
R,7,19.6366,7.8546*2.5**3/12,2.5*7.8546**3/12,7.8546,2.5         ! 主塔实常数 7
R,8,18.1829,7.27316*2.5**3/12,2.5*7.27316**3/12,7.27316,2.5      ! 主塔实常数 8
R,9,16.6381,6.6552*2.5**3/12,2.5*6.6552**3/12,6.6552,2.5         ! 主塔实常数 9
R,10,15.72925,6.2917*2.5**3/12,2.5*6.2917**3/12,6.2917,2.5       ! 主塔实常数 10
R,11,15.0306,6.0211*2.5**3/12,2.5*6.0211**3/12,6.0211,2.5        ! 主塔实常数 11
R,12,14.6666,5.8666*2.5**3/12,2.5*5.8666**3/12,5.8666,2.5        ! 主塔实常数 12
R,13,11.597,6.852,22.676,11.597/2.5,2.5                          ! 主塔实常数 13
R,14,11.261,6.677,20.867,11.261/2.5,2.5                          ! 主塔实常数 14
R,15,10.511,6.287,17.194,10.511/2.5,2.5                          ! 主塔实常数 15
R,16,9.762,5.896,13.997,9.762/2.5,2.5                            ! 主塔实常数 16
R,17,9.183,5.595,11.828,9.183/2.5,2.5                            ! 主塔实常数 17
R,18,8.826,5.409,10.617,8.826/2.5,2.5                            ! 主塔实常数 18
R,19,8.302,5.136,8.998,8.302/2.5,2.5                             ! 主塔实常数 19
R,20,7.64,4.791,7.211,7.64/2.5,2.5                               ! 主塔实常数 20
R,21,7.255,4.591,6.296,7.255/2.5,2.5                             ! 主塔实常数 21
R,22,6.928,4.42,5.588,6.928/2.5,2.5                              ! 主塔实常数 22
R,23,6.321,4.101,4.428,6.321/2.5,2.5                             ! 主塔实常数 23
R,24,5.683,3.772,3.049,5.683/2.5,2.5                             ! 主塔实常数 24
R,25,5.352,3.6,2.953,5.352/2.5,2.5                               ! 主塔实常数 25
R,26,4.99,3.411,2.51,3.411/2.5,2.5                               ! 主塔实常数 26
! 主墩实常数定义
R,27,4*4.8,4.8*4**3/12,4*4.8**3/12,4.8,4                         ! 主墩实常数 27
! 鱼刺横梁实常数定义
R,28,1.218,0.205522,0.348534,1.9,1.218/1.9                       ! 鱼刺横梁实常数 28
! 主塔横梁实常数定义
R,29,4.549,3.787,7.749,4.549/2.5,2.5                             ! 主塔横梁实常数 29
R,30,4.205,3.404,5.652,4.205/2.5,2.5                             ! 主塔横梁实常数 30
R,31,3.910,3.074,4.156,3.910/2.5,2.5                             ! 主塔横梁实常数 31
R,32,3.681,2.819,3.185,3.681/2.5,2.5                             ! 主塔横梁实常数 32
R,33,3.568,2.693,2.761,3.568/2.5,2.5                             ! 主塔横梁实常数 33
! 斜拉索实常数定义
R,34,0.008582,0.0315                                             ! 斜拉索实常数 34
```

```
R,35,0.006273,0.0292              ! 斜拉索实常数 35
R,36,0.006273,0.028               ! 斜拉索实常数 36
R,37,0.006273,0.032               ! 斜拉索实常数 37
R,38,0.007197,0.031               ! 斜拉索实常数 38
R,39,0.007197,0.027               ! 斜拉索实常数 39
R,40,0.007197,0.028               ! 斜拉索实常数 40
R,41,0.008582,0.026               ! 斜拉索实常数 41
R,42,0.008582,0.032               ! 斜拉索实常数 42
R,43,0.003271*2,0.030             ! 斜拉索实常数 43
R,44,0.002348*2,0.027             ! 斜拉索实常数 44
R,45,0.002348*2,0.025             ! 斜拉索实常数 45
R,46,0.002348*2,0.026             ! 斜拉索实常数 46
R,47,0.002809*2,0.025             ! 斜拉索实常数 47
R,48,0.002809*2,0.02725           ! 斜拉索实常数 48
R,49,0.003271*2,0.02473           ! 斜拉索实常数 49
R,50,0.003271*2,0.027             ! 斜拉索实常数 50
R,51,0.003271*2,0.0295            ! 斜拉索实常数 51
! 主塔桥墩实常数定义
R,52,4*5.2,5.2*4**3/12,4*5.2**3/12,5.2,4          ! 主塔桥墩实常数 52
R,53,4*6,6*4**3/12,4*6**3/12,6,4                  ! 主塔桥墩实常数 53
R,54,4*6.8,6.8*4**3/12,4*6.8**3/12,6.8,4          ! 主塔桥墩实常数 54
R,55,4*7.6,7.6*4**3/12,4*7.6**3/12,7.6,4          ! 主塔桥墩实常数 55
A0=7*ACOS(-1)/4*0.005**2          ! 纵向预应力钢筋单根面积
F=191735                          ! 对应单根预应力钢筋张拉预应力
! 创建主梁与鱼刺梁横梁节点,共 199 个
N,1,-74.82                        ! 创建 1 号节点,坐标为(-74.82,0,0)
N,2,-74.82,-12.5
N,3,-74.82,12.5
N,4,-74.25
N,5,-74.25,-12.5
N,6,-74.25,12.5
N,7,-72.82
N,8,-72.82,-12.5
N,9,-72.82,12.5
N,10,-71.32
N,11,-71.32,-12.5
N,12,-71.32,12.5
N,13,-70.85
N,14,-70.85,-12.5
N,15,-70.85,12.5
N,16,-68.5
N,17,-68.5,-12.5
```

```
N,18, -68.5,12.5
N,19, -67.45
N,20, -67.45, -12.5
N,21, -67.45,12.5
*DO,I,1,17,1                              ! 循环生成节点 22 ~ 72
*SET,X, -67+(I-1)*3
*SET,Y1, -12.5
*SET,Y2,12.5
N,3*(I-1)+22,X
N,3*(I-1)+23,X,Y1
N,3*(I-1)+24,X,Y2
*ENDDO
N,73, -17
N,74, -17, -12.5
N,75, -17,12.5
N,76, -16.656
N,77, -16.656, -12.5
N,78, -16.656,12.5
N,79, -14
N,80, -14, -12.5
N,81, -14,12.5
N,82, -11
N,83,   11,   12.5
N,84, -11,12.5
N,85, -8.85
N,86, -8.85, -12.5
N,87, -8.85,12.5
N,88, -6.7
N,89, -6.7, -12.5
N,90, -6.7,12.5
N,91,4.3
N,92, -4.3, -12.5
N,93, -4.3,12.5
N,94, -4.115
N,95, -4.115, -12.5
N,96, -4.115,12.5
N,97, -3.8
N,98, -3.8, -12.5
N,99, -3.8,12.5
N,100
N,101,, -12.5
N,102,,12.5
```

```
N,103,3.8
N,104,3.8, -12.5
N,105,3.8,12.5
N,106,4.3
N,107,4.3, -12.5
N,108,4.3,12.5
N,109,6.7
N,110,6.7, -12.5
N,111,6.7,12.5
N,112,7.85
N,113,7.85, -12.5
N,114,7.85,12.5
N,115,8.85
N,116,8.85, -12.5
N,117,8.85,12.5
N,118,11
N,119,11, -12.5
N,120,11,12.5
N,121,13.7
N,122,13.7, -12.5
N,123,13.7,12.5
N,124,14.7
N,125,14.7, -12.5
N,126,14.7,12.5
N,127,16.7
N,128,16.7, -12.5
N,129,16.7,12.5
*DO,I,1,17,1                                    ！循环生成节点 130~180
*SET,X,18.7 + (I－1) * 1.8
*SET,Y1, -12.5
*SET,Y2,12.5
N,3 * (I－1) +130,X
N,3 * (I－1) +131,X,Y1
N,3 * (I－1) +132,X,Y2
*ENDDO
N,181,49.5
N,182,49.5, -12.5
N,183,49.5,12.5
N,184,50.12
N,185,50.12, -12.5
N,186,50.12,12.5
N,187,51.62
```

```
N,188,51.62,-12.5
N,189,51.62,12.5
N,191,53.12
N,192,53.12,-12.5
N,193,53.12,12.5
N,194,54.55
N,195,54.55,-12.5
N,196,54.55,12.5
N,197,55.12
N,198,55.12,-12.5
N,199,55.12,12.5
! 建立主梁单元
TYPE,1                          ! 选择 BEAM4 梁单元
MAT,1                           ! 材料选择 1
REAL,1                          ! 选择实常数 1
*DO,I,1,24                      ! 使用 DO 循环生成主梁单元
SECNUM,1                        ! 选择截面 1
*SET,J,3*(I-1)+1
E,J,J+3
*ENDDO
TYPE,1                          ! 选择 BEAM4 单元
MAT,1                           ! 选择材料 1
REAL,3                          ! 选择实常数 3
SECNUM,2                        ! 选择截面 2
*DO,I,1,3
*SET,J,3*(I-1)+73
E,J,J+3
*ENDDO
TYPE,1                          ! 选择 BEAM4 单元
MAT,1                           ! 选择材料 1
REAL,2                          ! 选择实常数 3
SECNUM,3                        ! 选择截面 3
*DO,I,1,5
*SET,J,3*(I-1)+82
E,J,J+3
*ENDDO
TYPE,1                          ! 选择 BEAM4 单元
REAL,4                          ! 选择实常数 4
MAT,1                           ! 选择材料 1
SECNUM,5                        ! 选择截面 5
E,97,100
E,100,103
```

```
EPLO                              ! 显示单元
NPLO                              ! 显示节点
TYPE,1                            ! 选择 BEAM4 单元
MAT,1                             ! 选择材料 1
REAL,5                            ! 选择实常数 4
SECNUM,3                          ! 选择截面 3
*DO,I,1,5                         ! 使用 DO 循环生成主梁单元
J=3*(I−1)+103
E,J,J+3
*ENDDO
NPLO
GPLO
TYPE,1                            ! 选择 BEAM4 单元
MAT,1                             ! 选择材料 1
REAL,3                            ! 选择实常数 3
SECNUM,2                          ! 选择截面 2
NLIST                             ! 列表显示节点，便于查看
*DO,I,1,4                         ! 使用 DO 循环生成主梁单元
*SET,J,3*(I−1)+118
E,J,J+3
*ENDDO
TYPE,1                            ! 选择 BEAM4 梁单元
MAT,1                             ! 选择材料 1
REAL,6                            ! 选择实常数 6
SECNUM,4                          ! 选择截面 4
NLIST                             ! 列表显示节点 1
*DO,I,1,19                        ! 使用 DO 循环生成主梁单元
J=3*(I−1)+130
E,J,J+3
*ENDDO
E,187,191
GPLO
E,191,194
E,194,197
GPLO
! 建立鱼刺横梁刚臂单元
TYPE,1                            ! 建立单元 1
MAT,2                             ! 建立材料 2
REAL,28                           ! 建立实常数 28
SECNUM,6                          ! 设置截面编号为 6
E,1,2                             ! 建立单元，两端节点号为 1,2
E,1,3                             ! 建立单元，两端节点号为 1,3
```

```
* DO,I,1,9
J = 6 * (I−1) + 22
J1 = 6 * (I−1) + 23
J2 = 3 * (2 * I−1) + 21
E,J,J1
E,J,J2
* ENDDO
E,73,74
ELIST                                    ! 列表显示所选单元
EDEL,86                                   ! 删除86号单元
E,79,80
E,79,81
E,85,86
E,85,87
E,100,101
E,100,102
E,115,116
E,115,117
E,121,122
E,121,123
* DO,I,1,9                                ! 使用DO循环生成鱼刺梁单元
J = 6 * (I−1) + 130
J1 = 6 * (I−1) + 131
J2 = 3 * (2 * I−1) + 129
E,J,J1
E,J,J2
* ENDDO
E,197,198
E,197,199
! 创建主塔节点
N,200,,−12.5,−9.1                         ! 生成主塔节点200
N,201,,12.5,−9.1                          ! 生成主塔节点201
N,202,1.2493,−12.5,4.6625                 ! 生成主塔节点202
N,203,2.4986,−12.5,9.325                  ! 生成主塔节点203
N,204,3.2797,−12.5,12.24                  ! 生成主塔节点204
N,205,4.0608,−12.5,15.155                 ! 生成主塔节点205
N,206,4.48,−12.5,16.721                   ! 生成主塔节点206
N,207,4.687,−12.5,17.49                   ! 生成主塔节点207
N,208,4.8231,−12.5,18                     ! 生成主塔节点208
N,209,5.4013,−12.5,20.158                 ! 生成主塔节点209
N,210,6.1628,−12.5,22.9997                ! 生成主塔节点210
N,211,6.7322,−12.5,25.1247                ! 生成主塔节点211
```

```
N,212,6.9707,-12.5,26.015                              ! 生成主塔节点 212
N,213,7.3016,-12.5,27.2498                             ! 生成主塔节点 213
N,214,7.8710,-12.5,29.3748                             ! 生成主塔节点 214
N,215,8.4404,-12.5,31.4999                             ! 生成主塔节点 215
N,216,8.5328,-12.5,31.845                              ! 生成主塔节点 216
N,217,9.0021,-12.5,33.5692                             ! 生成主塔节点 217
N,218,9.5792,-12.5,35.7499                             ! 生成主塔节点 218
N,219,10.095,-12.5,37.675                              ! 生成主塔节点 219
N,220,10.1486,-12.5,37.875                             ! 生成主塔节点 220
N,221,10.7180,-12.5,40                                 ! 生成主塔节点 221
N,222,11.15,-12.5,41.612                               ! 生成主塔节点 222
N,223,11.3333,-12.5,42.296                             ! 生成主塔节点 223
N,224,13.585,-12.5,50.7                                ! 生成主塔节点 224
NSEL,S,,,202,224                                       ! 选择节点 200 ~ 224
NSYM,Y,23,ALL                                          ! 沿 XZ 映射选择节点 202 ~ 224
! 创建主塔横梁节点
N,248,4.8231,-12.5+1.25,18                             ! 生成主塔横梁节点 248
N,249,4.8231,-12.5+1.9+1.25,18                         ! 生成主塔横梁节点 249
N,250,4.8231,-12.5+1.9+1.9+1.25,18                     ! 生成主塔横梁节点 250
N,251,4.8231,-12.5+1.9+1.9+1.25+7.45/3,18              ! 生成主塔横梁节点 251
N,252,4.8231,-12.5+1.9+1.9+1.25+7.45*2/3,18            ! 生成主塔横梁节点 252
N,253,4.8231,-12.5+1.9+1.9+1.25+7.45,18                ! 生成主塔横梁节点 253
N,254,4.8231,7.45/3,18                                 ! 生成主塔横梁节点 254
N,255,4.8231,7.45*2/3,18                               ! 生成主塔横梁节点 255
N,256,4.8231,7.45,18                                   ! 生成主塔横梁节点 256
N,257,4.8231,7.45+1.9,18                               ! 生成主塔横梁节点 257
N,258,4.8231,7.45+3.8,18                               ! 生成主塔横梁节点 258
! 主塔墩节点
HH=1.82                                                ! 设置常数 HH
*DO,I,1,4                                              ! DO 循环生成主塔墩节点 259 ~ 262
J=258+I
N,J,,12.5,-9.1+1.82*I
*ENDDO
*DO,I,1,4                                              ! DO 循环生成主塔墩节点 263 ~ 266
J=262+I
N,J,,-12.5,-9.1+1.82*I
*ENDDO
! 创建主塔单元
TYPE,1                                                 ! 选择 BEAM4 单元
MAT,1                                                  ! 选择材料 1
*DO,I,1,19                                             ! DO 循环生成主塔单元
J=7+I                                                  ! 实常数从 8 ~ 26
```

```
REAL,J
J1 = 201 + I
E,J1,J1 + 1
* ENDDO
REAL,26                          ! 选择实常数26
E,221,222                        ! 生成主塔单元
E,222,223                        ! 生成主塔单元
E,223,224                        ! 生成主塔单元
ESEL,S,,,117,138                 ! 选择单元117～138
ESYM,Y,23,ALL                    ! 映射选择单元
! 创建主塔根部及桥墩单元
REAL,7                           ! 选择实常数7
E,101,202                        ! 生成主塔单元
E,102,225                        ! 生成主塔单元
REAL,27                          ! 选择实常数27
E,201,259                        ! 生成主塔根部单元
E,200,263                        ! 生成主塔根部单元
REAL,52                          ! 选择实常数52
E,259,260                        ! 生成主塔根部单元
E,263,264                        ! 生成主塔根部单元
REAL,53                          ! 选择实常数53
E,260,261                        ! 生成主塔根部单元
E,264,265                        ! 生成主塔根部单元
REAL,54                          ! 选择实常数54
E,261,262                        ! 生成主塔根部单元
E,265,266                        ! 生成主塔根部单元
REAL,55                          ! 选择实常数55
E,262,102                        ! 生成主塔根部单元
E,266,101                        ! 生成主塔根部单元
! 创建主塔横梁
REAL,29                          ! 选择实常数29
NSEL,S,LOC,Z,18                  ! 选择 Z = 18 的节点
ALLSEL                           ! 选择所有实体
E,208,248                        ! 生成主塔横梁单元
E,248,249                        ! 生成主塔横梁单元
REAL,30                          ! 选择实常数30
E,249,250                        ! 生成主塔横梁单元
REAL,31                          ! 选择实常数31
E,250,251                        ! 生成主塔横梁单元
REAL,32                          ! 选择实常数32
E,251,252                        ! 生成主塔横梁单元
REAL,33                          ! 选择实常数33
```

E,252,253	！生成主塔横梁单元
E,253,254	！生成主塔横梁单元
REAL,32	！选择实常数 32
E,254,255	！生成主塔横梁单元
REAL,31	！选择实常数 31
E,255,256	！生成主塔横梁单元
REAL,30	！选择实常数 30
E,256,257 ~	！生成主塔横梁单元
REAL,29	！选择实常数 29
E,257,258	！生成主塔横梁单元
E,258,231	！生成主塔横梁单元
ALLSEL	！选择所有实体
！索单元	
TYPE,2	！选择单元类型 2 为 LINK10 单元
MAT,3	！选择材料类型为 3
ALLSEL	！选择所有实体
NSEL,S,LOC,X, −67, −19.6	！选择节点
NSEL,A,LOC,X,18.7,47.5,3.6	！追加节点到集合中
NSEL,A,LOC,Z,22.998,40.5	！追加节点到集合中
NSEL,U,LOC,Y,0	！在上述节点集合中去除 Y = 0 的节点
NPLOT	！画出节点
REAL,34	！选择实常数 34
E,210,71	！生成索单元
REAL,35	！选择实常数 35
E,211,65	！生成索单元
REAL,36	！选择实常数 36
E,213,59	！生成索单元
REAL,37	！选择实常数 37
E,214,53	！生成索单元
REAL,38	！选择实常数 38
E,215,47	！生成索单元
REAL,39	！选择实常数 39
E,217,41	！生成索单元
REAL,40	！选择实常数 40
E,218,35	！生成索单元
REAL,41	！选择实常数 41
E,220,29	！生成索单元
REAL,42	！选择实常数 42
E,221,23	！生成索单元
REAL,43	！选择实常数 43
E,210,131	！生成索单元
REAL,44	！选择实常数 44

E,211,137	！生成索单元
REAL,45	！选择实常数 45
E,213,143	！生成索单元
REAL,46	！选择实常数 46
E,214,149	！生成索单元
REAL,47	！选择实常数 47
E,215,155	！生成索单元
REAL,48	！选择实常数 48
E,217,161	！生成索单元
REAL,49	！选择实常数 49
E,218,167	！生成索单元
REAL,50	！选择实常数 50
E,220,173	！生成索单元
REAL,51	！选择实常数 51
E,221,179	！生成索单元
NSEL,S,LOC,X, -67, -19.6	！选择节点
NSEL,A,LOC,18.7,47.5,3.6	！追加节点到集合中
NSEL,A,LOC,Z,22.998,40.5	！追加节点到集合中
NSEL,U,LOC,Y,0	！在上述节点集合中去除 Y = 0 的节点
REAL,34	！选择实常数 34
E,233,72	！生成索单元
REAL,35	！选择实常数 35
E,234,66	！生成索单元
REAL,36	！选择实常数 36
E,236,60	！生成索单元
REAL,37	！选择实常数 37
E,237,54	！生成索单元
REAL,38	！选择实常数 38
E,238,48	！生成索单元
REAL,39	！选择实常数 39
E,240,42	！生成索单元
REAL,40	！选择实常数 40
E,241,36	！生成索单元
REAL,41	！选择实常数 41
E,243,30	！生成索单元
REAL,42	！选择实常数 42
E,244,24	！生成索单元
REAL,43	！选择实常数 43
E,233,132	！生成索单元
REAL,44	！选择实常数 44
E,234,138	！生成索单元
REAL,45	！选择实常数 45

E,236,144	! 生成索单元
REAL,46	! 选择实常数 46
E,237,150	! 生成索单元
REAL,47	! 选择实常数 47
E,238,156	! 生成索单元
REAL,48	! 选择实常数 48
E,240,162	! 生成索单元
REAL,49	! 选择实常数 49
E,241,168	! 生成索单元
REAL,50	! 选择实常数 50
E,243,174	! 生成索单元
REAL,51	! 选择实常数 51
E,244,180	! 生成索单元
ALLSEL	! 选择所有实体
EPLO	! 显示单元
NSLE,U	! 不选择粘结到单元上的节点
NDEL,ALL	! 删除所有节点
ALLSEL	! 选择所有实体
EPLO	! 显示单元
/COLOR,ELEM,YELL	! 设置单元填充颜色
/ESHAPE,1.0	! 打开实常数显示开关
/EFACET,1	! 显示单元的边
/LIGHT,ALL,1,1,100,0,200,0	! 设置光照距离
/REPLOT	! 重画
SAVE	! 保存模型

使用 APDL 进行建模，最后总的有限元模型如图 5-40 与图 5-41 所示。

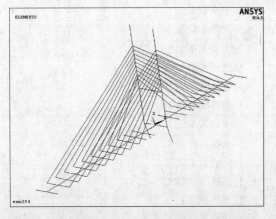

图 5-40 斜拉桥有限元模型（未显示实常数）

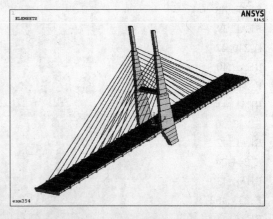

图 5-41 斜拉桥有限元模型（显示实常数）

5.4.4 加载及求解

对于全桥单元施加重力加速度 $9.8m/s^2$，并对不同部分施加不同的配重，施加叠加的均布荷载，打开预应力开关，对梁分块施加预应力。然后施加桥面二期铺装荷载，对桥墩底部及桥梁的梁段施加约束条件，进行静力求解。最后进入后处理模块。

施加荷载、边界进行求解，最终获得成桥状态过程的宏文件 wxm3.3.mac 内容如下：

```
/SOLU                                    ! 进入求解模块
ALLSEL,ALL                               ! 选择所有实体
ACEL,,,9.8                               ! 施加重力加速度
! 施加配重
NSEL,S,LOC,X,22.3,25.9                    ! 以 X 坐标选择节点
NSEL,R,LOC,Y,0                            ! 重新遴选节点
NSEL,R,LOC,Z,0                            ! 重新遴选就节点
ESLN,S,1,ALL                             ! 选择黏附到节点上的单元
ESEL,U,MAT,,2,3                          ! 去除单元子集中材料号为2与3的单元
SFBEAM,ALL,1,PRES,80000                   ! 施加配重 80000Pa
ALLSEL                                   ! 选择所有实体
NSEL,S,LOC,X,25.9,29.5                    ! 以 X 坐标选择节点
NSEL,R,LOC,Y,0                            ! 重新遴选节点
NSEL,R,LOC,Z,0                            ! 重新遴选节点
ESLN,S,1,ALL                             ! 选择黏附到节点上的单元
ESEL,U,MAT,,2,3                          ! 去除单元子集中材料号为2与3的单元
SFBEAM,ALL,1,PRES,200000                  ! 施加配重 200000Pa
ALLSEL                                   ! 选择所有实体
NSEL,S,LOC,X,29.5,31.3                    ! 以 X 坐标选择节点
NSEL,R,LOC,Y,0                            ! 重新遴选节点
NSEL,R,LOC,Z,0                            ! 重新遴选节点
ESLN,S,1,ALL                             ! 选择黏附到节点上的单元
ESEL,U,MAT,,2,3                          ! 去除单元子集中材料号为2与3的单元
SFBEAM,ALL,1,PRES,300000                  ! 施加配重 300000Pa
ALLSEL                                   ! 选择所有实体
NSEL,S,LOC,X,31.3,40.3                    ! 以 X 坐标选择节点
NSEL,R,LOC,Y,0                            ! 重新遴选节点
NSEL,R,LOC,Z,0                            ! 重新遴选节点
ESLN,S,1,ALL                             ! 选择黏附到节点上的单元
ESEL,U,MAT,,2,3                          ! 去除单元子集中材料号为2与3的单元
SFBEAM,ALL,1,PRES,370000                  ! 施加配重 370000Pa
ALLSEL                                   ! 选择所有实体
NSEL,S,LOC,X,40.3,47.5                    ! 以 X 坐标选择节点
NSEL,R,LOC,Y,0                            ! 重新遴选节点
NSEL,R,LOC,Z,0                            ! 重新遴选节点
```

ESLN,S,1,ALL	! 选择黏附到节点上的单元
ESEL,U,MAT,,2,3	! 去除单元子集中材料号为 2 与 3 的 单元
SFBEAM,ALL,1,PRES,400000	! 施加配重 400000Pa
ALLSEL	! 选择所有实体
SFCUM,ALL,ADD	! 定义梁的均布荷载为依次叠加
ANTYPE,STATIC	! 选择静态求解类型
LUMPM,1	! 打开集中质量刚度矩阵
PSTRES,1	! 打开预应力效应(此两项为动力分析 做准备)

```
! 施加纵向预应力
! 0 号块预应力
```

NSEL,S,LOC,X,-3.8,0	! 以 X 坐标选择节点
NSEL,R,LOC,Y,0	! 重新遴选节点
NSEL,R,LOC,Z,0	! 重新遴选节点
ESLN,S,1,ALL	! 选择黏附到节点上的单元
SEL,U,MAT,,2,3	! 去除单元子集中材料号为 2 与 3 的 单元
EPLO	! 显示单元以便核对
BFE,ALL,TEMP,1,-632*F/(54.646*3.5E10*1E-5)	! 在梁上以降温方式施加预应力
ALLSEL	! 选择所有实体
NSEL,S,LOC,X,0,3.8	! 以 X 坐标选择节点
NSEL,R,LOC,Y,0	! 重新遴选节点
NSEL,R,LOC,Z,0	! 重新遴选节点
ESLN,S,1,ALL	! 选择黏附到节点上的单元
ESEL,U,MAT,,2,3	! 去除单元子集中材料号为 2 与 3 的 单元
EPLO	! 显示单元以便核对
BFE,ALL,TEMP,1,-768*F/(54.646*3.5E10*1E-5)	! 在梁上以降温方式施加预应力
ALLSEL	! 选择所有实体

```
! 1 号块预应力
```

NSEL,S,LOC,X,-11,-3.8	! 以 X 坐标选择节点
NSEL,R,LOC,Y,0	! 从选择集中再次遴选节点
NSEL,R,LOC,Z,0	! 从选择集中再次遴选节点
ESLN,S,1,ALL	! 选择黏附到节点上的单元
ESEL,U,MAT,,2,3	! 不选择材料号为 2 和 3 的单元
EPLO	! 显示单元
BFE,ALL,TEMP,1,-632*F/(30.48*3.5E10*1E-5)	! 在梁上施加预应力
ALLSEL	! 选择所有实体
NSEL,S,LOC,X,3.8,11	! 以 X 坐标选择节点
NSEL,R,LOC,Y,0	! 从选择集中再次遴选节点
NSEL,R,LOC,Z,0	! 从选择集中再次遴选节点

```
ESLN,S,1,ALL                                        ! 选择黏附到节点上的单元
ESEL,U,MAT,,2,3                                      ! 不选择材料号为 2 和 3 的单元
EPLO                                                 ! 显示单元
BFE,ALL,TEMP,1, -768 * F/(30.48 * 3.5E10 * 1E -5)    ! 在梁上施加预应力
ALLSEL                                               ! 选择所有实体
! 2 号块预应力
NSEL,S,LOC,X, -22, -11                               ! 以 X 坐标选择节点
NSEL,R,LOC,Y,0                                       ! 从选择集中再次遴选节点
NSEL,R,LOC,Z,0                                       ! 从选择集中再次遴选节点
ESLN,S,1,ALL                                         ! 选择黏附到节点上的单元
ESEL,U,MAT,,2,3                                      ! 不选择材料号为 2 和 3 的单元
EPLO                                                 ! 显示单元
BFE,ALL,TEMP,1, -632 * F/(25.545 * 3.5E10 * 1E -5)   ! 在梁上施加预应力
ALLSEL                                               ! 选择所有实体
NSEL,S,LOC,X,11,20.5                                 ! 以 X 坐标选择节点
NSEL,R,LOC,Y,0                                       ! 从选择集中再次遴选节点
NSEL,R,LOC,Z,0                                       ! 从选择集中再次遴选节点
ESLN,S,1,ALL                                         ! 选择黏附到节点上的单元
ESEL,U,MAT,,2,3                                      ! 不选择材料号为 2 和 3 的单元
EPLO                                                 ! 显示单元
BFE,ALL,TEMP,1, -650 * F/(30.48 * 3.5E10 * 1E -5)    ! 在梁上施加预应力
ALLSEL                                               ! 选择所有实体
! 3 号块预应力
NSEL,S,LOC,X, -34, -22                               ! 以 X 坐标选择节点
NSEL,R,LOC,Y,0                                       ! 从选择集中再次遴选节点
NSEL,R,LOC,Z,0                                       ! 从选择集中再次遴选节点
ESLN,S,1,ALL                                         ! 选择黏附到节点上的单元
ESEL,U,MAT,,2,3                                      ! 不选择材料号为 2 和 3 的单元
EPLO                                                 ! 显示单元
BFE,ALL,TEMP,1, -632 * F/(22.885 * 3.5E10 * 1E -5)   ! 在梁上施加预应力
ALLSEL                                               ! 选择所有实体
NSEL,S,LOC,X,20.5,27.7                               ! 以 X 坐标选择节点
NSEL,R,LOC,Y,0                                       ! 从选择集中再次遴选节点
NSEL,R,LOC,Z,0                                       ! 从选择集中再次遴选节点
ESLN,S,1,ALL                                         ! 选择黏附到节点上的单元
ESEL,U,MAT,,2,3                                      ! 不选择材料号为 2 和 3 的单元
EPLO                                                 ! 显示单元
BFE,ALL,TEMP,1, -602 * F/(33.55 * 3.5E10 * 1E -5)    ! 在梁上施加预应力
ALLSEL                                               ! 选择所有实体
! 梁 4 号块预应力
NSEL,S,LOC,X, -46, -34                               ! 以 X 坐标选择节点
NSEL,R,LOC,Y,0                                       ! 从选择集中再次遴选节点
```

NSEL,R,LOC,Z,0	! 从选择集中再次遴选节点
ESLN,S,1,ALL	! 选择黏附到节点上的单元
ESEL,U,MAT,,2,3	! 不选择材料号为 2 和 3 的单元
EPLO	! 显示单元
BFE,ALL,TEMP,1, −632 ∗ F/(22. 885 ∗ 3. 5E10 ∗ 1E −5)	! 在梁上施加预应力
ALLSEL	! 选择所有实体
NSEL,S,LOC,X,27. 7,34. 9	! 以 X 坐标选择节点
NSEL,R,LOC,Y,0	! 从选择集中再次遴选节点
NSEL,R,LOC,Z,0	! 从选择集中再次遴选节点
ESLN,S,1,ALL	! 选择黏附到节点上的单元
ESEL,U,MAT,,2,3	! 不选择材料号为 2 和 3 的单元
EPLO	! 显示单元
BFE,ALL,TEMP,1, −632 ∗ F/(54. 646 ∗ 3. 5E10 ∗ 1E −5)	! 在梁上施加预应力
ALLSEL	! 选择所有实体

! 梁 5 号块预应力

NSEL,S,LOC,X, −58, −46	! 以 X 坐标选择节点
NSEL,R,LOC,Y,0	! 从选择集中再次遴选节点
NSEL,R,LOC,Z,0	! 从选择集中再次遴选节点
ESLN,S,1,ALL	! 选择黏附到节点上的单元
ESEL,U,MAT,,2,3	! 不选择材料号为 2 和 3 的单元
EPLO	! 显示单元
BFE,ALL,TEMP,1, −632 ∗ F/(22. 885 ∗ 3. 5E10 ∗ 1E −5)	! 在梁上施加预应力
ALLSEL	! 选择所有实体
NSEL,S,LOC,X,34. 9,42. 1	! 以 X 坐标选择节点
NSEL,R,LOC,Y,0	! 从选择集中再次遴选节点
NSEL,R,LOC,Z,0	! 从选择集中再次遴选节点
ESLN,S,1,ALL	! 选择黏附到节点上的单元
ESEL,U,MAT,,2,3	! 不选择材料号为 2 和 3 的单元
EPLO	! 显示单元
BFE,ALL,TEMP,1, −602 ∗ F/(33. 55 ∗ 3. 5E10 ∗ 1E −5)	! 在梁上施加预应力
ALLSEL	! 选择所有实体

! 梁 6 号块预应力

NSEL,S,LOC,X, −70. 85, −58	! 以 X 坐标选择节点
NSEL,R,LOC,Y,0	! 从选择集中再次遴选节点
NSEL,R,LOC,Z,0	! 从选择集中再次遴选节点
ESLN,S,1,ALL	! 选择黏附到节点上的单元
ESEL,U,MAT,,2,3	! 不选择材料号为 2 和 3 的单元
EPLO	! 显示单元
BFE,ALL,TEMP,1, −552 ∗ F/(22. 885 ∗ 3. 5E10 ∗ 1E −5)	! 在梁上施加预应力
ALLSEL	! 选择所有实体
NSEL,S,LOC,X,42. 1,49. 5	! 以 X 坐标选择节点
NSEL,R,LOC,Y,0	! 从选择集中再次遴选节点

NSEL,R,LOC,Z,0	! 从选择集中再次遴选节点
ESLN,S,1,ALL	! 选择黏附到节点上的单元
ESEL,U,MAT,,2,3	! 不选择材料号为 2 和 3 的单元
EPLO	! 显示单元
BFE,ALL,TEMP,1, $-542*F/(33.55*3.5E10*1E-5)$	! 在梁上施加预应力
ALLSEL	! 选择所有实体
NSEL,S,LOC,X, $-74.82,-70.85$	! 以 X 坐标选择节点
NSEL,R,LOC,Y,0	! 从选择集中再次遴选节点
NSEL,R,LOC,Z,0	! 从选择集中再次遴选节点
ESLN,S,1,ALL	! 选择黏附到节点上的单元
ESEL,U,MAT,,2,3	! 不选择材料号为 2 和 3 的单元
EPLO	! 显示单元
BFE,ALL,TEMP,1, $-452*F/(22.885*3.5E10*1E-5)$	! 在梁上施加预应力
ALLSEL	! 选择所有实体
NSEL,S,LOC,X,49.5,55.12	! 以 X 坐标选择节点
NSEL,R,LOC,Y,0	! 从选择集中再次遴选节点
NSEL,R,LOC,Z,0	! 从选择集中再次遴选节点
ESLN,S,1,ALL	! 选择黏附到节点上的单元
ESEL,U,MAT,,2,3	! 不选择材料号为 2 和 3 的单元
EPLO	! 显示单元
BFE,ALL,TEMP,1, $-482*F/(33.55*3.5E10*1E-5)$	! 在梁上施加预应力
ALLSEL	! 选择所有实体
! 桥面铺装	
ALLSEL	! 选择所有实体
ESEL,S,,,1,3	! 选择单元
SFBEAM,ALL,1,PRES,82950	! 在所选单元上施加压力 82950Pa
ALLSEL	! 选择所有实体
ESEL,S,,,4,25	! 选择单元
SFBEAM,ALL,1,PRES,79700	! 在所选单元上施加压力 79700Pa
ALLSEL	! 选择所有实体
ESEL,S,,,26,34	! 选择单元
SFBEAM,ALL,1,PRES,70850	! 在所选单元上施加压力 70850Pa
ALLSEL	! 选择所有实体
ESEL,S,,,35,62	! 选择单元
SFBEAM,ALL,1,PRES,79700	! 在所选单元上施加压力 79700Pa
ALLSEL	! 选择所有实体
ESEL,S,,,63,65	! 选择单元
SFBEAM,ALL,1,PRES,82950	! 在所选单元上施加压力 82950Pa
ALLSEL	! 选择所有实体
! 施加约束	
NSEL,S,LOC,Z, -9.1	! 选择节点
D,ALL,ALL	! 约束所有自由度

ALLSEL	! 选择所有实体
NSEL,S,LOC,X,-74.82	! 选择节点
NSEL,R,LOC,Y,0	! 从所选节点集合中再次遴选节点
D,ALL,UY,UZ	! 约束所选节点的 UY,UZ 方向自由度
ALLSEL	! 选择所有实体
NSEL,S,LOC,X,55.12	! 选择节点
NSEL,R,LOC,Y,0	! 从所选节点集合中再次遴选节点
D,ALL,UZ	! 约束所选节点 UZ 方向自由度
ALLSEL	! 选择所有实体
GPLO	! 显示所有实体
SOLVE	! 进行求解
SAVE	! 保存结果

施加荷载与约束后的模型如图 5-42 与图 5-43 所示。

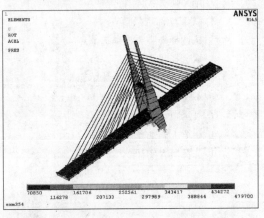

图 5-42 模型约束与加载图示（显示实常数）

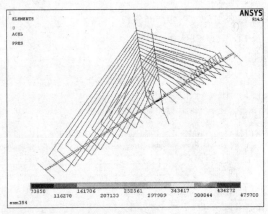

图 5-43 模型约束与加载图示（未显示实常数）

5.4.5 结果分析

全桥 Z 向位移云图如图 5-44 所示。求解得到的成桥跨中最大位移为 0.016455，满足设计要求，达到成桥状态要求。拉索及加劲梁、桥塔静力计算结果，请自行分析。

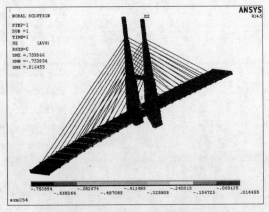

图 5-44 全桥 Z 向位移云图

！进入后处理模块查看静力分析结果

/POST1	！进入通用后处理
/DSCALE,0	！查看静力变形结果
PLNSOL,U,Z	！显示桥的 Z 轴向位移
SAVE	！保存结果

5.5　悬索桥的受力分析

5.5.1　相关概念

1. 概述

悬索桥就是以缆索为主要承重结构的桥梁，从结构体系上分为自锚式悬索桥与地锚式悬索桥，其主要区别为缆索锚固位置不同。悬索桥主要结构包括缆、塔、锚、吊索及加劲梁，其受力特征是载荷由吊索传至主缆，再传至锚墩（或加劲梁），传力途径简洁、明确。现代悬索桥的加劲梁一般由钢桁架或者钢箱梁组成，而把加劲钢箱梁改为混凝土箱梁，使悬索桥用钢量大大降低，在材料用量上与斜拉桥有了可比性。研究表明，混凝土悬索桥还具有以下突出优点：混凝土悬索桥自重大，主缆自重刚度大，在同跨径、同载荷作用下，混凝土悬索桥比钢悬索桥变形小，其竖向挠度约为钢悬索桥的 60%，说明采用混凝土悬索桥可改善钢悬索桥刚度小的缺点，使之与斜拉桥的可比性增加。

混凝土悬索桥加劲梁的抗弯、抗扭惯性矩大，其抗风稳定性比钢悬索桥好，可以大大改善悬索桥的动力稳定性，增大了与同跨径斜拉桥的竞争能力。

混凝土悬索桥与钢悬索桥一样，主要承重结构是主缆。只要将主缆架设完成后，主要承重结构即已完成，在施工中若遇强风，也不会造成全桥破坏。加劲梁的架设可依托主缆吊装，拼装工作较安全，也就是说，只要主缆架设完成后，施工可较安全进行。与斜拉桥大悬臂施工相比，可靠性大，并且没有较复杂的调索工序。

2. 计算理论

在悬索桥的设计中，恒载常常占据桥梁总载荷的大部分，恒载自重对悬索桥的刚度具有显著影响。在有限元分析中，主要通过恒载作用下的静力分析来考虑恒载对结构刚度的影响。悬索桥在竖向荷载下的理论研究主要经过了弹性理论、挠度理论、有限元理论三个阶段，体现了人们对悬索桥结构特性逐步深入认识的过程。

（1）弹性理论　19 世纪以前，悬索桥还没有完整的力学分析方法。1823 年，法国 Navier 总结发表了无加劲悬索桥计算理论。英国的 Rankine 于 1858 年提出有加劲梁悬索桥的计算理论。该理论假定活载产生的吊索力集度等于所有活载除以跨长，且沿跨均布，因此求得的主缆和加劲梁变形不协调，计算结果不合理。1880 年前后，美国以 Levy 为代表的一批学者尝试用 Navier 及 Castigliano 建立的分析理论计算悬索桥内力；在欧洲，Navier 及 Castigliano 本人也进行了类似的尝试（此前他们的理论主要用于拱结构），因而促成了最初的悬索桥弹性理论的出现。1913 年，D. B. Steinman 将这种理论整理成为惯用的标准形式。弹性理论将悬索桥作为线弹性结构进行计算，叠加原理及影响线加载均适用，但没有考虑恒载对竖向刚度的贡献，也没有考虑位移的非线性影响，其计算结果是偏安全的。悬索桥跨度较大时，弹性理论的计算结果将严重偏离实际，加劲梁截面尺寸过大，造成材料的浪费。弹性理论在相当长的一段时间内支配着悬索桥设计，直至今日，跨度小于200m的悬索桥设计仍可借用。

（2）挠度理论　19世纪上半叶，人们认识到均布荷载作用下的主缆再承受一集中荷载时，其受力行为表现为非线性。1862年有学者提出了无加劲悬索桥的挠度理论。1888年，奥地利J. Melan教授发表了有加劲悬索桥的挠度理论并于1906年进行了改进。1908年，L. S. Moiseiff在设计纽约曼哈顿大桥时首次采用挠度理论并显示出该理论的优越性。此后，巴西的Florianpolis桥，美国的华盛顿桥、金门桥，英国的福斯桥、塞文桥等大量悬索桥都采用了挠度理论，并在实践中对其进行了一些修正和发展。1962年，Esslinger提出仅考虑线性化情况的传递矩阵解法。井博和野口二郎继承了传递矩阵法，使用Newton-Raphson法来求解非线性代数方程组。这些计算方法比传统的挠度理论适用性更好，可以考虑加劲梁刚度和荷载沿跨度方向变化的情况，但由于继承了挠度理论不考虑吊索倾斜和主缆及加劲梁纵向位移的假定，在反映结构行为的精确度方面并无改进。2003年，石磊、张哲推导了自锚式悬索桥的挠度理论改进微分方程。2008年，沈锐利、王志诚也推导了自锚式悬索桥挠度理论的微分方程并编制了相应计算程序。挠度理论在大跨度悬索桥的发展过程中起到了重要作用，由于它是一种解析方法，为了避免微分方程的求解困难而做了一些近似处理，这些因素的忽略使得分析结果精度受到一定影响。

（3）有限元理论　有限元分析的概念和方法于1943年由Courant在研究扭转问题时提出。随着计算机技术和有限元方法的发展，非线性有限元理论普遍应用于现代悬索桥的结构分析中，使得建造更大跨径的悬索桥成为可能。1966年Brotton首次建立了以矩阵位移法求解的通用悬索桥结构分析方法，可以考虑主缆因恒载轴力对结构大位移的影响，将整个悬索桥当作平面构架结构来分析，建立起刚度方程并用松弛法求解。Saa. Ln建立了结构构架大位移理论，推导出了平面梁单元的切线刚度矩阵，将挠度的二次影响全包括进去，并建立了增量平衡刚度方程求非线性方程组的解。Fleming将稳定函数及动坐标法引入计算，并改进了Newton-Raphson迭代算法，使之与荷载增量法相结合，提高了计算的精度和收敛速度。Bathe推导了与TL列式法和UL列式法求解格式配套的空间梁单元的刚度矩阵，并用欧拉角来描述空间梁单元的坐标转换，但单元刚度矩阵仍要计算三维积分，计算效率低，且只能用于矩形与环形截面。20世纪90年代以后，陈政清对Bathe导出的空间梁单元进行了改进，提出了空间杆系结构大挠度问题内力分析的UL列式法，根据工程实际，在推导中引入沿梁截面的解析积分，把三维积分降为一维积分，从而把梁单元的三维应力分析格式推广到工程通用的截面内力分析格式，如此处理既保证与Bathe梁单元具有相同的精度，又大大减少了计算工作量。20世纪70年代以来，一些学者相继提出了梁单元几何非线性分析的CR列式法。CR列式法的主要思想在于将刚体位移从单元变形中剥离出来，从而能够有效地处理大位移、大转动问题。针对参考构形的不同选择，CR列式法又可细分为TL-CR法和UL-CR法。各国学者相继提出了CR列式法在非线性静力、动力、稳定计算方法，并且将该方法扩展到梁、板、壳的非线性问题求解中去。

5.5.2　问题的描述

某悬索桥采用钢筋混凝土加劲桁架悬索体系，主塔材料采用钢筋混凝土，混凝土强度等级为 C30。横桥向采用 H 形塔，桥梁跨径组合为：主跨 128m，边跨 2×46m。索塔基础采用明挖天然扩大基础，索塔总高为 54m。加劲梁采用钢筋混凝土桁架，结构采用预制吊装的施工工艺，预制构件长度为 4m（等于吊索间距），纵梁与横梁一起布置成沿桥长方向连续的桁架体系。该桥在两岸各设引桥一座。桥梁一端置于索塔的横梁上，与主跨的加劲梁相衔接，另一端置于带一字翼墙的轻型桥台上。轻型桥台的基础直接置于土层上，为防止冲刷，采取了一些必要的护砌与绿化措施，引桥桥面宽度与主桥一致。锚碇采用组合式结构体系，下部由 9 根 150cm 的挖孔灌注桩为基础，挖孔桩桩尖嵌入基岩中，主索传来的巨大的水平拉力由锚碇前的土的主动土压力、桩基的土抗力和锚碇与岩石之间的摩阻力来平衡。主缆采用 GB362—64 标准镀锌钢丝绳，直径为 79mm，索面中距为 10.8m，主缆垂跨比为 1/8；全桥共有吊索 52 对，吊索采用镀锌钢丝绳，直径为 39mm，表面涂防锈漆。悬索桥桥型及横向加劲梁桁架分别如图 5-45 和图 5-46 所示。

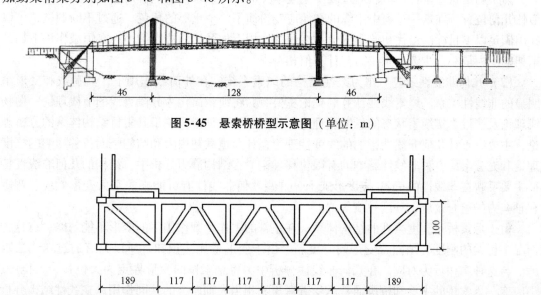

图 5-45　悬索桥桥型示意图（单位：m）

图 5-46　横向加劲梁桁架示意图（单位：cm）

5.5.3　建模前关键问题的处理

1. 力学模型简介

悬索桥在结构的自重作用下产生变形后达到平衡状态，在满足设计要求的垂度和跨径条件下，计算主缆的坐标和张力的分析一般称为初始平衡状态分析。这是对运营阶段进行线性、非线性分析的前提条件，所以应尽量使初始平衡状态分析结果与设计条件一致。悬索桥的合理成桥状态是指满足设计基本参数和性能指标条件下成桥结构的受力状态和结构的几何形状。由悬索桥的受力特征可知，加劲梁的受力大小和主缆的线形，除了与施工方法及构件自身特性有关外，主要是由吊索内力决定的。给定悬索桥成桥时的受力性能指标，可计算出悬索桥成桥时的吊索内力，由吊索内力又能计算出主缆的几何形状，最终得到成桥时的合理成桥状态。

悬索桥处于初始平衡状态，当结构继续承受活载时，结构内力和外力的平衡条件不再成

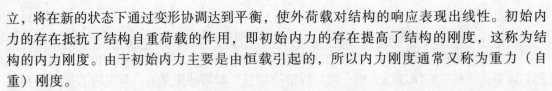

立，将在新的状态下通过变形协调达到平衡，使外荷载对结构的响应表现出线性。初始内力的存在抵抗了结构自重荷载的作用，即初始内力的存在提高了结构的刚度，这称为结构的内力刚度。由于初始内力主要是由恒载引起的，所以内力刚度通常又称为重力（自重）刚度。

（1）初始位置的确定　在实际工程中，桥面系由主缆吊挂，彼此首尾相连并与桥塔、桥台连接，此时主缆被拉紧，受荷载作用而弯曲下垂，桥梁从主缆的张力中得到它抵抗荷载作用的刚度。对一座已经建成的悬索桥，变形稳定后的几何位置应与设计图上桥梁的几何位置一致。因此，悬索桥的有限元模型应该是在恒载作用下该桥的实际位置，因为这就是它保持的恒载真实作用下的最终几何位置，换言之，桥梁有限元模型在自重作用下变形后的结构应该非常接近设计时的几何位置。它主要通过控制主缆的初始应变来实现。

为了确定初始位置，可以通过改变主缆单元的实常数来调整该桥的有限元模型使之达到最佳几何位置，在这一过程中主缆的初始应变扮演了一个重要的角色，通过不断调试，可以找出满足以下目标的最优初始应变：在恒载作用下加劲梁的挠度最小；在恒载作用下加劲桁架的应力最小；主缆的张拉力与计算值相符。

（2）几何非线性效应　作为柔性结构的缆索系统，在外荷载作用下，其荷载和变形呈明显的非线性关系。缆索线性计算的理论主要有：将缆索简化为分段直线的节线理论、抛物线理论及接近真实缆索状态的悬链线理论和修正悬链线理论。关于悬索桥结构体系的分析理论，主要有不计几何非线性影响的线弹性理论；计及恒载初内力和结构竖向位移影响的挠度理论和充分考虑各种非线性影响的有限位移理论。在结构静力分析中，结构的几何非线性特征主要反映在非线性的荷载-挠度形式上，这些几何非线性有可能来源于大变形效应、弯矩和轴向力的组合效应、垂度效应等。

由于悬索桥是高度柔性的结构体系，在正常的工作荷载作用下的变形不能忽略，在这种情况下桥梁的刚度必须随着变形同时更新。由于变形量无法预知，所以只有通过迭代法求解。与这种结构行为对应，在几何非线性分析中，将悬索桥的变形界定为大位移、大挠度、小应变。悬索桥的主梁和桥塔通常承受着弯矩和相当大轴向力的共同作用，在线性结构分析中轴向刚度和弯曲刚度与单元内力是无关的，然而在考虑非线性效应时，单元刚度会受到轴力（压力或拉力）与弯矩相互作用的影响。弯矩使受压单元的侧向变形发展，同时作用于构件上的轴力会引起不断加大的附加弯矩，因而单元的弯曲刚度要变小，结果受轴向压力作用时，单元的有效弯曲刚度不断下降，而受轴向拉力时，单元的有效弯曲刚度不断增加。另一方面，弯矩的存在将影响构件的轴向刚度。由于受弯变形构件沿轴向明显收缩，对于发生大变形的悬索桥结构，轴力和弯矩相互作用对结构单元刚度的影响是很明显的，在 ANSYS 程序非线性分析中通过引入单元几何刚度矩阵来体现这种影响。

主缆的非线性特性是由其自重作用下的垂度引起的。主缆单元两端沿轴向的相对位移不完全是由材料变形引起的，其中部分是由于主缆单元内轴向力变化引起垂度变化产生的。当主缆的轴力增大时，其垂度会减小，主缆的两端相对远离，导致主缆弦长的变化，而弦长的变化与主缆轴力的变化是非线性关系，主缆的抗拉刚度会随着主缆垂度的改变发生非线性改变。因此，对于主缆单元的垂度要准确分析，精确的处理方法是在数学公式中引进一个准确的刚度矩阵进行数值分析。本例中主缆垂度变化对轴向刚度的影响通过求解包含主缆单元初始应变的结构，得到一个考虑主缆单元的垂度变化影响的平衡位置，并在此基础上进行后续分析。

2. 计算假设和简化

因悬索桥结构刚柔相济的特点，决定了其取材形式的多样性和结构的复杂性，因此需对该桥的有限元模型事先做了一些假定：

1）结构各部分归类为：桥塔、纵梁、加劲桁架、缆索、桥面板。

2）桥塔，在全部高度上只有一个截面属性。

3）加劲桁架，假定所有桁架每一种类型都具有一个截面属性，它们的材料属性相同。

4）缆索，不计缆索上的附属设备，只视为单一截面的钢缆，分为主缆和吊索。

5）桥面板视为等厚的板壳结构。

6）主索鞍简化为一个可以转动的铰，其他细部构造忽略。

3. 单元类型的选取

悬索桥是一种很复杂的结构形式，桥的每一部分都有完全不同的属性和作用，因此需要采用不同的单元类型。在有限元模型中，使用了三种单元类型对悬索桥的桥塔、纵梁、加劲桁架、缆索、桥面板进行建模。它们分别是三维弹性梁单元（BEAM4）、三维杆单元（LINK10）、板壳单元（SHELL63）。

在选择了合适的建模方法后，必须要选择桥梁几何尺寸的恰当表达方式，以确定单元的属性，它直接关系到模型的精度和分析的准确性。本次分析按实际尺寸建模，要考虑的不仅包括该桥的全桥尺寸，也包括该桥各个构件截面的几何特性，见表 5-2。

表 5-2　单元参数表

结构构造		单元类型	截面尺寸/m	材料类型
纵向分配梁	上弦杆	BEAM4	$b = 0.16$, $h = 0.28$	C30 混凝土
	下弦杆	BEAM4	$b = 0.30$, $h = 0.20$	
	纵向斜腹杆	BEAM4	$b = 0.30$, $h = 0.20$	
	纵向竖杆	BEAM4	$b = 0.16$, $h = 0.14$	
横向加劲梁	上弦杆	BEAM4	$b = 0.18$, $h = 0.24$	
	下弦杆	BEAM4	$b = 0.18$, $h = 0.20$	
	外侧竖杆	BEAM4	$b = 0.20$, $h = 0.14$	
	内侧竖杆	BEAM4	$b = 0.16$, $h = 0.14$	
	外侧斜腹杆	BEAM4	$b = 0.16$, $h = 0.14$	
桥塔	塔柱	BEAM4	$b = 2.00$, $h = 4.00$	C20 混凝土
	柱间连接件	BEAM4	$b = 4.00$, $h = 2.00$	
缆索	主缆	LINK10	$d = 0.079$	7×19 镀锌钢丝绳
	吊索	LINK10	$d = 0.039$	
桥面板		SHELL63	$b = 0.14$	C20 混凝土

4. 材料属性

在实际工程中，该桥使用的基本材料包括建筑钢材、混凝土和钢丝绳。在有限元单元模型中使用的材料常数见表 5-3。

表 5-3　材料参数表

材　料	弹性模量/（N/m²）	泊　松　比	密度/（kg/m³）	所　属　结　构
C30 混凝土	3.0×1010	0.3	2500	加劲桁架、纵梁
C20 混凝土	2.8×1010	0.3	2500	桥塔、桥面板
钢丝绳	2.1×1011	0.167	7850	悬索、吊索

5. 参数设定

单位采用国际单位制。力：N；长度：m；质量：kg；时间：s。模拟中将用到的参数设定见表 5-4。

表 5-4　参数设定

几何参数	参数意义
BW = 10.8	桥面宽度
TH = −1.88	加劲桁架高度
X1 = 50	桥塔 1X 向坐标
X2 = 174	桥塔 2X 向坐标
Y1 = 18	桥塔塔顶 Y 向坐标
Y2 = −18.8	桥塔塔基 Y 向坐标
D1 = 0.079	主缆截面直径
D2 = 0.039	吊索截面直径
B1 = 0.16	纵向分配梁，纵向斜腹杆，横向内侧竖杆，横向内、外侧斜腹杆截面宽度
B2 = 0.3	纵向上、下弦杆截面宽度
B3 = 0.2	纵向竖杆，横向外侧竖杆截面宽度
B4 = 0.18	横向上、下弦杆截面宽度
B5 = 0.12	抗风桁架截面宽度
B6 = 2.0	塔柱截面宽度
B7 = 4.0	柱间连接件截面宽度
B8 = 0.14	桥面板截面厚度
H1 = 0.28	纵向分配梁截面厚度
H2 = 0.2	纵向上、下弦杆，横向下弦杆截面厚度
H3 = 0.14	纵向斜腹杆，横向外侧竖杆、内侧竖杆、外侧斜腹杆、内侧斜腹杆截面厚度
H4 = 0.18	纵向竖杆截面厚度
H5 = 0.24	横向上弦杆截面厚度
H6 = 0.12	抗风桁架截面厚度
H7 = 4.0	塔柱截面厚度
H8 = 2.0	柱间连接件截面厚度
INSTR = 0.00425	缆索初应变
DELTL = 4	桥面单元长度
V = 120	荷载移动速度

（续）

几 何 参 数	参 数 意 义
DELTT = DELTL / V * 3.6	荷载经过一个单元所用时间
F = 1000	常量力大小
W = 10	简谐力的圆频率
LF = 8	前后车轮间距
NUM = 54	桥面单元数

6. 边界条件与单元划分

为了更好地进行结构的静力和动力分析，建了一个三维空间有限元模型，对该悬索桥的各个部分用不同的单元表示。主缆和吊索的模型使用只承受拉力的三维杆单元（LINK10）。所有的主缆和吊索都使用 LINK10 单元，但截面特性各不相同，主缆、吊索单元有一个初始应变 $\varepsilon_0 = 0.0043$，用于计算结构初始应力矩阵。主缆、吊索、加劲桁架都由节点连接，每两个节点之间的主缆及吊索都设为一个单元，各单元在公共的节点上是铰接的。

加劲桁架、纵向分配梁、桥塔模型使用 BEAM4 单元。桁架及纵梁单元由节点相连，每两个节点之间的桁架或纵梁设为一个单元，不同类型桁架的截面特性各不相同，各单元在公共节点上是固接的。桥塔自由划分单元。

桥面板模型使用 SHELL63 单元。每个桥面板单元的节点与加劲桁架上弦杆和纵梁单元的节点重合。耦合桥塔与加劲桁架或桥面重合的节点的自由度。整个有限元模型共有节点1159 个，单元 3273 个。

实际桥梁的边界条件是比较复杂的，在分析模型中一般通过固接、铰接、弹簧及辊了来实现。在该有限元模型中，桥塔和基础固接，主缆两端分别和锚碇固接，加劲桁架和纵梁连续地通过桥塔，在桥的左右两侧分别与桥台铰接。

5.5.4 建模

采用综合法建模，即利用自下而上的方法建立除桥塔外的模型部分，然后通过对线划分单元建立桥塔模型，利用自上而下的方法建立桥塔模型，对桥塔采用自由网格划分方式，并充分利用本结构的对称性，简化建模语言。

```
! Step 1   建立单侧主缆单元模型
*DO,I,1,12,1
N,I,4*(I-1),(4*(I-1)+12)**2/256+2          ! 创建节点
*ENDDO
N,13,50,18
*DO,I,1,29,1
N,I+13,4*I+52,(4*I-60)**2/256+2            ! 创建节点
*ENDDO
N,43,174,18
*DO,I,1,12,1
N,I+43,4*I+176,(4*I-60)**2/256+2           ! 创建节点
```

```
* ENDDO
TYPE,1                              ! 指定单元类型
MAT,1                              ! 指定材料类型
REAL,1                             ! 指定实常数
* DO,I,1,54,1
E,I,I + 1                          ! 连接节点生成单元
* ENDDO
! Step 2   建立单侧吊索单元模型
* DO,I,1,11,1
N,I + 55,4 * I                     ! 创建节点
* ENDDO
* DO,I,1,29,1
N,I + 66,4 * I + 52                ! 创建节点
* ENDDO
* DO,I,1,11,1
N,I + 95,4 * I + 176               ! 创建节点
* ENDDO                            ! 压缩节点编号
TYPE,1                             ! 指定单元类型
MAT,1                             ! 指定材料类型
REAL,2                            ! 指定实常数
* DO,I,2,12,1
E,I,I + 54                        ! 连接节点生成单元
* ENDDO
* DO,I,14,42,1
E,I,I + 53                        ! 连接节点生成单元
* ENDDO
* DO,I,44,54,1
E,I,I + 52                        ! 连接节点生成单元
* ENDDO
```

单侧缆索系统模型如图 5-47 与图 5-48 所示。

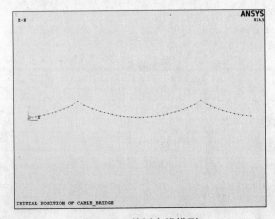

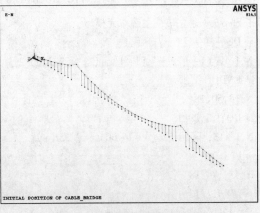

图 5-47   单侧主缆模型   图 5-48   单侧缆索系统模型

！Step 3　建立单侧塔柱模型

K,1,X1,Y1	！创建关键点
K,2,X1,Y2	！创建关键点
K,3,X2,Y1	！创建关键点
K,4,X2,Y2	！创建关键点
K,5,X1,TH	！创建关键点
K,6,X2,TH	！创建关键点
K,7,X1,0	！创建关键点
K,8,X2,0	！创建关键点
L,1,7	！连接关键点生成线
L,3,8	！连接关键点生成线
L,7,2	！连接关键点生成线
L,8,4	！连接关键点生成线

！Step 4　将已建好的单侧模型,对称复制到另一侧

LSEL,ALL,ALL	！选择所有线
LGEN,2,ALL,,,,,BW	！将所有线复制到 Z = BW 平面
ESEL,ALL,ALL	！选择所有单元
EGEN,2,200,ALL,,,,,,,,,,BW	！将所有单元复制到 Z = BW 平面
KGEN,2,5,6,,,,BW,10	！将关键点5,6复制到 Z = BW 平面
L,5,15	！建立支撑横梁
L,6,16	！建立支撑横梁
L,1,9	！建立塔顶纵向梁
L,3,11	！建立塔顶纵向梁
NUMCMP,ALL	！压缩对象编号

单侧及整体缆索、塔柱模型如图 5-49 与图 5-50 所示。

161

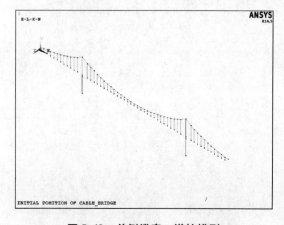

图 5-49　单侧缆索、塔柱模型

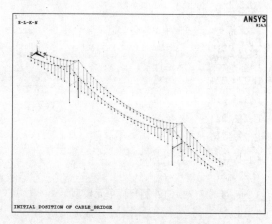

图 5-50　整体缆索、塔柱模型

！ *********** 加劲桁架模型 **********
！建立横向上弦杆单元模型

! Step 5　建立横向上弦杆单元模型

```
N,213,8,TH,BW                              ! 创建节点
N,214,8,TH                                 ! 创建节点
N,215,8,,1.89                              ! 创建节点
NGEN,7,1,215,,,,,1.17                      ! 将所选节点沿 X 方向复制
N,222,8,TH,1.89                            ! 创建节点
NGEN,4,1,222,,,,,2.34                      ! 将所选节点沿 X 方向复制
TYPE,2                                     ! 指定单元类型
MAT,2                                      ! 指定材料类型
REAL,7                                     ! 指定实常数
E,57,215                                   ! 连接节点生成单元
E,163,221                                  ! 连接节点生成单元
*DO,I,215,220,1
E,I,I+1                                    ! 连接节点生成单元
*ENDDO
```

! Step 6　建立横向下弦杆单元模型

```
TYPE,2                                     ! 指定单元类型
MAT,2                                      ! 指定材料类型
REAL,8                                     ! 指定实常数
E,214,222                                  ! 连接节点生成单元
E,213,225                                  ! 连接节点生成单元
*DO,I,222,224,1
E,I,I+1                                    ! 连接节点生成单元
*ENDDO
```

! Step 7　建立横向外侧斜腹杆单元模型

```
TYPE,2                                     ! 指定单元类型
MAT,2                                      ! 指定材料类型
REAL,5                                     ! 指定实常数
E,163,225                                  ! 连接节点生成单元
E,225,220
E,220,224
E,224,218
E,218,223
E,223,216
E,216,222
E,222,57
```

! Step 8　建立横向外侧竖杆单元模型

```
TYPE,2                                     ! 指定单元类型
MAT,2                                      ! 指定材料类型
REAL,9                                     ! 指定实常数
*DO,I,1,4,1
E,213+2*I,221+I                            ! 连接节点生成单元
```

```
* ENDDO
! Step 9    建立纵向竖杆单元模型
TYPE,2                              ! 指定单元类型
MAT,2                              ! 指定材料类型
REAL,6                             ! 指定实常数
E,163,213                          ! 连接节点生成单元
E,57,214
ESEL,S,ELEM,,211,237,1            ! 选择单元
EGEN,2,200,ALL,,,,,,,,,−4         ! 将已单元沿 X 方向复制
ALLS                              ! 全选
NUMMRG,ALL                        ! 合并所有重合对象
NUMCMP,ALL                        ! 压缩对象编号
! Step 10    建立纵向上、下弦杆单元模型
TYPE,2                             ! 指定单元类型
MAT,2                             ! 指定材料类型
REAL,4                            ! 指定实常数
NGEN,2,77,162,,,2                 ! 复制节点
NGEN,2,1,239,,,,TH                ! 复制节点
E,162,239                         ! 连接节点生成单元
E,239,163
E,226,240
E,240,213
! Step 11    建立纵向斜腹杆单元模型
TYPE,2                             ! 指定单元类型
MAT,2                             ! 指定材料类型
REAL,5                            ! 指定实常数
E,226,239                         ! 连接节点生成单元
E,239,213                         ! 连接节点生成单元
ESEL,S,ELEM,,265,270,1           ! 选择单元
EGEN,2,100,ALL,,,,,,,,,−BW        ! 将单元沿 X 方向复制
! Step 12    建立横向内侧竖杆,内侧斜腹杆单元模型
TYPE,2                             ! 指定单元类型
MAT,2                             ! 指定材料类型
REAL,5                            ! 指定实常数
* DO,I,1,7,1
E,227+I,214+I                      ! 连接节点生成单元
* ENDDO
NUMCMP,ALL                        ! 压缩编号
E,56,163                          ! 连接节点生成单元
E,162,57
NUMCMP,ALL                        ! 压缩对象编号
! *************************************
```

! Step 13   建立桥面单元模型

```
TYPE,3                                    ! 指定单元类型
MAT,3                                     ! 指定材料类型
REAL,13                                   ! 指定实常数
E,162,163,221,234
E,234,221,220,233
*DO,I,1,5,1
E,234-I,221-I,220-I,233-I
*ENDDO
E,228,215,57,56
```

! Step 14   将桁架和桥面单元模型沿桥纵向复制

```
ESEL,S,ELEM,,211,293,1                    ! 选择单元,以 211 号到 293 号顺序选择
EGEN,54,1000,ALL,,,,,,,,4
ALLS
NUMMRG,ALL                                ! 合并所有对象
NUMCMP,ALL                                ! 压缩对象编号
NSEL,ALL                                  ! 选择所有节点
NSEL,U,LOC,Y,Y1                           ! 选择以 Y1 平面上的节点
CM,QIAO,NODE                              ! 将所选节点归为 QIAO 一组
```

加劲梁模型及桥面模型如图 5-51 与图 5-52 所示。

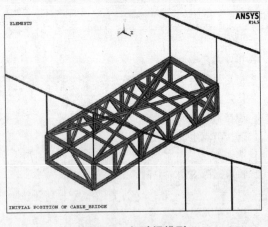

图 5-51   加劲梁模型

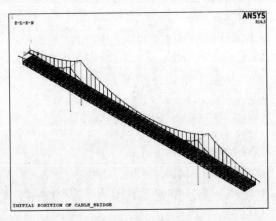

图 5-52   桥面模型

! Step 15   划分桥塔塔柱单元模型

```
LSEL,S,LINE,,1,8,1                        ! 选择线
LESIZE,ALL,1.88                           ! 指定已选线上的单元份数
MSHKEY,1                                  ! 采用映射网格划分方式
MSHAPE,0,3D                               ! 采用四边形、3D 单元
TYPE,2                                    ! 指定单元类型
MAT,3                                     ! 指定材料类型
```

REAL,11	！指定实常数
LMESH,ALL	！对已选线进行网格划分
ALLS	
！Step 16　划分塔柱间连接件单元模型	
LSEL,S,LINE,,9,12,1	！选择线
LESIZE,ALL,,,10	！指定已选线上的单元份数
REAL,12	！指定实常数
LMESH,ALL	！对已选线进行网格划分
ALLS	！全选
CMSEL,U,QIAO	！筛除属于 QIAO 组的节点
NUMMRG,NODE	！合并重合节点
NUMCMP,ALL	！压缩编号

　　划分塔柱单元模型和塔柱间连接件单元模型如图 5-53、图 5-54 所示。塔柱与主缆连接、跨中结构模型如图 5-55、图 5-56 所示。

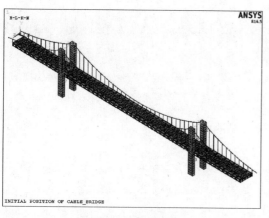

图 5-53　划分塔柱单元

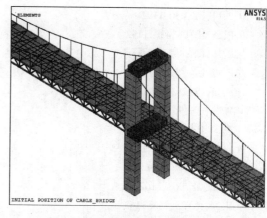

图 5-54　划分塔柱连接单元模型

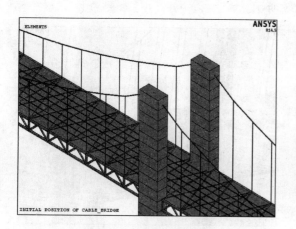

图 5-55　塔柱与主缆连接

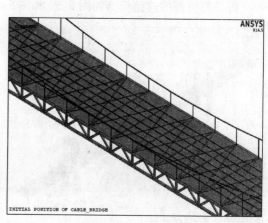

图 5-56　跨中结构模型

！Step 17　将桥塔塔柱单元与桥面单元重合的节点的自由度耦合

ALLS	！全选
CP,1,UY,431,1213	！耦合 431,1213 两节点 Y 方向的自由度
CP,2,UZ,431,1213	！耦合 431,1213 两节点 Z 方向的自由度
CP,3,ROTX,431,1213	！耦合 431,1213 两节点 X 方向的转动自由度
CP,4,UY,433,1173	
CP,5,UZ,433,1173	
CP,6,ROTX,433,1173	
CP,7,UY,962,1223	
CP,8,UZ,962,1223	
CP,9,ROTX,962,1223	
CP,10,UY,964,1183	
CP,11,UZ,964,1183	
CP,12,ROTX,964,1183	
CP,13,UY,430,1192	
CP,14,UZ,430,1192	
CP,15,ROTX,430,1192	
CP,16,UY,432,1152	
CP,17,UZ,432,1152	
CP,18,ROTX,432,1152	
CP,19,UY,961,1202	
CP,20,UZ,961,1202	
CP,21,ROTX,961,1202	
CP,22,UY,963,1162	
CP,23,UZ,963,1162	
CP,24,ROTX,963,1162	

桥塔与桥面的连接模型如图 5-57 和图 5-58 所示。

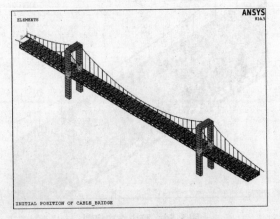

图 5-57　设置桥塔与桥面为铰接

图 5-58　桥塔与桥面的连接

5.5.5 加载及求解

```
！Step1 约束主缆
NSEL,S,LOC,X,0                          ！选择节点
D,ALL,ALL                              ！约束主缆端部的所有自由度
NSEL,S,LOC,X,224                        ！选择节点
D,ALL,ALL                              ！约束主缆端部的所有自由度
！Step2 约束桥塔塔基
NSEL,S,LOC,Y,Y2                         ！选择节点
D,ALL,ALL                              ！约束桥塔塔基节点的所有自由度
！Step3 约束加劲桁架两端
NSEL,S,LOC,X,220                        ！选择节点
NSEL,U,LOC,Y,3
D,ALL,ALL                              ！约束加劲桁架端部的所有自由度
NSEL,S,LOC,X,4                          ！选择节点
NSEL,U,LOC,Y,3
D,ALL,ALL                              ！约束加劲桁架端部的所有自由度
*END                                   ！结束宏文件
MODEL                                  ！运行宏生成模型
```

悬索桥约束情况如图 5-59 所示。

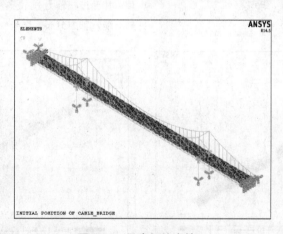

图 5-59 悬索桥约束情况

```
！设置加载与求解选项,选择求解器与方法,设置重力加速度。求解之后保存求解结果。
FINI
/SOLU                                  ！进入求解模块
ANTYPE,0                               ！首先进行静力分析,得到预应力
ACEL,,9.8                              ！考虑重力影响
TIME,1                                 ！设置求解时间
NSUB,10,20,5                           ！设置荷载子步为10
```

```
OUTRES,ALL,ALL                          ! 输出每一步的所有结果
NLGEOM,ON                               ! 打开大变形效应
SSTIF,ON                                ! 激活应力刚化效应
ALLS                                    ! 选中所有的元素
SOLVE                                   ! 求解
SAVE                                    ! 保存
FINI                                    ! 退出 SOLU 处理器
```

5.5.6 结果分析

1. 静力结果分析

通过通用后处理查看悬索桥的跨中挠度、加劲桁架和缆索的最大轴力，如图 5-60 ~ 图 5-62 所示。比较跨中挠度是否接近零，且加劲桁架的最大轴力是否足够小。如不合适，则需要修改缆索的初应变重新进行计算，直到跨中挠度接近零且加劲桁架的最大轴力最小。

```
/POST1
SET,LAST                                ! 读入最后一步的结果
PLNSOL,U,Y,1                            ! 显示 Y 方向的位移分布云图
ETABLE,ASTRS,LS,1                       ! 定义轴力单元表
ETABLE,ASTRS2,LS,6                      ! 定义轴力单元表
PLETAB,ASTRS2                           ! 显示加劲桁架轴力分布云图
PLLS,ASTRS,ASTRS,0.15,0                 ! 显示缆索轴力分布云图
```

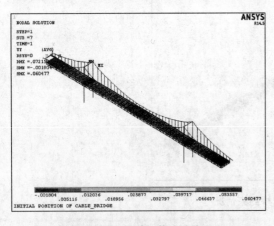

图 5-60 加劲梁挠度分布

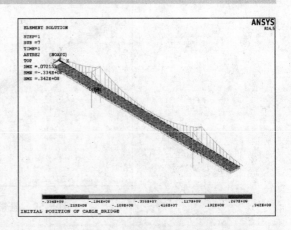

图 5-61 加劲梁轴力分布

该桥在主缆的不同的初始应变下，结构内力最大值和跨中挠度最大值的变化情况列在表 5-5 中。从中可以看出，主缆的轴力随着单元初始应变的增加而增加，同时桥身的挠曲及加劲桁架的轴力随之下降，但桁架轴力值与主缆的初始应变不是线性对应关系。当初应变 $\varepsilon_0 = 0.0043$ 左右时，桥面系的弯曲是最轻微的，此时在桥主跨的跨中位置的最大挠度为 0.001804m，可以认为这对恒载作用下真实桥梁的模拟已有足够的精度。

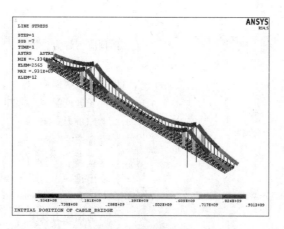

图 5-62   缆索轴力

表 5-5   结构内力与挠度随初应变的变化

初 应 变	跨中挠度/m	加劲桁架最大轴力/N	主缆最大轴力/N
0	-1.071	5.61E+07	7.20 E+08
0.002	-0.513648	3.73 E+07	8.20 E+08
0.004	-0.076356	3.72 E+07	9.21 E+08
0.0042	-0.026627	3.70 E+07	9.31 E+08
0.00425	-0.014195	3.66 E+07	9.33 E+08
0.00428	-0.006735	3.49 E+07	9.35 E+08
0.00429	-0.004249	3.42 E+07	9.35E+08
0.0043	-0.001804	3.00 E+07	9.31 E+08
0.0044	0.08205	3.82 E+07	9.46 E+08
0.0045	0.08347	3.94 E+07	9.60 E+08
0.02	3.97	3.03	9.31 E+08

2. 模态结果分析

为了提高分析效率，在前节初始位置确定分析中已经创建了宏 MODEL.MAC，本节只需要直接调用该宏，并将缆索的初应变设为由前述初始位置确定计算得到的 0.0043，即可得到模态分析的有限元模型，然后先对其进行预应力静力分析，再进行预应力模态分析。

（1）参数定义

```
FINI                                          ! 退出
/CLE
/FILNAME,CABLE_BRIDGE,1
/TITLE,MODEL ANALYSIS OF CABLE_BRIDGE
```

（2）建立模型

```
! "MODEL"宏文件应放在工作目录下
MODEL                                        ! 运行宏生成模型
```

（3）加载及求解

```
! Step 1                              ! 预应力静力分析
FINI
/SOLU                                 ! 进入求解模块
ANTYPE,0                              ! 首先进行静力分析,得到预应力
ACEL,,9.8                             ! 考虑重力影响
TIME,1                                ! 设置求解时间
NSUB,10,20,5                          ! 设置 10 个荷载子步
OUTRES,ALL,ALL                        ! 输出每一步的所有结果
SSTIF,ON                              ! 激活应力刚化效应
PSTRES,ON                             ! 激活预应力效应
ALLS                                  ! 全选
SOLVE                                 ! 求解
FINI                                  ! 退出求解器
! Step 2   预应力模态分析
/SOLU                                 ! 进入求解模块
ANTYPE,2                              ! 设置分析类型为模态分析
MODOPT,LANB,10                        ! 提取前 10 阶模态
MXPAND,10,,,0                         ! 指定扩展模态为 10 阶
ACEL,0,9.8,0                          ! 设置重力加速度
PSTRES,1                              ! 激活预应力效应
ALLS                                  ! 选中所有的元素
SOLVE                                 ! 求解
SAVE                                  ! 保存
FINI                                  ! 退出 SOLU 处理器
```

（4）结果后处理　在结果后处理中，通过列表可以得到结构的各阶频率，通过显示命令，可以得到结构各阶振型的应力云图、变形图和位移云图等，还可以通过命令制作出动画，以实时显示某一个量的变化情况。

```
! *************** 后处理 ***************
/POST1
FILE,'CABLE_BRIDGE','rst'             ! 读入结果文件
SET,LIST                              ! 列出各阶频率,见表 5-6
```

表 5-6　悬索桥各阶振动频率结果

振 动 阶 数	振 动 频 率	振 动 阶 数	振 动 频 率
1	0.539	6	1.294
2	0.733	7	1.447
3	0.934	8	1.680
4	1.143	9	1.735
5	1.173	10	1.810

```
＊DO,I,1,10
SET,,,,,,,,I                            ! 查看各阶振型
PLDISP,0                               ! 显示各阶振型图
＊ENDDO
SET,1,1                               ! 读取第 1 阶振型
PLNSOL,U,Y,0,1.0                       ! 显示 Y 向位移
ANMODE,10,0.5,,0                       ! 制作第 1 阶动画
SET,1,10                              ! 读取第 10 阶振型
PLNSOL,U,Y,0,1.0                       ! 显示 Y 向位移
ANMODE,10,0.5,,0                       ! 制作第 10 阶动画
```

竖向一阶、二阶、五阶和十阶振型如图 5-63 至图 5-66 所示。

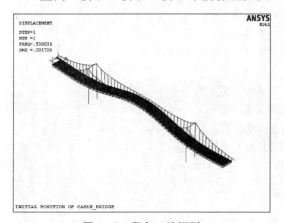

图 5-63 竖向一阶振型

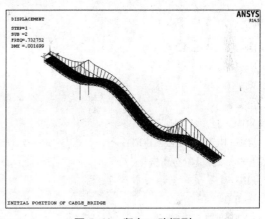

图 5-64 竖向二阶振型

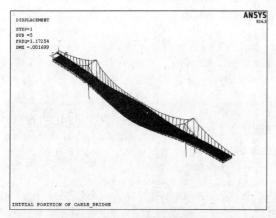

图 5-65 竖向五阶振型

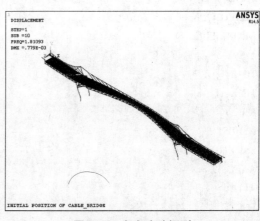

图 5-66 竖向十阶振型

3. 移动荷载作用结果分析

在移动荷载作用下，桥梁将发生振动，产生的变形和应力都比静荷载作用大。移动荷载的这种动力效应是不可忽视的，若在荷载处于最不利的静力作用位置，同时还满足共振条件，那么将会发生较大的动态响应，从而导致桥梁破坏。本例将移动荷载作为匀速移动的常量力来模拟悬索桥在移动荷载下的动态响应。为了提高分析效率，在前节初始位置确定分析

中已经创建了宏 MODEL.MAC，本节只需要直接调用该宏，并将缆索单元的初应变值改为 0.0043，即可得到移动荷载作用分析的有限元模型。

（1）建立模型

```
!"MODEL"宏文件应放在工作目录下
MODEL                              ! 运行宏生成模型
```

（2）加载及求解　本例中将移动荷载分别视为匀速常量力荷载和匀速简谐力荷载两种情况进行分析荷载 $mg = 2000N$，简化成四个车轮上的相等集中荷载，车轮间距为 8m，正好为两个桥的长度，则简谐力 $F = 500\cos(10t)$，荷载移动速度 $v = 120km/h$。

```
! Step 1   参数定义
! 定义参数
DELTL = 4                          ! 桥面单元长度
V = 120                            ! 荷载移动速度
DELTT = DELTL/V * 3.6              ! 荷载经过一个单元所用时间
F = 1000                           ! 常量力大小
W = 10                             ! 简谐力的圆频率
LF = 8                             ! 前后车轮间距
NUM = 54                           ! 桥面单元数
MM = NUM + 1 + LF/DELTL            ! 循环最大数目
! Step 2   设置分析选项
FINI
/SOLU
ANTYPE,4                           ! 指定分析类型为瞬态动力学分析
TRNOPT,FULL                        ! 瞬态动力学分析采用 FULL 法
NLGEOM,ON                          ! 打开大变形求解器
NROPT,FULL
! Step 3   计算重力的影响
TIMINT,OFF
TIME,1E - 8
KBC,1
NSUBST,5                           ! 荷载步的子步数为 5
SSTIF,ON                           ! 激活应力刚度效应
ACEL,,9.8
ALLS
SOLVE                              ! 求解
! Step 4   施加移动载荷并求解
TIMINT,ON                          ! 打开时间积分开关
KBC,0
*DO,I,1,MM,1
OUTRES,ALL,ALL                     ! 输出每一步的结果
TIME,I * DELTT
NSUBST,5
```

1）匀速常量力情况。

```
* IF,I,LT,LF/DELTL,THEN
FDELE,ALL,ALL                              ! 删除所有集中力荷载
NSEL,S,LOC,X,I * DELTL
NSEL,R,LOC,Y
NSEL,R,LOC,Z,1.89
F,ALL,FY, - F                              ! 施加常量力荷载
ALLS
NSEL,S,LOC,X,I * DELTL
NSEL,R,LOC,Y
NSEL,R,LOC,Z,BW - 1.89
F,ALL,FY, - F                              ! 施加常量力荷载
ALLS
SOLV
* ELSEIF,I,LT,(NUM + 1)
FDELE,ALL,ALL
NSEL,S,LOC,X,I * DELTL
NSEL,R,LOC,Y
NSEL,R,LOC,Z,1.89
F,ALL,FY, - F                              ! 施加常量力荷载
ALLS
NSEL,S,LOC,X,I * DELTL
NSEL,R,LOC,Y
NSEL,R,LOC,Z,BW - 1.89
F,ALL,FY, - F                              ! 施加常量力荷载
ALLS
NSEL,S,LOC,X,(I - 2) * DELTL
NSEL,R,LOC,Y
NSEL,R,LOC,Z,1.89
F,ALL,FY, - F                              ! 施加常量力荷载
ALLS
NSEL,S,LOC,X,(I - 2) * DELTL
NSEL,R,LOC,Y
NSEL,R,LOC,Z,BW - 1.89
F,ALL,FY, - F                              ! 施加常量力荷载
ALLS
SOLV
* ELSE
FDELE,ALL,ALL
NSEL,S,LOC,X,(I - 2) * DELTL
NSEL,R,LOC,Y
```

```
NSEL,R,LOC,Z,1.89
F,ALL,FY, -F                              ! 施加常量力荷载
ALLS
NSEL,S,LOC,X,(I-2) * DELTL
NSEL,R,LOC,Y
NSEL,R,LOC,Z,BW-1.89
F,ALL,FY, -F                              ! 施加常量力荷载
ALLS
SOLV
 * ENDIF
 * ENDDO
```

2) 匀速简谐力情况。简谐力的施加与常量力的施加过程类似，只需将上面施加荷载命令行中常量力 F 换成简谐力 F * COS（W * I * DELTT）即可。

```
 * IF,I,LT,LF/DELTL,THEN
FDELE,ALL,ALL                             ! 删除所有集中力荷载
NSEL,S,LOC,X,I * DELTL
NSEL,R,LOC,Y
NSEL,R,LOC,Z,1.89
F,ALL,FY, -F * COS(W * I * DELTT)         ! 施加简谐力荷载
ALLS

NSEL,S,LOC,X,I * DELTL
NSEL,R,LOC,Y
NSEL,R,LOC,Z,BW-1.89
F,ALL,FY, -F * COS(W * I * DELTT)         ! 施加简谐力荷载
ALLS
SOLV
 * ELSEIF,I,LT,(NUM+1)
FDELE,ALL,ALL
NSEL,S,LOC,X,I * DELTL
NSEL,R,LOC,Y
NSEL,R,LOC,Z,1.89
F,ALL,FY, -F * COS(W * I * DELTT)         ! 施加简谐力荷载
ALLS
NSEL,S,LOC,X,I * DELTL

NSEL,R,LOC,Y
NSEL,R,LOC,Z,BW-1.89
F,ALL,FY, -F * COS(W * I * DELTT)         ! 施加简谐力荷载
ALLS
NSEL,S,LOC,X,(I-2) * DELTL
NSEL,R,LOC,Y
```

```
NSEL,R,LOC,Z,1.89
F,ALL,FY,- F * COS(W * I * DELTT)           ! 施加简谐力荷载
ALLS
NSEL,S,LOC,X,(I-2) * DELTL
NSEL,R,LOC,Y
NSEL,R,LOC,Z,BW-1.89
F,ALL,FY,- F * COS(W * I * DELTT)           ! 施加简谐力荷载
ALLS
SOLV
* ELSE
FDELE,ALL,ALL
NSEL,S,LOC,X,(I-2) * DELTL
NSEL,R,LOC,Y
NSEL,R,LOC,Z,1.89
F,ALL,FY,- F * COS(W * I * DELTT)           ! 施加简谐力荷载
ALLS
NSEL,S,LOC,X,(I-2) * DELTL
NSEL,R,LOC,Y
NSEL,R,LOC,Z,BW-1.89
F,ALL,FY,- F * COS(W * I * DELTT)           ! 施加简谐力荷载
ALLS
SOLV
* ENDIF
* ENDDO
```

（3）结果后处理　在结果后处理中，除了可以查看最基本的受力和变形效果外，还可以查看荷载从桥上通过的过程中，桥上各节点随荷载移动时竖向位移和速度的变化。

```
FINI
/POST1                          ! 进入通用后处理
SET,30,2                        ! 查看 30 步第 2 子步即荷载移动到跨中附近的结果
PLNSOL,U,Y                      ! 显示 Y 方向位移云图
PLNSOL,S,EQV                    ! 显示等效应力云图
/POST26                         ! 进入时间历程后处理
NUMVAR,20                       ! 指定允许的变量数
NSOL,2,677,U,Y,UY_CENT          ! 取出中间节点的 Y 向位移数据
DERIV,3,2,1,,VY_CENT            ! 对中间节点的 Y 向位移微分运算,得到 Y 向速度
PLVAR,2                         ! 显示中间节点的 Y 向位移随时间变化曲线
PLVAR,3                         ! 显示中间节点的 Y 向速度随时间变化曲线
```

图 5-67 至图 5-74 分别为均速常量力荷载及匀速简谐力荷载移动到跨中附近的结果云图及曲线。

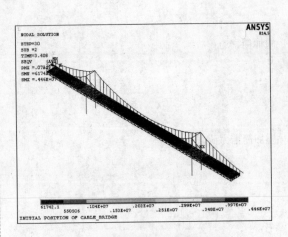

图 5-67　匀速常量力荷载移动到跨中
附近时的等效应力图

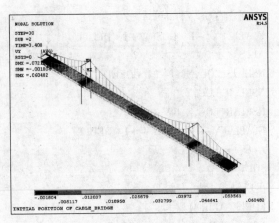

图 5-68　移动荷载移动到跨中附近
竖向位移云图

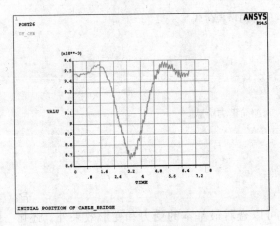

图 5-69　匀速常量力情况下跨中节点
Y 向位移随时间变化曲线

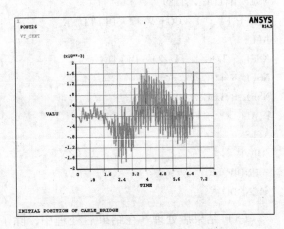

图 5-70　匀速常量力情况下跨中节点
Y 向速度随时间变化曲线

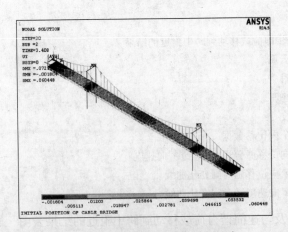

图 5-71　匀速简谐力荷载移动到跨中
附近时 Y 向位移云图

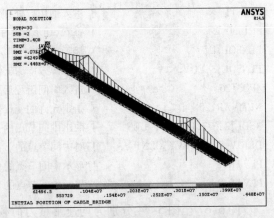

图 5-72　匀速简谐力移动到跨中附近时
的等效应力云图

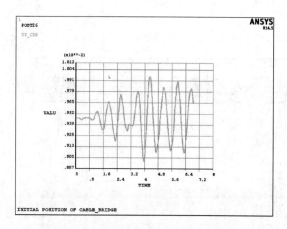

图 5-73 匀速简谐力情况下跨中节点 Y 向位移随时间变化曲线

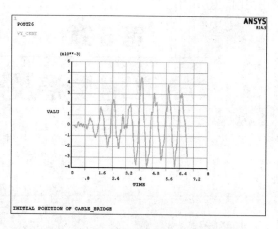

图 5-74 匀速简谐力情况下跨中节点 Y 向速度随时间变化曲线

第6章

ANSYS在隧道及地下结构工程中的应用

本章导读

本章首先介绍了隧道及地下工程的相关概念，然后进一步介绍了 ANSYS 的生死单元及 DP 材料模型在地下工程中的应用，最后结合地铁明挖隧道、暗挖隧道和双道拱隧道的开挖实例，详细介绍了利用 ANSYS 进行隧道及地下工程施工全过程数值模拟的过程。

6.1 隧道及地下结构工程相关概念

6.1.1 隧道及地下结构工程设计模型

隧道及地下工程泛指在地下修筑的各种结构物。由于对地下结构的特性认识不充分，在设计方法上以前多沿用地上结构的设计方法，但是这种方法与实际情况相差很大。随着科学技术的提高，人们认识到地下结构是由周边围岩和支护结构两者共同组成的，并相互作用的结构体系。

目前各国采用的隧道及地下结构工程结构设计方法主要有以下 4 种：

1）以工程类比为主的经验设计方法。

2）以现场量测为主的实用设计方法，包括收敛-约束法、现场和实验室的岩土力学试验、应力应变量测及实验室模型试验。

3）作用-反作用设计模型，包括弹性地基梁、弹性地基圆环等，这种模型就是通常的荷载-结构法。

4）连续介质设计法，包括解析法（封闭解和近似解）和数值法（以有限元法为主），目前解析法种的近似解（封闭解和近似解）已被数值法所取代。

6.1.2 隧道及地下结构的数值计算方法

通常，隧道支护结构计算需要考虑地层和支护结构的共同作用，一般都是非线性的二维或三维问题，并且与开挖方法、支护过程有关。对于这类复杂问题，必须采用数值方法。目前用于隧道开挖、支护过程的数值方法有有限元法、边界元法、有限元-边界元耦合法。

有限元法是发展最快的一种数值方法，已经成为分析隧道及地下工程围岩稳定和支护结

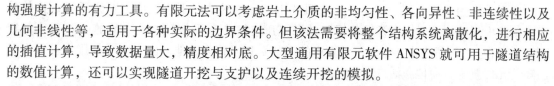

构强度计算的有力工具。有限元法可以考虑岩土介质的非均匀性、各向异性、非连续性以及几何非线性等，适用于各种实际的边界条件。但该法需要将整个结构系统离散化，进行相应的插值计算，导致数据量大，精度相对底。大型通用有限元软件 ANSYS 就可用于隧道结构的数值计算，还可以实现隧道开挖与支护以及连续开挖的模拟。

边界元法在一定程度上改进了有限元法的精度，它的基本未知量只在所关心问题的边界上，如在隧道计算时，只要对分析对象的边界作离散处理，而外围的无限域则视为无边界。但该法要求分析区域的几何、物理必须是连续的。

有限元-边界元耦合法则是采用两种方法的长处，从而可取得良好的效果。如计算隧道结构，对主要区域（隧道周围区域）采用有限元法，对于隧道外部区域可按均质、线弹性模拟，这样计算出来的结果精度一般较高。

6.1.3　隧道荷载

参照相关隧道设计规范，隧道设计主要考虑荷载包括永久荷载、可变荷载和偶然荷载，详见表6-1。其中最重要的是围岩的松动压力，支护结构的自重可按预先拟定的结构尺寸和材料重度计算确定。在含水地层中，静水压力可按最低水位考虑。在没有仰拱的结构中，车辆荷载直接传给地层。

表6-1　隧道荷载

荷载分类	荷载名称	说　明	
永久荷载	结构自重	恒载	主要荷载
	结构附加恒载		
	围岩压力		
	土压力		
	混凝土收缩和徐变的影响		
可变荷载	车辆荷载	活载	
	车辆荷载引起的土压力		
	冲击力		
	公路活载	附加荷载	
	冻胀力		
	灌浆力		
	温差应力		
	施工荷载		
偶然荷载	落石冲击力	特殊荷载	
	地震力		

6.2　隧道及地下结构施工过程的 ANSYS 模拟

6.2.1　单元生死

1. 单元生死的定义

如果模型中加入或删除材料，对应模型中的单元就存在或消失，把这种单元的存在与消失的情形定义为单元生死。单元生死选项就用于在这种情况下杀死或重新激活所选择的单元。单元生死功能主要用于开挖分析（如煤矿开挖和隧道开挖等）、建筑物施工过程（如近海架桥过程）、顺序组装（如分层计算机的组装）以及许多其他方面应用（如用户可以根据已知单元位置来方便地激活或杀死它们）。

需要注意的是，ANSYS 的单元生死功能只适用于 ANSYS/Multiphysics，ANSYS/Mechanical 和 ANSYS/Structure 产品，并非所有 ANSYS 单元都支持生死功能，操作中只能杀死或激活具有生死能力的单元，表6-2 给出了具有生死功能的单元。

表6-2   ANSYS 中具有生死功能的单元

LINK1	BEAM24	SHELL57	PLANE83	SURF152	SOLID185
PLANE2	PLANE25	PIPE59	SOLID87	SURF153	SOLID186
BEAM3	MATRIX27	PIPE60	SOLID90	SURF154	SOLID187
BEAM4	LINK31	SOLID62	SOLID92	SHELL157	BEAM188
SOLID5	LINK32	SHELL63	SHELL93	TARGE169	BEAM189
LINK8	LINK33	SOLID64	SOLID95	TARGE170	SOLSH190
LINK10	LINK34	SOLID65	SOLID96	CONTA171	FOLLW201
LINK11	PLANE35	PLANE67	SOLID97	CONTA172	SHELL208
PLANE13	SHELL41	LINK68	SOLID98	CONTA173	SHELL209
COMBIN14	PLANE42	SOLID69	PLANE121	CONTA174	PLANE230
PIPE16	SHELL43	SOLID70	SOLID122	CONTA175	SOLID231
PIPE17	BEAM44	MASS71	SOLID123	CONTA176	SOLID232
PIPE18	SOLID45	PLANE75	SHELL131	LINK180	
MASS21	BEAM54	PLANE78	SHELL143	PLANE182	
BEAM23	PLANE55	PLANE82	SURF151	PLANE183	
PIPE20	PLANE53	PLANE77	SHELL132	SHELL181	

在一些情况下，单元生死状态可以根据 ANSYS 计算所得数值来决定，如温度值、应力值等。可以利用 ETABLE 命令和 ESEL 命令来确定选择单元的相关数据，也可以改变单元的状态（如溶解、固结、破裂等）。这个特性对因相变引起的模型效应、失效面扩展以及其他相关分析的单元变化是很有效的。

2. 单元生死的原理

要实现单元生死效果，ANSYS 程序并不是将"杀死"的单元从模型中删除，而是将其刚度（或传导或其他分析特性）矩阵乘以一个很小的因子 ESTIF。因子的默认值为10E-6，也可以赋予其他数值。死单元的单元荷载将为 0，从而不对荷载向量生效（但仍然在单元荷载列表中出现）。同样，死单元的质量、阻尼、比热和其他类似参数也设置为 0。死单元的质量和能量将不包括在模型求解结果中。一旦单元被杀死，单元应变也就设为 0。

同理，当单元"出生"，并不是将其添加到模型中去，而是重新激活它们。用户必须在前处理器 PREP7 中创建所有单元，包括后面将要被激活的单元。在求解器中不能生成新的单元，要添加一个单元，必须先杀死它，然后在合适的荷载步中重新激活它。

当一个单元被重新激活时，其刚度、质量、单元荷载等将恢复其原始的数值。重新激活的单元没有应变记录，也无热量存储。然而，初始应变以实参数形式输入（如 LINK1 单元）却不受单元生死操作的影响。此外，除非打开大变形选项（NLGEOM，ON），一些单元类型将恢复它们以前的几何特性（大变形效果有时用来得到合理的结果）。如果其承受热量体荷载，单元在被激活后第一个求解过程中同样可以有热应变。根据其当前荷载步温度和参考温度计算刚被激活单元的热应变。因此，承受热荷载的刚被激活单元是有应力的。

3. 单元生死的使用

用户可以在大多数静态和非线性瞬态分析中使用单元生死功能，其在各种分析操作中的基本过程是相同的。这个过程可包括以下 3 个步骤：

（1）建立模型　在前处理器 PREP7 中生成所有的单元，包括那些只有在以后荷载步中激活的单元。

（2）施加荷载并求解　在求解器 SOLUTION 中执行下列操作：

1）定义第一个荷载步。

① 在第一个荷载步中，用户必须选择分析类型和所有的分析选项。

命令方式：ANTYPE

GUI 方式：Main Menu > Solution > Analysis Type > New Analysis

② 在第一个荷载步中设置，用户应对所有单元生死应用进行设置。

命令方式：NLGEOM, ON

GUI 方式：Main Menu > Solution > Analysis Options

③ 杀死所有要加入到后续荷载步中的单元。

命令方式：EKILL

GUI 方式：Main Menu > Solution > Load Step Opts > Other > Birth&Death > Kill Elements

④ 单元在第一个子步被杀死或激活，然后在整个荷载步中保持这种状态。作为默认刚度矩阵的缩减因子在一些情况下不能满足要求，此时可以采用更严格的缩减因子。

命令方式：ESTIF

GUI 方式：Main Menu > Solution > Load Step Opts > Other > Birth&Death > StiffnessMult

⑤ 不与任何激活单元相连的节点将"漂移"，或具有浮动的自由度数值。在以下情况下，用户可能要约束不被激活的自由度（D，CP 等）以减少要求解的方程数目，并防止出现错误条件。当激活具有特定形状（或温度）的单元时，约束没有激活的自由度显得更为重要。因为在重新激活单元时要删除这些人工约束，同时要删除没有激活自由度的节点荷载（也就是不与任何激活单元相连的节点0）。同样，重新激活的自由度上必须施加节点荷载。

定义第一个荷载步命令输入示例如下：

```
! 第一个荷载步
TIME,…                   ! 设定荷载步时间(静态分析选项)
NLGEOM,ON                ! 打开大变形效果
```

181

```
NROPT,FULL              ! 设定牛顿-拉夫森选项
ESTIF,…                 ! 设定非默认缩减因子
ESEL,…                  ! 选择在本荷载步将被杀死的单元
EKILL,…                 ! 杀死所选择的单元
ESEL,S,LIVE             ! 选择所有活动单元
NSEL,S                  ! 选择所有活动节点
NSEL,INVE               ! 选择所有不活动节点(不与活动单元相连的节点)
D,ALL,ALL,0             ! 约束所有不活动节的自由度
NSEL,ALL                ! 选择所有节点
ESEL,ALL                ! 选择所有单元
D,…                     ! 施加合适约束
F,…                     ! 施加合适的活动节点自由度荷载
SF,…                    ! 施加合适的单元荷载
BF,…                    ! 施加合适的体荷载
SAVE
SOLVE
```

2）定义后续荷载步。在后续荷载步中，用户可以根据需要使用 EKILL 命令或 ELIVEL 命令来杀死或激活单元，但必须要正确地施加或删除约束和节点荷载。

命令方式：EKILL

GUI 方式：Main Menu > Solution > Load Step Opts > Other > Birth&Death > Kill Elements

命令方式：ELIVEL

GUI 方式：Main Menu > Solution > Load Step Opts > Other > Birth&Death > Active Elements

```
! 第二步或后续荷载步
TIME,…                  ! 设定荷载步时间(静态分析选项)
ESEL,…                  ! 选择在本荷载步将被杀死的单元
EKILL,….                ! 杀死所选择的单元
ESEL,….                 ! 选择在本荷载步将被激活的单元
EALIVE,…                ! 重新激活所选择单元
….
FDELE,…                 ! 删除不活动自由度的节点荷载
D,…                     ! 约束不活动自由度
…
F,…                     ! 给活动自由度施加合适的节点荷载
DDELE,…                 ! 删除重新激活自由度上的约束
SAVE
SOLVE
```

（3）查看结果　在大多数情况下，用户对包含生死单元进行后处理分析时应按照标准步骤来操作。注意，尽管对刚度（传导等）矩阵的贡献可以忽略，但杀死的单元仍然在模型中。因此，它们将包括在单元显示、输出列表等操作中。建议在单元显示和其他后处理操作前用选择功能将死单元选出来。

4. 单元生死的控制

在许多时候，用户不能清楚知道要杀死和激活单元的确切位置。当用户根据 ANSYS 计算结果（如温度、应力、应变）来决定杀死或激活单元时，可以使用 ETABLE 命令来识别单元，并用 ESEL 命令来选择关键单元。

命令方式：ETABLE

GUI 方式：Main Menu > General Postproc > Element Table > Define Table

命令方式：ESEL

GUI 方式：Utility Menu > Select > Entities

下面的例子是杀死总应变超过允许应变的单元：

```
/SOLU                          ! 进入求解器
…                              ! 标准求解过程
SOLVE
FINISH
/POST1                         ! 进入后处理器
SET,…
ETABLE,STRAIN,EPTO,EQV         ! 将总应变存入 ETABLE
ESEL,S,ETAB,STRAIN,0.20        ! 选择所有总应变大于或等于 0.20 的单元
FINISH
/SOLU                          ! 重新进去求解器
ANTYPE,,REST                   ! 重复以前的静态分析
EKILL,ALL                      ! 杀死所选择（超过允许值）的单元
ESEL,ALL                       ! 选择所有单元
…                              ! 继续求解
```

5. 单元生死使用提示

1）不活动自由度上不能施加约束方程（CE，CEINTF）。当节点不与活动单元相连时，不活动自由度就会出现。

2）可以通过先杀死单元，然后再激活单元来模拟应力松弛（如退火）。

3）在进行非线性分析时，注意不要因杀死或激活单元引起奇异性（如结构分析中的尖角）或刚度突变，这样会使收敛困难。

4）如果模型是完全线性的，也就是说除了生死单元，模型不存在接触单元或其他非线性单元且材料是线性的，则 ANSYS 就采用线性分析，因此不会采用 ANSYS 默认（SOLCONTROL，ON）非线性求解器。

5）在进行包含单元生死的分析中，打开全牛顿-拉夫森选项的自适应下降选项将产生很好的效果。

命令方式：NROPT, FULL, ON

GUI 方式：Main Menu > Solution > Analysis Options

6）可以通过一个参数值来指示单元的生死状态。下面命令能得到活单元的相关参数值：

＊GET, PAR, ELEM, n, ATTR, LIVE

该参数值可以用于 APDL 逻辑分支（＊IF）或其他用户需要控制单元生死状态的场合。

7）因为生死单元状态不会写进到荷载步文件，所以用荷载步文件求解法（LSWRITE）进行多荷载步求解时不能使用生死功能。多荷载步生死单元分析必须采用一系列 SOLVE 命令来实现。

8）用户可以使用 MPCHG 命令来改变材料特性来杀死或激活单元，但要谨慎。软件保护和限制使得杀死的单元在求解器中改变材料特性时将不生效（单元的集中力、应变、质量和比热等都不会自动变为0）。不当的使用 MPCHG 命令可能会导致许多问题。例如，如果把一个单元的刚度减小到接近 0，但仍保留质量，则在有加速度或惯性效应时就会产生奇异性。

6.2.2　DP 材料模型

岩石、混凝土和土壤等材料都属于颗粒状材料，这类材料受压屈服强度远大于受拉屈服强度，且材料受剪时，颗粒会膨胀，常用的 VonMise 屈服准则不适合此类材料。在土力学中，常用的屈服准则有 Mohr-Coulomb 屈服准则、Druck-Prager 屈服准则，使用 Druck-Prager 屈服准则的材料简称为 DP 材料。在岩石、土壤的有限元分析中，采用 DP 材料可以得到较精确的结果。

Druck-Prager 屈服面在主应力空间内为一圆锥形空间曲面，在 π 平面上为圆形，如图 6-1 所示。

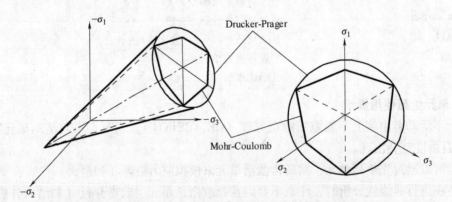

图 6-1　Mohr-Coulomb 和 Drucker-Prager 屈服准则

Druck-Prager 屈服准则表达式为

$$F = \alpha I_1 = \sqrt{J_2} - k = 0$$

其中：

$$J_2 = \frac{1}{6}\left[(\sigma_1 - \sigma_2)^2 + (\sigma_2 - \sigma_3)^2 + (\sigma_3 - \sigma_1)^2\right]$$

$$= \frac{1}{6}\left[(\sigma_x - \sigma_y)^2 + (\sigma_y - \sigma_z)^2 + (\sigma_z - \sigma_x)^2 + 6(\tau_{xy}^2 + \tau_{yz}^2 + \tau_{zx}^2)\right]$$

$$I_1 = \sigma_1 + \sigma_2 + \sigma_3 = \sigma_x + \sigma_y + \sigma_z$$

在平面应变状态下：

$$k = \frac{\sqrt{3}c\cos\varphi}{\sqrt{3}\sqrt{3 + \sin^2\varphi}}$$

当 $\varphi > 0$ 时，Druck-Prager 屈服准则在主应力空间内切于 Mohr-Coulomb 屈服面的一个圆锥形空间曲面；当 $\varphi = 0$ 时，Druck-Prager 屈服准则退化为 VonMise 屈服准则。Druck-Prager 屈服准则避免了 Mohr-Coulomb 屈服面在角棱处引起的奇异点。

受拉破坏时 $\quad \alpha = \dfrac{2\sin\varphi}{\sqrt{3}\,(3 + \sin\varphi)}, \quad k = \dfrac{6c\cos\varphi}{\sqrt{3}\,(3 + \sin\varphi)}$

受压破坏时 $\quad \alpha = \dfrac{2\sin\varphi}{\sqrt{3}\,(3 - \sin\varphi)}, \quad k = \dfrac{6c\cos\varphi}{\sqrt{3}\,(3 - \sin\varphi)}$

DP 材料模型含有黏聚力 C、内摩擦角 φ、膨胀角 φ_f 3 个力学参数，可通过 ANSYS 中材料数据表输入。膨胀角 φ_f 用来控制体积膨胀的大小：当膨胀角 $\varphi_f = 0$ 时，则不会发生膨胀；当膨胀角 $\varphi_f = \varphi$ 时，则发生严重的体积膨胀。

DP 材料受压屈服强度大于受拉屈服强度，如果已知单轴受拉屈服应力和单轴受压屈服应力，则可以得到内摩擦角和黏聚力：

$$\varphi = \arcsin\left\|\frac{3\sqrt{3}\beta}{2 + \sqrt{3}\beta}\right\|, \quad C = \frac{\sigma_y\sqrt{3}(3 - \sin\varphi)}{6\cos\varphi}$$

其中，β 和 σ_y 由受压屈服应力和受拉屈服应力计算得到：

$$\beta = \frac{\sigma_c - \sigma_t}{\sqrt{3}(\sigma_c + \sigma_t)}, \quad \sigma_y = \frac{2\sigma_c\sigma_t}{\sqrt{3}(\sigma_c + \sigma_t)}$$

6.2.3 初始地应力的模拟

在 ANSYS 中，初始地应力的模拟有两种方法。

一是只考虑岩体的自重应力，忽略其构造应力。在分析的第一步，首先计算岩体的自重应力场。这种方法简单方便，只需给出岩体的各项参数即可计算。其缺点是计算出来的应力场与实际应力场有偏差，岩体在自重作用下还产生了初始位移，在后续施工分析时，得到的位移包含初始位移，实际初始位移早就结束，对隧道的开挖没有影响，因此在进行施工阶段位移场分析时，须减去初始位移场。

二是读入初始应力文件，把初始应力定义为一种荷载。因此，当具有实测初始地应力资料时，可将初始地应力写成初始应力荷载文件，然后作为荷载条件读入 ANSYS，随后进行第一步的开挖计算，此时计算得到的应力场和位移场就是开挖后的实际应力场和位移场。

6.2.4 开挖与支护及连续施工的实现

隧道的开挖与支护好比材料的消除与激活，因此在 ANSYS 中可以用单元生死来实现隧道开挖与支护的模拟。隧道开挖时，先直接选择被开挖掉的单元，然后将这些单元杀死，从而实现隧道的开挖模拟。进行隧道支护时，先将相应支护部分在开挖时被杀死的单元激活，单元被激活后，具有零应变状态，并且把这些单元的材料属性改为支护材料的属性，这样就实现了隧道支护的模拟。

此外，可以根据 ANSYS 的计算结果（如应力或应变）来决定单元的生死状态。例如，用户可以将超过允许应力或允许应变的单元杀死，以模拟围岩或结构的破坏。

利用 ANSYS 程序中的荷载步功能可以实现不同工况间的连续计算，从而实现对隧道连续施工的模拟。首先建立开挖隧道的有限元模型，包括将来要被杀死（开挖）和激活（支护）的部分，在 ANSYS 模拟工程不需要重新划分网格。在前一个施工完成后，便可以直接进行下一道工序的施工，即再杀死单元（开挖）和激活单元（支护），再求解，重复步骤直至施工结束。

6.3 地铁明挖隧道结构力学分析

6.3.1 明挖法简述

明挖法是从地表向下开挖，在预定位置修筑结构物，待结构物施工结束后，再进行回填，把结构掩埋起来的施工方法。在地面交通和环境允许的地方一般采用明挖法施工。在环境条件允许的情况下，根据地质条件、基坑深度的不同，可以采用放坡开挖和有围护开挖，围护结构的形式主要有钻孔桩、人工挖孔桩、SMW、地下连续墙等。明挖法的特点是可分段开挖，速度快、工艺简单，防水效果好，质量有保证。但明挖法施工占用场地大，受拆迁及前期管线的影响，协调工作繁重，施工中对周围环境及居民生活影响较大。

6.3.2 问题的描述

如图 6-2 所示，某地铁车站采用明挖法修建，车站断面结构形式为单层两跨箱形截面，车站总宽度为 10m，车站高度为 5m，混凝土板厚度为 0.5m，采用 C30 混凝土浇筑。该车站埋深为 5m，车站所处地段土体饱和重度为 20kN/m³，地面超载为 20kPa，地面抗力系数取 30MPa/m。

6.3.3 建模

1. 启动 ANSYS 程序

以交互方式从开始菜单启动 ANSYS 程序。设置工作名为 sub-way station，单击 RUN 按钮，进入 GUI 操作界面，单击 Preferences，选择 Structural。

2. 定义单元类型

执行 Main Menu > Preprocessor > Element Type > Add/Edit/Delete 命令，单击 Add 按钮添加单元 BEAM188 为 1 号单元，添加 COMBIN14 为 2 号单元，如图 6-3 所示。本例中地层与结构的相互作用采用 COMBIN14 单元模拟，COMBIN14 为弹簧单元，可以模拟 1D、2D 和 3D 空间在纵向和扭转方向的弹簧，当只考虑纵向弹簧时，该单元可承受轴方向的拉压，每个节点有 X 方向、Y 方向和 Z 方向的自由度，此时不考虑弯曲和扭转。当只考虑弹簧的扭转效应时，该单元属于纯扭弹簧，每个节点有 X 方向、Y 方向和 Z 方向角度旋转的自由度，不考虑轴向拉压和弯曲。此外，COMBIN14 为弹簧单元不具有质量性质。

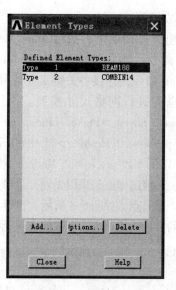

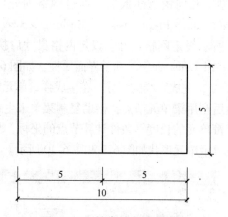

图 6-2　明挖车站断面示意图　　　　图 6-3　单元添加

3. 定义材料属性

对于本例而言，材料属性主要包括，混凝土弹性模量、泊松比、密度。执行 Main Menu > Preprocessor > Material Props > Material Models 命令，弹出图 6-4a 所示对话框。在对话框中右半栏双击 Material Models Available > Structural > Liner > Elastic > Isotropic 选项，双击后出现如图 6-4b 所示对话框，在 EX 文本框中输入 "30e9"，在 PRXY 文本框中输入 "0.2"。在 Material Models Available > Structural > Density 中设定混凝土材料密度为 "2500"。单击 "OK" 按钮完成设置。

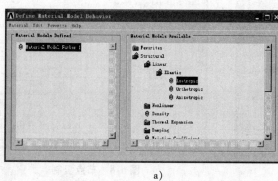　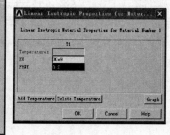

a)　　　　　　　　　　　　　　　　　b)

图 6-4　定义材料属性

4. 定义实常数

执行 Main Menu > Preprocessor > Real Constants > Add/Edit/Delete 命令，弹出图 6-5 所示对话框，在 Spring Constant 文本框中定义弹簧刚度实常数为 "30e7"。

5. 定义截面

执行 Main Menu > Preprocessor > Sections > Beam > Common Sections 命令，为 BEAM88 单元设定矩形截面，本例中结构厚度 0.5m，B = H = 0.5m。

6. 建立模型

几何建模过程如下：执行 Main Menu > Preprocessor > Modeling > Create > Keypoints > In Active CS 命令，建立关键点；执行 Main Menu > Preprocessor > Modeling > Create > lines > In Active Coord 命令，连接各关键点完成几何模型。几何模型建成后，通过网格划分生成有限元模型。首先进行网格尺寸控制。执行 Main Menu > Preprocessor > Meshing > Size Cntrls > Manuals Size > Layers > Picked Lines，如图 6-6 所示设定网格尺寸。设定网格尺寸后执行 Main Menu > Preprocessor > Meshing > Mesh Attributes > All Lines 命令，赋予界面属性，如图 6-7 所示。执行 Main Menu > Preprocessor > Meshing > Lines 命令，完成直线的划分。在生成弹簧单元的另外一个节点时，一般的做法是采用先划分梁单元，然后利用梁单元节点，借助复制菜单来生成弹簧单元的另外一个节点，如图 6-8 所示；也可根据弹簧单元的长度等条件计算节点的坐标，然后采用创建节点的方法生成节点。生成的有限元模型及显示单元形状如图 6-9 和图 6-10 所示。

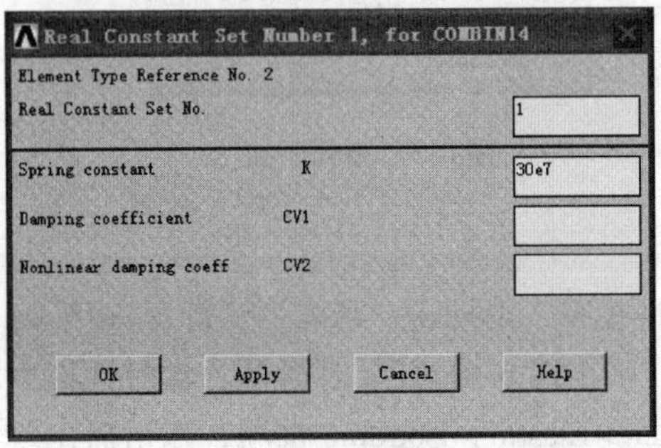

图 6-5　COMBIN14 单元实常数定义

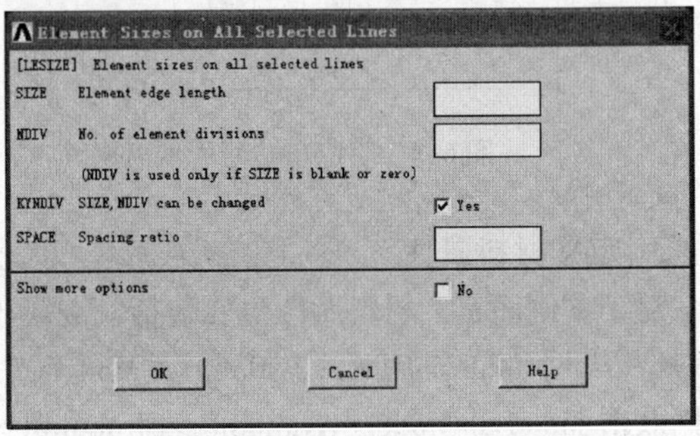

图 6-6　网格尺寸控制

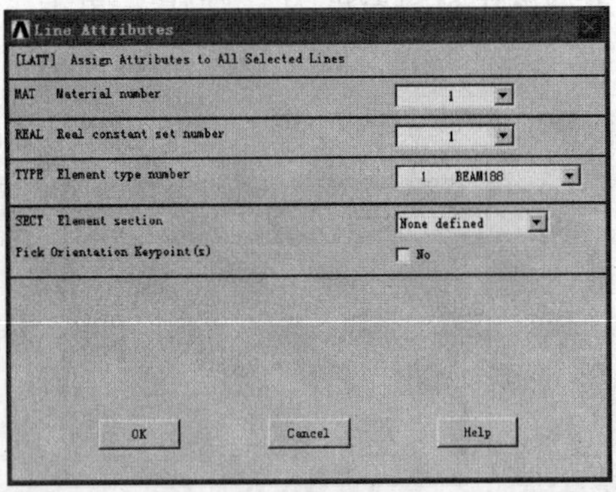

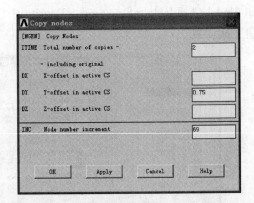

图 6-7　赋予界面属性

图 6-8　节点复制

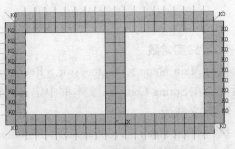

图 6-9　有限元模型

图 6-10　显示单元形状

6.3.4 加载及求解

1. 设置求解项

执行 Main Menu > Solution > Analysis Type > New Analysis 命令，设置求解类型为 Static；执行 Main Menu > Solution > Analysis Type > Analysis Options 命令，设置 NROPT 为 FULL N-R，完成求解项设置。

2. 施加节点自由度约束及荷载

执行 Main Menu > Solution > Define Loads > Apply > Structural > Displacement > On Nodes 命令，拾取节点 91 ~ 170、213 ~ 221、234 ~ 242、274、316、318、330，施加约束 UX = UY = 0，如图 6-11 所示。执行 Main Menu > Solution > Define Loads > Apply > Structural > Inertia > Gravity > Global 命令，施加重力加速度，如图 6-12 所示。

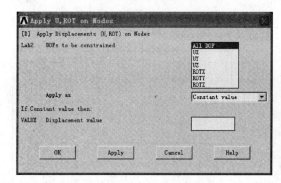
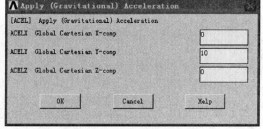

图 6-11 施加节点约束　　　　图 6-12 施加重力加速度

不同位置的节点受力大小不同，在节点上加节点力，如图 6-13 所示，其节点力的大小根据作用在结构上的面荷载进行换算，即侧边 X 方向力，随高度线性变化，顶板及底板主要受 Y 方向上均布荷载，此外，如果面载荷的作用方向不是平行于 X 轴，也不是平行于 Y 轴，则要进行力的分解。如本例中，节点 2、12、32、52 点同时受到 X、Y 方向上荷载。

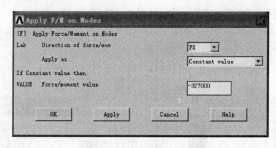

图 6-13 施加节点力

6.3.5 结果分析

后处理的目的是以图和表的形式表示计算结果，其基本过程为：先进入后处理器，查看结构的变形图；去掉受拉的弹簧，再进入求解处理器进行求解，然后进入后处理器查看结构的变形图，如此反复进行，直到计算的结果中无受拉的弹簧为止；最后进入后处理器列出各单元的内力和位移值，输出结构的内力图和变形图。

1. 初次查看变形结果

执行 Main Menu > General Postproc > Plot Results > Deformed Shape 命令，查看变形图，结果如图 6-14 所示。该初步计算结果与实际图示不符，因此需要去除受拉弹簧。

2. 去除受拉弹簧后计算

去除受拉弹簧的过程，可使用杀死单元功能，也可采用删除单元及节点方式，本例中采用删除单元及节点方式去除受拉弹簧。

执行 Main Menu > Preprocessor > Modeling > Delete > Elements 命令，分别删除 71 ~ 79、80 ~ 88、89 ~ 96、99 ~ 106、107 ~ 124 号单元；同时执行 Main Menu > Preprocessor > Modeling > Delete > Nodes 命令，删除与此单元相关的节点，结果如图 6-15 所示。

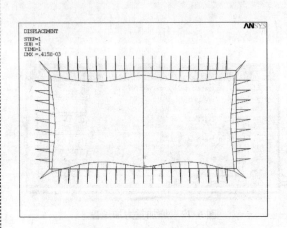

图 6-14　结构变形图　　　　　　　　图 6-15　去除受拉弹簧单元后的网格

3. 查看内力和变形结果

（1）绘制变形图　执行 Main Menu > General Postproc > Plot Results > Deformed Shape 命令，查看变形图，执行 Main Menu > General Postproc > Plot Results > Contour Plot > Nodal solu 命令，查看其他相关云图，结果如图 6-16 和图 6-17 所示。

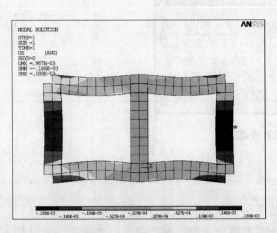
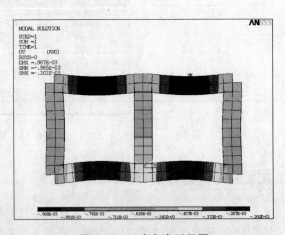

图 6-16　X 方向变形云图　　　　　　　　图 6-17　Y 方向变形云图

（2）定义单元表绘制结构弯矩、轴力、剪力图　执行 Main Menu > General Postproc > Element Table > Define Table 命令，弹出 Element Table Data 对话框，如图 6-18 所示。单击 Add 按钮，弹出 Define Additional Element Table Items 对话框，如图 6-19 所示。

图 6-18　单元表定义对话框

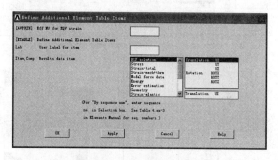

图 6-19　单元表数据定义

在 User label for item 文本框内输入 IMOMEMT，在 Item Comp Results data item 下拉列表框选取 By sequence num，在右边义本框输入"6"，然后单击 Apply 按钮；再次在 User label for item 文本框后面输入 JMOMEMT，在 Item Comp Results data item 下拉列表框中选取 By sequence num，在右栏输入"12"，然后单击 Apply 按钮；采用同样方法依次输入"ISHEAR，2""JSHEAR，8""ZHOULI-I，1""ZHOULI-J，7"，最后得到定义好后的单元数据表对话框，如图 6-20 所示。

执行 Main Menu > General Postproc > Plot Results > Contour Plot > Line Element Results 命令，弹出 Plot Line-Element Results 对话框，

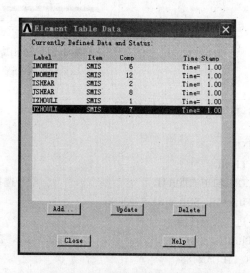

图 6-20　单元表数据定义结束

在 Element table item at node I 下拉列表框选取 IMOMENT，在 Element table item at node J 下拉列表框选取 JMOMENT，在 Optional scale factor 文本框中输入"-1"定义方向，在 Items to be plotted on 下拉列表框选中 Deformed shape，单击 OK 按钮，得到结构的弯矩图，如图 6-21所示，同理可绘制结构剪力、轴力图。

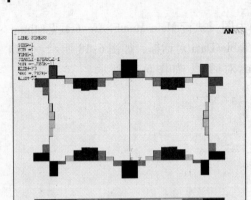

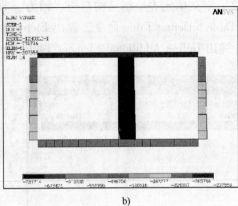

a) b)

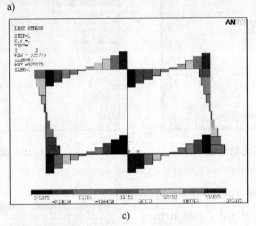

c)

图 6-21 结构弯矩、轴力及剪力图

a）弯矩图 b）轴力图 c）剪力图

6.3.6 命令流的实现

```
FINISH
/CLEAR
/COM,STRUCTURAL                      ! 选择分析类型为结构分析
/FILNAME,SUB-WAY STATION
! 进入前处理器
/PREP7
ET,1,BEAM188                         ! 定义梁单元
ET,2,COMBIN14                        ! 定义弹簧单元
R,1,30E6                             ! 定义实常数
SECTYPE,1,BEAM,RECT                  ! 定义 1 号截面
SECOFFSET,CENT                       ! 截面中心不偏移
SECDATA,1,0.5                        ! 1 号截面参数
! 定义材料属性
MP,EX,1,30E9                         ! 添加材料属性,设置弹性模量
```

```
MP,PRXY,1,0.2                              ! 设置泊松比
MP,DENS,1,2500                             ! 设置密度
! 建立几何模型
K,1,0,0,0,                                 ! 创建关键点 1,坐标为(0,0,0)
K,2,5,0,0,                                 ! 创建关键点 2,坐标为(5,0,0)
K,3,5,5,0,
K,4,0,5,0,
K,5,-5,5,0,
K,6,-5,0,0,
L,1,2                                      ! 设置线,两端点分别为 1 号和 2 号关键点
L,2,3
L,3,4
L,4,5
L,5,6
L,6,1
L,1,4

LSEL,S,LINE,,1,7,1
LESIZE,ALL,0.5,,,,1,,,1,                   ! 设置单元大小,本次划分成 0.5m 长
LATT,1,,1,,,,1
LMESH,ALL                                  ! 将所有直线划分单元

ALLSEL,ALL
NUMMRG,ALL,,,,LOW                          ! 合并节点
NUMCMP,ALL                                 ! 压缩所有节点号
NSEL,S,NODE,,22,31,1
NSEL,A,NODE,,33,41,1
NGEN,2,69,ALL,,,,0.75,,1
NSEL,S,NODE,,1
NSEL,A,NODE,,3,11,1
NSEL,A,NODE,,52,60,1
NGEN,2,110,ALL,,,,-0.75,,1
NSEL,S,NODE,,43,51,1
NGEN,2,170,ALL,,,-0.75,,1
NSEL,S,NODE,,13,21,1
NGEN,2,221,ALL,,,0.75,,1
NSEL,S,NODE,,32
NGEN,2,242,ALL,,,-0.5,0.5,,1,
NSEL,S,NODE,,42
NGEN,2,274,ALL,,,-0.5,-0.5,,1,
NSEL,S,NODE,,2
NGEN,2,316,ALL,,,0.5,-0.5,,1,
```

```
NSEL,S,NODE,,12
NGEN,2,318,ALL,,,0.5,0.5,,1,
TYPE,2
REAL,1

*DO,I,23,31,1
E,I,I+69
*ENDDO
*DO,I,33,41,1
E,I,I+69
*ENDDO
*DO,I,3,11,1
E,I,I+110
*ENDDO
*DO,I,52,60,1
E,I,I+110
*ENDDO

*DO,I,43,51,1
E,I,I+170
*ENDDO
*DO,I,13,21,1
E,I,I+221
*ENDDO
E,22,91
E,1,111
E,12,330
E,32,274
E,42,316
```

```
E,2,318
ALLSEL
NSEL,S,NODE,,91,170,1                    ! 选择从 91 到 170 之间的所有节点
NSEL,A,NODE,,213,221,1
NSEL,A,NODE,,234,242,1
NSEL,A,NODE,,274
NSEL,A,NODE,,316
NSEL,A,NODE,,318
NSEL,A,NODE,,330
D,ALL,ALL
ALLSEL
! 施加重力加速度。
ACEL,0,10,0,
```

```
！在节点上施加集中力
NSEL,S,NODE,,22,31,1          ！选择节点号为22~31的所有节点
NSEL,A,NODE,,33,41,1          ！选择节点号为33~41的所有节点
F,ALL,FY,-60000              ！在所选节点施加Y方向-60000N的力
NSEL,S,NODE,,1
NSEL,A,NODE,,3,11,1
NSEL,A,NODE,,52,60,1
F,ALL,FY,76850
ALLSEL
F,2,FX,-32700
F,13,FX,-62400
F,14,FX,-59400
F,15,FX,-56400
F,16,FX,-53400
F,17,FX,-50400
F,18,FX,-47400
F,19,FX,-44400
F,20,FX,-41400
F,21,FX,-38400
F,12,FX,-17700
F,32,FX,17700
F,43,FX,38400
F,44,FX,41400
F,45,FX,44400
F,46,FX,47400
F,47,FX,50400
F,48,FX,53400
F,49,FX,56400
F,50,FX,59400
F,51,FX,62400
F,42,FX,32700
F,2,FY,38425
F,12,FY,-30000
F,42,FY,38425
F,32,FY,-30000
SAVE
！求解前设置。
/SOLU
SOLVE
FINISH
SAVE
/PREP7
```

```
ALLSEL
ESEL,S,,,71,79,1
ESEL,A,,,80,88,1
ESEL,A,,,89,96,1
ESEL,A,,,99,106,1
ESEL,A,,,107,115,1
ESEL,A,,,116,124,1
EDELE,ALL
NDEL,92,100,1
NDEL,102,110,1
NDEL,113,120,1
NDEL,163,170,1
NDEL,213,221,1
NDEL,234,242,1
/SOLU
ALLSEL
SOLVE
FINISH
```

6.4 暗挖法隧道开挖有限元模拟

6.4.1 相关概念

暗挖法是在特定条件下，不挖开地面，全部在地下进行开挖和修筑衬砌结构的方法，暗挖法按断面开挖形式不同可分为全断面法和分部开挖法。城市地铁暗挖法施工常在地层条件较差的第四纪土中修建，对洞室的稳定性和地面沉降的控制不利，因而常配合其他辅助工法，包括注浆固结法、管棚法、降低地下水位法和冻结法等。采用暗挖法修建的车站有单拱式、双拱式或三拱式结构。而盾构法修建的多为圆形结构，有单圆和双圆等形式。

6.4.2 问题描述

如图 6-22 所示的暗挖隧道，断面设计为直墙半圆拱。隧道埋深为 10m，一次性开挖，隧道开挖的同时施工衬砌，支护结构厚度为 0.4m，其弹性模量 $E = 4 \times 10 \mathrm{Pa}$，泊松比 $\mu = 0.2$，密度 $\rho = 2700 \mathrm{kg/m^3}$，周围岩土体，弹性模量 $E = 5 \times 8 \mathrm{Pa}$，泊松比 $\mu = 0.32$，密度 $\rho = 2200 \mathrm{kg/m^3}$，本例中考虑圣维南原理，取周围岩土尺寸为隧道尺寸的 5 倍。

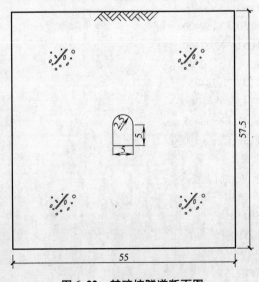

图 6-22 某暗挖隧道断面图

6.4.3 建模

1. 定义工作文件名

执行 Utility Menu > File > Change Jobname 命令，弹出图6-23所示的对话框，在文本框中输入 EX6-5，并选中 New log and error files 复选按钮。

2. 定义单元类型

执行 Main Menu > Preprocessor > Element Type > Add/Edit/Delete 命令，弹出 Element Types 对话框，单击 Add 按钮，弹出 Library of Element Types 对话框，在左面滚动栏中选择 Not Solved，在右面的滚动栏中选择 Mesh Facet200，单击 Apply 按钮。类似地，定义其他两种单元类型 SHELL181 和 SOLID185。

单元类型设定完毕，从单元类型列表选中 Type 1 MESH200，然后单击 Options 按钮，在弹出的图6-24所示的对话框中，在 K1 项的下拉列表框中选择 QUAD 4-NODE 项，单击 OK 按钮，完成 Type 1 MESH200 单元关键项的设定。

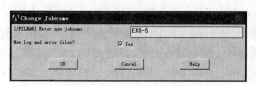

图6-23　定义工作文件名

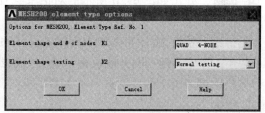

图6-24　MESH200单元关键项设定

3. 定义材料属性及单元实常数

（1）定义材料属性　执行 Main Menu > Preprocessor > Material Props > Material Model 命令，弹出 Define Material Model Behavior 窗口，连续双击 Structural > Linear > Elastic > Isotropic 后弹出 Linear Isotropic Properties for Material Number 1 对话框。在 EX 后面的文本框中输入 4.0E+10，在 PRXY 后面的栏中输入"0.2"，单击 OK 按钮。在图2-10所示的窗口中，连续双击"Structural > Density"，弹出密度定义对话框。在 DENS 文本框中输入"2700"，单击 OK 按钮，关闭该对话框。类似地，定义材料2和材料3的材料属性。

（2）定义壳单元实常数　执行 Main Menu > Preprocessor > Real Constants > Add/Edit/Delete 命令，单击 Add 按钮，选择 SHELL181 栏，单击 OK 按钮，弹出图6-25所示的对话框，Real Constant Set No. 文本框输入"1"，TK（I）文本框中输入壳单元厚度"0.4"，单击 OK 按钮。

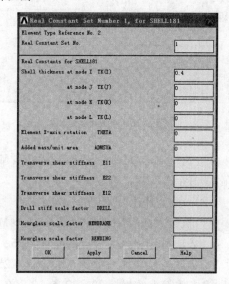

图6-25　壳单元实常数定义

4. 建立几何模型

（1）建立隧道衬砌关键点　执行 Main Menu > Preprocessor > Modeling > Create > Keypoints > In Active CS 命令，单击 Apply 按钮，生成第一个关键点，不退出该对话框，在 X、Y、Z 项分别输入关键点的坐标 0，5，0，单击 Apply 按钮。在 X、Y、Z 项分别输入关键点的坐标 5，0，0，单击 Apply 按钮。最后在 X、Y、Z 项分别输入关键点的坐标 2.5，7.5，0，单击 OK 按钮，退出该对话框。

（2）建立隧道轮廓线和被开挖土体面模型

1）执行 Main Menu > Preprocessor > Modeling > Create > Lines > Lines > In Active Coord 命令，弹出关键点图元拾取框，拾取编号为 1 和 2 的关键点，单击 OK 按钮生成线。类似地，依次拾取关键点 4~3、1~4，在两两关键点生成其余两条线。

2）执行 Main Menu > Preprocessor > Modeling > Create > Lines > Arcs > By End KPs & Rad 命令，弹出关键点图元拾取框，首先拾取编号为 2 和 5 的两个关键点（确定弧线的起始和终止位置），单击 OK 按钮，然后再拾取编号为 3 的关键点（以确定弧线的凹向），单击 OK 按钮，弹出如图 6-26 所示的对话框，在 RAD 文本框中输入弧线半径 "2.5"，单击 OK 按钮。

类似地，执行 Main Menu > Preprocessor > Modeling > Create > Lines > Arcs > By End KPs & Rad 命令，弹出关键点图元拾取框，首先拾取编号为 3 和 5 的两个关键点，单击 OK 按钮，然后再拾取编号为 2 的关键点，单击 OK 按钮，在 RAD 文本框中输入弧线半径 "2.5"，单击 OK 按钮。

3）执行 Main Menu > Preprocessor > Mddeling > Operate > Booleans > Add > Lines 命令，弹出线图元拾取框，拾取编号为 4 和 5 的两条弧线，单击 OK 按钮，弹出图 6-27 所示的对话框，保持默认的设置，单击 OK 按钮，从而将两条线加起来。

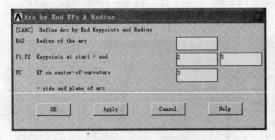
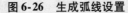
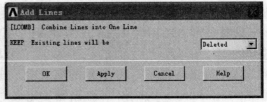

图 6-26　生成弧线设置　　　　　　图 6-27　直线相加操作

4）执行 Main Menu > Preprocessor > Modeling > Create > Areas > Arbitrary > By Lines 命令，弹出线图元拾取框，拾取编号为 1、3、2、4 的四条线，单击 OK 按钮，生成面。

（3）创建围岩几何模型

1）执行 Main Menu > Preprocessor > Modeling > Create > Keypoints > In Active CS 命令，在 X、Y、Z 项分别输入关键点的坐标 -25，-25，0，单击 Apply 按钮。不退出该对话框，在 X、Y、Z 项分别再输入关键点的坐标 -25，32.5，0，单击 "Apply" 按钮。在 X、Y、Z 项分别输入关键点的坐标 30，32.5，0，单击 Apply 按钮。最后在 X、Y、Z 项分别输入关键点的坐标 30，-25，0，单击 OK 按钮，退出该对话框。

2）执行 Main Menu > Preprocessor > Modeling > Create > Lines > Lines > In Active Coord 命令，弹出关键点图元拾取框，拾取编号为 5 和 6 的关键点，单击 OK 按钮生成线。类似地，分别拾取各组关键点 6~7、7~8、8~5、2~6、3~7、4~8、1~5，在两两关键点之间生成其余线。

3）执行 Main Menu > Preprocessor > Modeling > Create > Areas > Arbitrary > By Lines 命令，弹出线图元拾取框，拾取编号为 9、4、10、6 的四条线，单击 OK 按钮生成面。类似地，依次拾取线 "9、1、12、5"，"3、12、8、11"，"11、7、10、2"，通过各组的四条线生成其余三个面。此时，生成的面模型如图 6-28 所示。

5. 建立有限元模型

（1）对面进行网格划分

1）执行 Utility Menu > Select > Entities 命令，弹出图 6-29 所示对话框，在第一个下拉列表框中选择 Lines，在第二个下拉列表框中选择 By Num/Pick，单击 OK 按钮，弹出线图元拾取框，通过鼠标在图形工作区拾取编号 9、10、11、12 四条线，单击 OK 按钮。

图 6-28　几何面模型

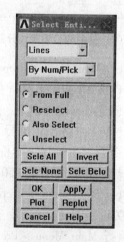

图 6-29　直线选择

199

2）执行 Main Menu > Preprocessor > Meshing > Size > Cntrls > ManualSize > Lines > Picked Lines 命令，弹出线图元拾取框，单击 Pick All 按钮，弹出图 6-30 所示对话框，在 NDIV 文本框中设定线分割数为 "15"，在 SPACE 文本框设定比率为 "5"，单击 OK 按钮。

3）执行 Utility Menu > Select > Entities 命令，在第一个下拉列表框中选择 Lines，在第二个下拉列表框中选择 By Num/Pick，单击 Invert 按钮，反选当前的线图元，单击 Replot 按钮。

4）执行 Main Menu > Preprocessor > Meshing > Size Cntrls > ManualSize > Lines > Picked Lines 命令，弹出线图元拾取框，单击 Pick All 按钮，在 NDIV 文本框中设定线分割数为 "10"，在 SPACE 文本框设定比率为 "1"，单击 OK 按钮。

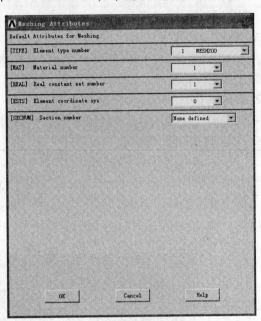

5）执行 Main Menu > Perprocessor > Meshing > Mesh Attributes > Default Attribs 命令，弹出图 6-31 所示对话框，在 TYPE 下拉列表框中选择"1 MESH200"，单击 OK 按钮。

图 6-30　设定线分割　　　　　　　　**图 6-31　单元属性配置**

6）执行 Main Menu > Preprocessor > Meshing > Mesh > Areas > Free 命令，弹出面图元拾取框，单击 Pick All 按钮，对所有的面进行网格划分，生成的面网格如图 6-32 所示。

（2）创建衬砌网格模型　通过将线模型拉伸成壳，从而创建衬砌的模型。

1）定义拉伸路径。执行 Main Menu > Preprocessor > Modeling > Create > Keypoints > In Active CS 命令，在 NPT 文本框中输入关键点编号"1000"，然后在 X、Y、Z 文本框中分别输入关键点的坐标 0，0，-50，单击 OK 按钮。

2）执行 Main Menu > Preprocessor > Modeling > Create > Lines > Lines > In Active Coord 命令，弹出关键点图元拾取框，拾取编号为 1 和 1000 的关键点，单击 OK 按钮生成线。

3）执行 Main Menu > Preprocessor > Meshing > Size Cntrls > ManualSize > Lines > Picked Lines 命令，弹出线图元拾取框，拾取编号为 13 的路径线，单击 OK 按钮，在 NDIV 文本框中设定线分割数为"10"，单击 OK 按钮。

4）执行 Main Menu > Preprocessor > Modeling > Operate > Extrude > Lines > Along Lines 命令，弹出线图元拾取框拾取编号为 1~4 的四条线，单击 OK 按钮，然后拾取编号为 13 的路径线，单击 OK 按钮，生成衬砌面。

5）执行 Main Menu > Preprocessor > Meshing > Mesh Attributes > Default Attribs 命令，弹出图 6-31 所示对话框，在 TYPE 下拉列表框中选择"2 SHELL181"，在 REAL 下拉列表框中选择"1"，在 MAT 下拉列表框中选择"1"，单击 OK 按钮。

6）执行 Main Menu > Preprocessor > Meshing > Mesh > Areas > Mapped > 3 or 4 sided 命令，拾取衬砌模型的四个壳面，单击 OK 按钮，生成的网格模型如图 6-33 所示。

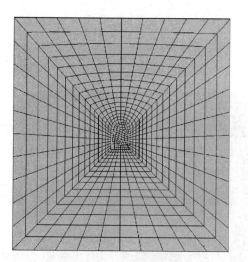

图 6-32　生成的面网格

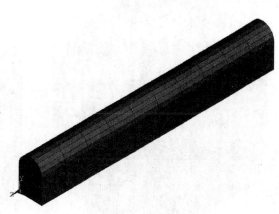

图 6-33　衬砌网格模型

（3）创建岩土网格模型

1）执行 Main Menu > Preprocessor > Modeling > Operate > Extrude > Elem Ext Opts 命令，弹出图 6-34 所示对话框，在 TYPE 下拉列表框中选择 3SOLID185，MAT 项选择 "3"，激活 ACLEAR 复选按钮，选择 Yes，单击 OK 按钮。

2）执行 Main Menu > Preprocessor > Modeling > Operate > Extrude > Areas > Along Lines 命令，弹出面图元拾取框，拾取编号为 2~5 的四个面，单击 OK 按钮，然后拾取编号为 13 的路径线，单击 OK 按钮，生成岩土模型。

3）执行 Main Menu > Preprocessor > Modeling > Operate > Extrude > Areas > Along Lines 命令，弹出面图元拾取框，拾取编号为 1 的面，单击 OK 按钮，然后拾取编号为 13 的路径线，单击 OK 按钮，生成挖去的岩土模型。

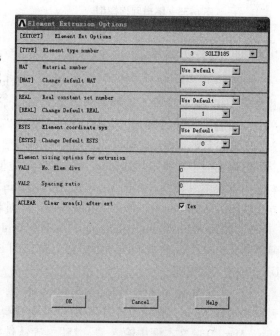

图 6-34　单元拉伸选项设定

4）执行 Main Menu > Preprocessor > Numbering Ctrls > Merge items 命令，将 Label 项设定为 All，单击 OK 按钮，对重合的参数进行合并。以上步骤执行完毕，生成的网格模型如图 6-35所示。

执行 Utility Menu > PlotCtrls > Numbering 命令，在 Elem/Attrib Numbering 下拉列表框中选择 Material numbers，单击 OK 按钮，打开材料编号显示。同时，执行 Utility Menu > PlotCtrls > Size and Shape 命令，将 Display of element 项设定为 On，激活单元显示，此时的模型如图 6-36所示。

201

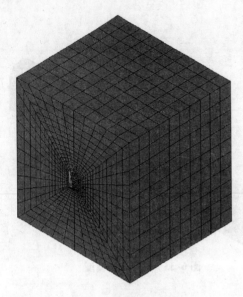

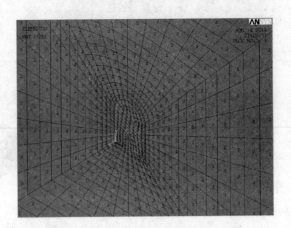

图 6-35　隧道网格模型　　　　　图 6-36　打开材料编号显示后的模型

6.4.4　加载及求解

（1）设定分析类型　执行 Main Menu > Solution > Analysis Type > New Analysis 命令，弹出 New Analysis 对话框，选择分析类型为 Static，单击 OK 按钮，关闭该对话框。

（2）施加位移约束

1）执行 Main Menu > Select > Entities 命令，在第一个下拉列表框中选择 Areas，在第二个下拉列表框中选择 By Location，设定坐标类型为 X coordinates，在"Min，Max，Inc"文本框中输入"−25"，单击 Apply 按钮。在 Min，Max，Inc 文本框中输入"30"，并将选择方式切换为 Also Select，单击 Apply 按钮，此时将 X 方向的两个侧面都选中。

2）执行 Main Menu > Solution > Loads > Apply > Structural > Displacement > On Areas 命令，弹出图元拾取框，单击 Pick All 按钮，弹出图 6-37 所示的对话框，在 Lab2 列表框中选择 UX，单击 OK 按钮。

3）执行 Main Menu > Select > Entities 命令，弹出图 6-29 所示对话框，在第一个下拉列表框中选择 Areas，在第二个下拉列表框中选择 By Location，设定坐标为 Y coordinates，在 Min，Max，Inc 文本框中输入"−25"，确认选择方式为 From Full，单击 Apply 按钮，此时将 Y 方向的底面选中。

4）执行 Main Menu > Solution > Loads > Apply > Structural > Displacement > On Areas 命令，弹出图元拾取框，单击 Pick All 按钮，弹出图 6-37 所示对话框，在 Lab2 列表框中选择 All DOF，单击 OK 按钮。

5）执行 Main Menu > Select > Entities 命令，弹出图 6-29 所示对话框，在第一个下拉列表框中选择 Areas，在第二个下拉列表框中选择 By Location，设定坐标类型为 Z coordinates，在 Min，Max，Inc 文本框中输入"−50"，确认选择方式为 From full，单击 Apply 按钮。在 Min，Max，Inc 文本框输入"0"，并将选择方式切换为 Also Select，单击 Apply 按钮，此时将 Z 方向的前后侧面都选中。

6）执行 Main Menu > Solution > Loads > Apply > Structural > Displacement > OnAreas 命令，弹出图元拾取框，单击 Pick All 按钮，弹出图 6-37 所示的对话框，在 Lab2 列表框中选择 UZ，单击 OK 按钮。

（3）施加重力加速度　执行 Main Menu > Preprocessor > Loads > Define Loads > Structural > Inertia > Gravity 命令，弹出图 6-38 所示的对话框，在 ACELY 文本框中输入"10"，定义 Y 方向的重力加速度。

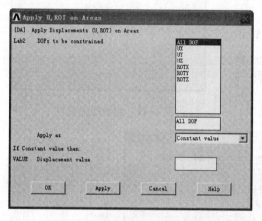

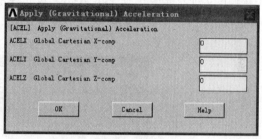

图 6-37　在面上施加约束对话框　　　　　　图 6-38　施加重力加速度

（4）设定求解控制选项　执行 Main Menu > Solution > Analysis Type > Sol'n Controls 命令，弹出 Solution Controls 对话框，单击 Basic 选项卡，如图 6-39 所示。在 Analysis Options 选项组中选择 Large Displacement Static。

在 Time Control 选项组中设定求解时间，并打开自动时间步长。时间步设置切换至 Time increment 方式，将 Number of substeps 设定为"0.02"，Minimum time step 设定为"0.01"，Maximum time step 设定为"0.2"。

在图 6-39 所示的对话框中，单击 Nonlinear 选项卡，如图 6-40 所示。在 Nonlinear Options 选项组中，将 Line search 置为 On，同时将 DOF solution predictor 设定为 On for all substep，单击 Set convergence criteria 按钮，弹出图 6-41 所示的对话框。

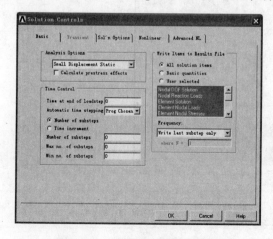

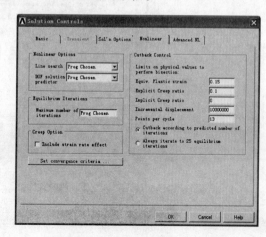

图 6-39　求解控制基本选项设置　　　　　　图 6-40　求解控制非线性选项设置

在如图 6-41 所示的对话框中，选择 F 力收敛准则，单击 Replace 按钮，弹出图 6-42 所示的对话框，在 TOLER 文本框中输入 "0.02"，在 MINREF 文本框中输入 "0.5"，其他项保持默认设置，单击 OK 按钮，返回到图 6-41 所示的对话框，单击 Close 按钮，关闭该对话框，返回到图 6-40 所示的对话框，单击 OK 按钮，完成设定。

执行 Main Menu > Solution > Analysis Type > Analysis Options 命令，弹出图 6-43 所示的对话框，在 NROPT 下拉列表框中选择 Full N-R，设定牛顿-拉普森选项。

图 6-41　收敛准则选定

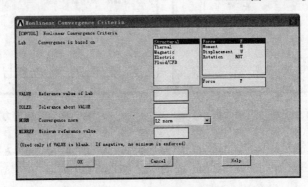

图 6-42　收敛准则设置

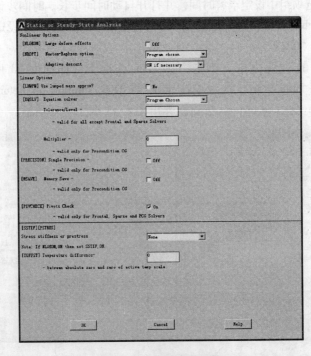

图 6-43　求解选项设置

（5）初始地应力计算

1）执行 Utility Menu > Select > Entities 命令，在第一个下拉列表框中选择 Elements，在第二个下拉列表框中选择 By Attributes，设定属性类型为 Elem Type Num，在 Min，Max，Inc 文本框中输入"2"，单击 OK 按钮，此时将支护所属的壳单元选中。

2）执行 Main Menu > Solution > Load Step Opts > Other > Birth & Death > Kill Elements 命令，弹出单元拾取框，拾取当前选择集中地所有单元，然后单击 OK 按钮，杀死单元。

3）执行 Utility Menu > Select > Entities 命令，在第一个下拉列表框中选择 Element，在第二个下拉列表框中选择 Live Elem's，单击 OK 按钮，选择激活的单元。

4）单击工具条上的 SAVE_DB 按钮保存设置。

5）执行 Main Menu > Solution > Solve > Current LS 命令，在弹出的对话框中，单击 OK 按钮，开始求解计算。当求解结束时，弹出 Solution is done 对话框，单击 Close 按钮，初始地应力求解过程结束。

（6）隧道开挖过程计算　下面开始模拟隧道开挖过程，基本思路是，进行隧道开挖时，土体被挖去，支护被修建起来，因而在计算时，需在杀死土体单元的同时，激活支护单元。开挖过程计算的基本步骤如下：

1）执行 Utility Menu > Select > Entities 命令，在第一个下拉列表框中选择 Elements，在第二个下拉列表框中选择 By Attributes，设定属性类型为 Material Num，在 Min，Max，Inc 文本框中输入"3"，单击 OK 按钮，此时将被挖去岩石所属的实体单元选中。

2）执行 Main Menu > Solution > Load Step Opts > Other > Birth & Death > Kill Elem 命令，弹出单元拾取框，拾取当前选择集中的单元，然后单击 OK 按钮，杀死单元。

3）执行 Utility Menu > Select > Entities 命令，在第一个下拉列表框中选择 Elements，在第二个下拉列表框中选择 By Attributes，设定属性类型为 Elem Type Num，在 Min，Max，Inc 文本框中输入"2"，单击 OK 按钮，此时将支护所属的壳单元选中。

4）执行 Utility Menu > Select > Entities 命令，在第一个下拉列表框中选择 Elements。在第二个下拉列表框中选择 Live Elem's，单击 OK 按钮。

5）在图 6-29 所示的对话框中，在第一个下拉列表中选择 Nodes，单击该对话框中的 Sele All 按钮，选择全部节点。第一个下拉列表中选择 Elements，单击该对话框中的 Sele All 按钮，选择全部单元。

6）单击工具条上的 SAVE_DB 按钮保存设置。

7）执行 Main Menu > Solution > Solve > Current LS 命令，在弹出的对话框中进行信息检查，确认无误后单击 OK 按钮，开始求解计算。当求解结束时，弹出 Solution is done 对话框，单击 Close 按钮，隧道开挖求解过程结束。

6.4.5　结果分析

（1）读取数据　执行 Main Menu > General Postproc > Read Results > Last Set 命令，读取最后一步的求解数据结果。

（2）查看位移结果　执行 Main Menu > General Postproc > Read Results > By Pick 选择"Time1"，执行 Main Menu > General Postproc > Plot Results > Contour Plot > Node Solu 命令，弹出 Contour Nodal Solution Data 对话框，在 Item to contoured 列表框中选择 DOF solution >

Y-Component of displacement，其余选项采用默认设置，单击 OK 按钮，图形显示 Y 方向初始地应力结果，如图 6-44 所示。类似地，选择"Time2"，也可以查看隧道 Y 方向的位移结果，如图 6-45 所示。

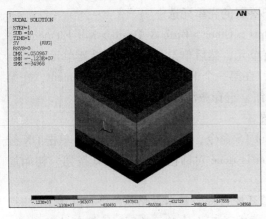

图 6-44　初始地应力

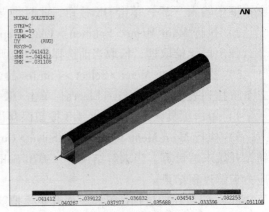

图 6-45　隧道 Y 方向变形

（3）查看应力结果　执行 Main Menu > General Postproc > Plot Results > Contour Plot > Node Solu 命令，弹出 Contour Nodal Solution Data 对话框，在 Item to be contoured 列表框中选择 Stress > X-Component of stress，其余选项采用默认设置，单击 OK 按钮，图形显示 X 方向应力等值线，如图 6-46 所示。类似地，可以查看 Y 方向应力结果，如图 6-47 所示。

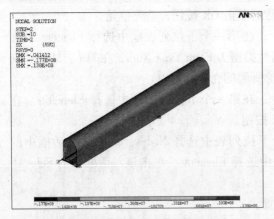

图 6-46　隧道 X 方向应力等值线

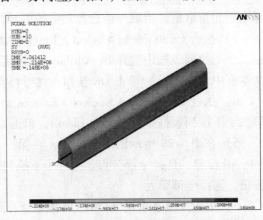

图 6-47　隧道 Y 方向应力等值线

6.4.6　命令流的实现

```
FINISH
/CLEAR
/FILENAME,TUNNEL                        ! 定义工作文件名
/PREP7                                  ! 进入前处理器
! 定义单元类型、材料、实常数
ET,1,MESH200,6                          ! 建立划分网格的单元
```

```
ET,2,SHELL181                    ! 建立壳单元
ET,3,SOLID185                    ! 建立实体单元
R,1,0.4
! 定义材料属性
MP,EX,1,4.0E10                   ! 定义弹性模量
MP,PRXY,1,0.2                    ! 定义泊松比
MP,DENS,1,2700                   ! 定义密度
MP,EX,2,5E8
MP,PRXY,2,0.32
MP,DENS,2,2200
MP,EX,3,5E8
MP,PRXY,3,0.32
MP,DENS,3,2200
! 建立几何模型
K,,
K,,,5
K,,5,5
K,,5,,
K,,2.5,7.5
!
L,1,2
L,4,3
L,1,4
LARC,2,5,3,2.5
LARC,3,5,2,2.5
LCOMB,4,5,0
AL,1,3,2,4
!
K,,-25,-25
K,,-25,32.5
K,,30,32.5
K,,30,-25
L,5,6
L,6,7
L,7,8
L,8,5
!
L,2,6
L,3,7
L,4,8
L,1,5
!
```

```
AL,9,4,10,6
AL,9,1,12,5
AL,3,12,8,11
AL,11,7,10,2
!
/PNUM,AREA,1                    ! 显示面的编号
APLOT                          ! 显示角
AGLUE,ALL                      ! 黏接所有面
NUMCMP,ALL                     ! 压缩全部面的编号
! 对面模型进行网格划分
LSEL,S,LINE,,1,2,1
LSEL,A,LINE,,5,7,2
LESIZE,ALL,,,10
ALLSEL
!
LSEL,S,LINE,,4,6,2
LSEL,A,LINE,,3,8,5
LESIZE,ALL,,,10                ! 设置网格份数为10
ALLSEL
!
LSEL,S,LINE,,9,12,1
LESIZE,ALL,,,15,5              ! 设置网格份数为15,而且设置比率为5
ALLSEL
!
TYPE,1                         ! 选择单元类型为辅助网格单元类型
ASEL,S,AREA,,1,5,1             ! 选择1~5面
AMESH,ALL                      ! 网格划分面
! 生成衬砌壳网格模型
! K,1000,,,-10                 ! 定义拉伸辅助关键点
K,1000,,,-50
L,1,1000                       ! 定义拉伸辅助线
LESIZE,13,,,10                 ! 设置拉伸线属性
LSEL,S,LINE,,1,4,1
ADRAG,ALL,,,,,,13             ! 沿着线13拉伸成衬砌面
TYPE,2                         ! 设置壳网格划分的相关属性
REAL,1                         ! 激活实常数编号1
MAT,1                          ! 激活材料编号1

! ASEL,S,LOC,Z,-5              ! 选择衬砌面
ASEL,S,LOC,Z,-25
APLOT                          ! 显示面
MSHAPE,0,2D                    ! 设定网格形状为四边形网格
```

```
MSHKEY,1                          ! 设定网格方式为映射网格
AMESH,ALL                         ! 对衬砌单元进行网格划分
! 生成剩余岩石实体网格模型
TYPE,3                            ! 设置岩土网格划分的单元类型
MAT,2                             ! 设置岩土网格的材料属性
EXTOPT,ACLEAR,1                   ! 设定拉伸面的网格将被清除
ASEL,S,AREA,,2,5,1
VDRAG,ALL,,,,,,13                 ! 拉伸面生成岩土实体
ALLSEL                           ! 选择全部图元
MAT,3                             ! 设定挖去部分岩土网格的材料属性
VDRAG,1,,,,,,13                   ! 拉伸面生成被挖去部分岩土的实体模型
EPLOT                            ! 显示单元


ALLSEL,ALL
NUMMRG,ALL,,,,LOW
NUMCMP,ALL                        ! 压缩全部编号
SAVE
FINI
! 加载及求解开始
/SOLU                            ! 进入求解模块
ANTYPE,0                          ! 设定分析类型
! 施加边界条件以及重力加速度
ASEL,S,LOC,X,-25                  ! 约束岩土两侧面 X 方向约束
ASEL,A,LOC,X,30
DA,ALL,UX,0
ALLSEL
!
ASEL,S,LOC,Y,-25                  ! 约束岩土底面 Y 方向约束
DA,ALL,ALL,
ALLS
!
ASEL,S,LOC,Z,-50                  ! 约束岩土前后侧面 Z 方向约束
ASEL,A,LOC,Z,0
DA,ALL,UZ,0
ALLSEL
!
ACEL,,10                          ! 施加重力加速度
! 设定分析选项
DELTIM,0.02,0.01,0.2              ! 设定子步时间间隔
AUTOTS,ON                         ! 使用自动荷载步
PRED,ON                           ! 打开时间步长预测器
LNSRCH,ON                         ! 打开线性搜索
```

```
NLGEOM,ON                    ! 打开大位移选项
NROPT,FULL                   ! 设定牛顿-拉普森选项
CNVTOL,F,,0.02,2,0.5         ! 设定力收敛条件
TIME,1
ESEL,S,TYPE,,2
EKILL,ALL
ESEL,ALL
SOLVE
! 进行开挖过程的计算
TIME,2
VSEL,S,,,5                   ! 选择挖去的岩石体
ESLV,S                       ! 选择与此有关单元
EKILL,ALL
ESEL,S,TYPE,,2
EKILL,ALL
EALIVE,ALL
ESEL,ALL
SOLVE
! 进入后处理器查看结果
/POST1                       ! 进入通用后处理器
ESEL,S,TYPE,,2               ! 选择衬砌单元作为查看对象
PLNSOL,U,X,                  ! 查看衬砌单元 X 方向位移
PLNSOL,U,Y                   ! 查看衬砌单元 Y 方向位移
PLNSOL,S,X                   ! 查看衬砌单元 X 方向应力云图
PLNSOL,S,Y                   ! 查看衬砌单元 Y 方向应力云图
/EXIT,ALL                    ! 保存全部数据并退出
```

6.5 双连拱隧道开挖有限元模拟

6.5.1 相关概念

连拱隧道是随我国公路建设迅速发展而提出的新型大跨度隧道形式，如图 6-48 所示，其线形流畅，占地面积少，空间利用率高，避免了洞口路基或大桥分幅，与洞外线路连接方便；同时在适应地形条件、环境保护以及工程数量上都具有优越性。鉴于以上原因，在我国高速公路的建设中，连拱隧道得到了越来越多的应用。

但是连拱隧道开挖跨度较大，施工工序繁多，开挖和支护的工序相互交叉，围岩应力变化和衬砌荷载转换十分复杂，尤其是中墙受力更为复杂。

图 6-48　双连拱隧道图

所以施工单位和设计单位都很关心隧道施工过程中围岩的稳定性以及初期支护、二次衬砌的受力和安全性。

对于双连拱这样的大跨度隧道，其结构设计主要是开挖方法的设计。隧道施工的开挖工序直接影响着隧道的施工安全、工程费用和工程进度。目前国内常用的双连拱隧道开挖方法主要有三导洞法、中导正洞台阶法和中导正洞全断面法三种。为了全面了解双连拱隧道的施工特点，采用数值分析方法动态模拟施工过程中围岩和支护结构的应力、应变和内力变化规律。

6.5.2 问题的描述

在本例中选取中导正洞全断面法的施工过程进行有限元模拟。中导正洞全断面法（以下简称全断面法）修建连拱隧道时，先进行中导开挖，待中导贯通且中墙浇筑完成后，进行左右洞全断面开挖，随后施作衬砌支护及二次衬砌。其常用的施工工序如图 6-49 所示。

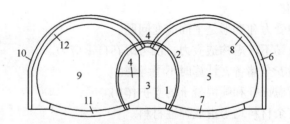

图 6-49 中导正洞全断面法施工工序示意图

1—开挖中导洞 2—中导洞支护 3—中墙砌筑及铺设中墙顶防水板 4—中墙左侧回填（或设置工字钢临时支撑）
及中墙 5—右洞全断面开挖 6—右洞初期支护 7—右洞铺设防水层 8—二衬混凝土浇筑
9—左洞全断面开挖 10—左洞初期支护 11—左洞铺设防水层 12—二衬混凝土浇筑

以某高速公路双连拱隧道为例，其设计断面如图 6-50 所示。隧道所处围岩为 Ⅱ 类，单跨采用单心圆，边墙为曲墙，中墙为直墙，墙厚 1.6m。

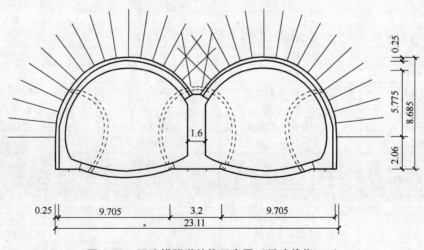

图 6-50 双连拱隧道结构示意图（尺寸单位：m）

本例中围岩参数见表 6-3：

表 6-3 围岩参数表

围岩级别	黏聚力 C/Pa	内摩擦 φ/°	弹性模量 E/Pa	泊松比 μ	密度 ρ/(kg/m³)
Ⅱ	0.16E+6	28	1.4E+9	0.4	1826.5

结构材料参数见表 6-4：

表 6-4 材料参数表

材料名称	弹性模量 E/Pa	泊松比 μ	密度 ρ/(kg/m³)
C25 混凝土	28.5E+9	0.2	2449
C20 混凝土	26E+9	0.2	2349
ϕ25 锚杆	170E+9	0.3	7959

6.5.3 建模

1. 计算假设和简化

1）隧道及围岩的受力和变形是平面应变问题。

2）岩体初始应力场不考虑构造应力，仅考虑其自重应力。

3）二次衬砌作为安全储备，计算时不予考虑。

4）初期支护只考虑锚杆和喷混凝土的支护作用。

5）除围岩外，其余材料均考虑成弹性材料。

6）初衬的模拟简化为使用梁单元，锚杆的模拟简化为使用杆单元。

7）模型计算的边界，水平方向取离隧道中心左右 50m，下边界取离隧道中心 40m。

模拟中将用到的参数设定见表 6-5。

表 6-5 参数设定表

几何参数	参数意义	几何参数	参数意义
W=50	模型右边界 X 坐标	H1=2.9241	中墙顶部 Y 坐标
L1=23.11	开挖边界	H2=3.06	中墙底部 Y 坐标
L2=3.5	锚杆长	H3=2.06	中墙底部 Y 坐标 2
D1=5.78	右隧道轴线 X 坐标	H4=40	模型下边界 Y 坐标
D2=1	中墙底部 X 坐标	H5=26	模型上边界 Y 坐标
T1=1.6	中墙厚	T2=0.25	初衬厚
T3=0.55	仰拱厚	T4=0.25	初期支护厚
R1=5.775	衬砌半径	R2=10.34	仰拱半径
R3=4	中导洞支护半径	R4=25E-3	锚杆直径
NUM=20	每边锚杆数	E_R=14E+9	围岩弹性模量
U_R=0.4	围岩泊松比	E_C=28.5E+9	C25 混凝土弹性模量
DENS_R=18265	围岩密度	U_C=0.2	C25 混凝土泊松比
C_R=0.16E+6	围岩凝聚力	DENS_C=2449	C25 混凝土密度
FI_R	围岩内摩擦角	E_C20=26E+9	C20 混凝土弹性模量
E_A=170E+9	ϕ25 锚杆弹性模量	U_C20=0.2	C20 混凝土泊松比
U_A=0.3	ϕ25 锚杆泊松比	DENS_C20=2449	C20 混凝土密度
DENS_A=7959	ϕ25 锚杆		

实体建模时,采用由低向上的建模方法,同时使用了布尔运算提高建模速度。网划分格以映射四边形网格为主,自由四边形网格为辅。

2. 参数定义

```
FINI
/CLEAR
/FILNAME, ARCH TUNNEL
/PREP7
! 几何参数设定
W = 50                      ! 模型右边界 X 坐标
L1 = 23.11                  ! 开挖宽度
L2 = 3.5                    ! 锚杆长
D1 = 5.78                   ! 隧道轴线 X 坐标
D2 = 1                      ! 中墙底部 X 坐标
H1 = 2.9241                 ! 中墙顶部 Y 坐标
H2 = 3.06                   ! 中墙底部 Y 坐标
H3 = 2.06                   ! 中墙底部 Y 坐标 2
H4 = 40                     ! 模型下边界 Y 坐标
H5 = 26                     ! 模型上边界 Y 坐标
T1 = 1.6                    ! 中墙厚
T2 = 0.25                   ! 初衬厚
T3 = 0.55                   ! 仰拱厚
T4 = 0.25                   ! 初期支护厚
R1 = 5.775                  ! 衬砌半径
R2 = 10.34                  ! 仰拱半径
R3 = 4                      ! 中导洞支护半径
R4 = 25E - 3                ! 锚杆直径
NUM = 20                    ! 每边锚杆数
! 材料参数设定
! 围岩
E_R = 1.4E9                 ! 弹性模量
U_R = 0.4                   ! 泊松比
DENS_R = 1826.5             ! 密度
C_R = 0.16E6                ! 黏聚力
FI_R = 28                   ! 内摩擦角
! C25 混凝土
E_C = 28.5E9                ! 弹性模量
U_C = 0.2                   ! 泊松比
DENS_C = 2449               ! 密度
! C20 混凝土
E_C20 = 26E9                ! 弹性模量
```

```
U_C20 = 0. 2                    ! 泊松比
DENS_C20 = 2349                 ! 密度
! φ25 锚杆
E_A = 170E9                     ! 弹性模量
U_A = 0. 3                      ! 泊松比
DENS_A = 7959                   ! 密度
! 定义单元类型
ET,1,42                         ! 定义 PLANE42 单元
KEYOPT,1,3,2                    ! 定义为平面应变问题
ET,2,3                          ! 定义 BEAM3 单元
KEYOPT,2,6,1                    ! 打开输出内力选项
ET,8,10                         ! 定义 LINK8 单元
! 定义材料属性
! 围岩 1~7 号
*DO,I,1,7,1
MP,EX,I,E_R                     ! 围岩弹性模量
MP,PRXY,I,U_R                   ! 围岩泊松比
MP,DENS,I,DENS_R                ! 围岩密度
TB,DP,I
TBDATA,1,C_R,FI_R
*ENDDO
! 衬砌 8~11 号
*DO,I,8,11,1
MP,EX,I,E_C                     ! 混凝土弹性模量
MP,PRXY,I,U_C                   ! 混凝土泊松比
MP,DENS,I,DENS_C                ! 混凝土密度
*ENDDO
! 锚杆 12~13 号
*DO,I,12,13,1
MP,EX,I,E_A                     ! 锚杆弹性模量
MP,PRXY,I,U_A                   ! 锚杆泊松比
MP,DENS,I,DENS_A                ! 锚杆密度
*ENDDO
! 中隔墙 14 号
MP,EX,14,E_C20                  ! 混凝土弹性模量
MP,PRXY,14,U_C20                ! 混凝土泊松比
MP,DENS,14,DENS_C20             ! 混凝土密度
! 定义实常数
R,1,T2,T2/12,T2                 ! 衬砌
R,2,T3,T3/12,T3                 ! 仰拱
R,3,T4,T4/12,T4                 ! 初期支护
R,4,3. 14*(R4/2)**2             ! 锚杆
```

3. 实体建模

实体建模时，首先建立可用于划分线单元和用于切割开挖边界的线，然后建立模型矩形面，再用模型面通过布尔运算减去切割线，生成所需要的各部分面。这些面共用边界线，这样可以保证网格划分时的连续性。同时在建模中还大量使用了工作平面来分割线、面，以加快建模速度。

（1）中墙、中导洞

RECTNG, – T1/2,T1/2, – H2,H1	! 建立中墙矩形面
WPOFFS, , – H3	! 工作平面 Y 向偏移 – H3 距离
WPROTA, ,90	! 工作平面绕 X 轴旋转 90°
LSBW, ALL	! 用工作平面切割选择集中所有线
K,7,T1/2 + D2, – H2	! 建立 7 号关键点
K,8, – T1/2 – D2, – H2	! 建立 8 号关键点
L,1,8	! 连接 1、8 号关键点生成线
L,2,7	! 连接 2、7 号关键点生成线
LARC,7,3,6,R3	! 生成圆弧线
LARC,4,8,5,R3	! 生成圆弧线
WPCSYS	! 工作平面与当前坐标系重合
WPROTA, ,90	! 工作平面绕 X 轴旋转 90°
LSBW, ALL	! 用工作平面切割选择集中所有线
L,11,12	! 连接 11、12 号关键点生成线

得到中墙、中导洞轮廓线如图 6-51 所示。

（2）初衬

WPCSYS	! 工作平面与当前坐标系重合
WPOFFS,D1	! 工作平面 X 向偏移 D1 距离
CSWPLA,11,1	! 在工作平面处建立 11 号局部柱坐标系
K,13,R1	! 建立关键点
L,13,3	! 生成线
K,100,R1 + L2	! 建立关键点
K,101,R1 + L2 ,160	! 建立关键点
L,100,101	! 生成线
CSYS	! 激活总体笛卡尔坐标系
WPCSYS	! 工作平面与当前坐标系重合
WPOFFS, – D1	! 工作平面 X 向偏移 – D1 距离
CSWPLA,12,1	! 在工作平面处建立 12 号局部柱坐标系
K,16,R1 ;180	! 建立关键点
L,4,16	! 生成线
K,200,R1 + L2 ,180	! 建立关键点
K,201,R1 + L2 ,20	! 建立关键点
L,200,201	! 生成线
LSEL,S,LINE,,8,10,1	! 选择线 8,9,10 及 19 号线
LSEL,A,LINE,,19	

LCSL,ALL	! 交线在交点处打断
LDEL,25,27,2,1	! 删除线
L,13,100	! 生成线
L,16,200	! 生成线

得到初衬结构轮廓线如图 6-52 所示。

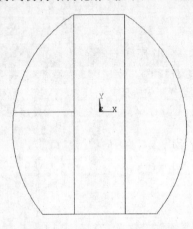

图 6-51　中墙、中导洞轮廓线

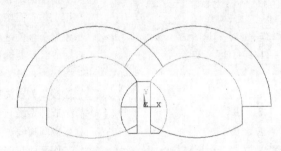

图 6-52　初衬结构轮廓线

（3）仰拱

CSYS	! 激活总体笛卡尔坐标系
WPCSYS	! 工作平面与当前坐标系重合
K,,L1/2,-H3	! 建立关键点
K,,-L1/2,-H3	! 建立关键点
L,18,13	! 生成线
L,19,16	! 生成线
LARC,6,18,10,R2	! 生成圆弧线
LARC,19,5,11,R2	! 生成圆弧线
ALLS	! 选择所有元素
LCSL,18,27	! 交线在交点处打断
LCSL,17,25	! 交线在交点处打断
ALLS	! 选择所有元素
NUMCMP,ALL	! 压缩所有元素编号

（4）模型边界

RECTNG,-W,W,-H4,H5	! 建立模型矩形面
LSEL,U,LINE,,34,37,1	! 从当前线选择集中排除四条边界线
ASBL,2,ALL	! 用当前选择集中所有线分割 2 号面

（5）锚杆

| CSYS,11 | ! 激活 11 号局部坐标系 |
| WPCSYS | ! 工作平面与当前坐标系重合 |

WPROTA,,-90	! 工作平面绕 X 轴旋转 -90°
ASEL,S,AREA,,7,9,2	! 选择 7、9 号面
*DO,I,1,NUM-1,1	! 循环控制
WPROTA,,,-7.3	! 工作平面绕 Y 轴旋转 -7.3°
ASBW,ALL	! 用工作平面切割选择集中所有面
*ENDDO	! 循环结束
CSYS,12	! 激活 11 号局部坐标系
WPCSYS	! 工作平面与当前坐标系重合
WPROTA,,-90	! 工作平面绕 X 轴旋转 -90°
ASEL,S,AREA,,7,9,1	! 选择 7、8、9、32 号面
ASEL,A,AREA,,32	
*DO,I,1,NUM-1,1	! 循环控制
WPROTA,,,7.3	! 工作平面绕 Y 轴旋转 7.3°
ASBW,ALL	! 用工作平面切割选择集中所有面
*ENDDO	! 循环结束
ALLS	! 选择所有元素
NUMCMP,ALL	! 压缩所有元素编号

用线分割模型及得到的平面实体模型如图 6-53 和图 6-54 所示。

图 6-53　用线分割模型

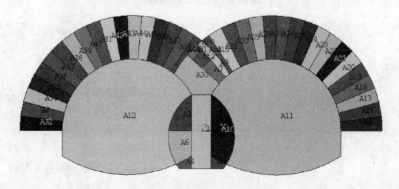

图 6-54　平面实体模型

　　（6）划分单元　为了方便求解，选取和控制将要杀死和激活的各部分单元，对于这些单元，虽然其中一些材料号的属性是一样的，但使用不同的材料号来划分。在定义材料属性时，使用循环语句快速定义大量的材料号。同时在实体建模时，已经分割好将被杀死或激活的单元的边界线。

```
! 切割开挖边界用于划分网格
CSYS                        ! 激活总体笛卡尔坐标系
WPCSYS                      ! 工作平面与当前坐标系重合
WPROTA,,-90                 ! 工作平面绕 X 轴旋转 -90°
WPROTA,,,90                 ! 工作平面绕 Y 轴旋转 90°
WPOFFS,,,4*L1/5             ! 工作平面 Z 向偏移 4*L1/5 距离
ASBW,ALL                    ! 用工作平面切割选择集中所有面
WPOFFS,,,-8*L1/5            ! 工作平面 Z 向偏移 -8*L1/5 距离
ASBW,ALL                    ! 用工作平面切割选择集中所有面
WPROTA,,,90                 ! 工作平面绕 Y 轴旋转 90°
WPOFFS,,,-H5/2              ! 工作平面 Z 向偏移 -H5/2 距离
ASBW,ALL                    ! 用工作平面切割选择集中所有面
WPOFFS,,,H5/2+2.5*H2        ! 工作平面 Z 向偏移 H5/2+2.5*H2 距离
ASBW,ALL                    ! 用工作平面切割选择集中所有面
```

开挖边界切割示意图如图 6-55 所示。

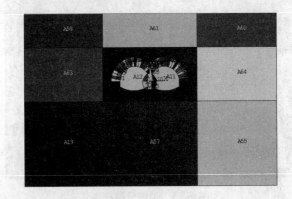

图 6-55　开挖边界切割

```
! 梁单元划分
TYPE,2                      ! 指定 2 号单元
! 中导洞初期支护
REAL,3                      ! 指定 3 号实常数
MAT,8                       ! 指定 8 号材料号
LSEL,S,LINE,,12,32,20       ! 选择 12、32 号线
LESIZE,ALL,,,6              ! 指定划分数
LMESH,ALL                  ! 划分当前选择集中所有线
MAT,9                       ! 指定 9 号材料号
```

LSEL,S,LINE,,13,30,17	！选择 13、30 号线
LESIZE,ALL,,,6	！指定划分数
LMESH,ALL	！划分当前选择集中所有线

中导洞初期支护示意图如图 6-56 所示。

图 6-56　中导洞初期支护

！右隧道支护	
MAT,10	！指定 10 号材料号
！衬砌	
REAL,1	！指定 1 号实常数
ASEL,S,AREA,,11	！选择 11 号面
LSLA,S	！选择包含于当前选择集中所有面的线
LSEL,U,LINE,,32,33,1	！排除 32、33 号线
LSEL,U,LINE,,12	！排除 12 号线
LMESH,ALL	！划分当前选择集中所有线
！仰拱	
REAL,2	！指定 2 号实常数
LSEL,S,LINE,,33	！选择 33 号线
LMESH,ALL	！划分当前选择集中所有线

右隧道衬砌及仰拱示意图如图 6-57 所示。

图 6-57　右隧道衬砌及仰拱

！左隧道支护	
MAT,11	！指定 11 号材料号
！衬砌	
REAL,1	！指定 1 号实常数
ASEL,S,AREA,,12	！选择 12 号面
LSLA,S	！选择包含于当前选择集中所有面的线
LSEL,U,LINE,,30,31,1	！排除 30、31 号线
LSEL,U,LINE,,13	！排除 13 号线
LMESH,ALL	！划分当前选择集中所有线
！仰拱	
REAL,2	！指定 2 号实常数
LSEL,S,LINE,,31	！选择 31 号线
LMESH,ALL	！划分当前选择集中所有线

左隧道衬砌及仰拱示意图如图 6-58 所示。

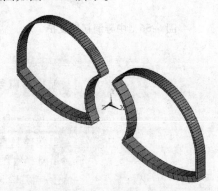

图 6-58　左隧道衬砌及仰拱

！杆单元划分	
TYPE,3	！指定 3 号单元
REAL,4	！指定 4 号实常数
！右隧道锚杆	
MAT,12	！指定 12 号材料号
CSYS,11	！激活 11 号局部柱坐标系
LSEL,S,LOC,Y,0	！选择柱坐标系下角度为 0 所有线
＊DO,I,1,NUM-1,1	！循环控制
LSEL,A,LOC,Y,I＊7.3	！选择线
＊ENDDO	！循环结束
LSEL,U,LINE,,167	！排除 167 号线
LMESH,ALL	！划分当前选择集中所有线
！左隧道锚杆	
MAT,13	！指定 13 号材料号
CSYS,12	！激活 12 号局部柱坐标系
LSEL,S,LOC,Y,180	！选择柱坐标系下角度为 180 所有线

＊DO,I,1,NUM-1,1	！循环控制
LSEL,A,LOC,Y,180-I＊7.3	！选择线
＊ENDDO	！循环结束
LSEL,U,LINE,,167	！排除 167 号线
LMESH,ALL	！划分当前选择集中所有线

右、左隧道锚杆示意图如图 6-59 和图 6-60 所示。

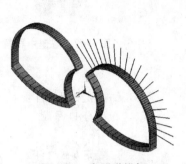

图 6-59　右隧道锚杆

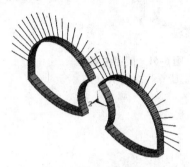

图 6-60　左隧道锚杆

！围岩单元划分	
TYPE,1	！指定 1 号单元
！中墙	
MAT,1	！指定 1 号材料号
ASEL,S,AREA,,4,5,1	！选择 4、5、1 号面
ASEL,A,AREA,,1	
LSEL,S,LINE,,14,16,1	！选择 14、15、16、11 号线
LSEL,A,LINE,,11	
LESIZE,ALL,,,6	！指定划分数
LSEL,S,LINE,,1,3,2	！选择 1、3 号线
LESIZE,ALL,,,4	！指定划分数
AMESH,ALL	！划分当前选择集中所有面
ALLS	！选择所有元素
！中导洞	
MAT,2	！指定 2 号材料号
MSHKEY,1	！指定为映射网格划分
MSHAPE,0	！指定为四边形网格划分
AMESH,3	！划分 3 号面
MAT,3	！指定 3 号材料号
AMESH,6	！划分 6 号面
MAT,4	！指定 4 号材料号
MSHKEY,0	！指定为自由网格划分
AMESH,10	！划分 10 号面

隧道中墙和中导洞示意图如图 6-61 和图 6-62 所示。

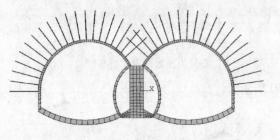

图 6-61　隧道中墙

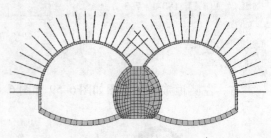

图 6-62　隧道中导洞

！右隧道	
MAT,5	！指定 5 号材料号
AMESH,11	！划分 11 号面
！左隧道	
MAT,6	！指定 6 号材料号
AMESH,12	！划分 12 号面
！围岩	
MAT,7	！指定 7 号材料号
CSYS	！激活总体笛卡尔坐标系
ASEL,S,LOC,X, −4 ∗ L1/5,4 ∗ L1/5	！选择隧道附近围岩面
ASEL,R,LOC,Y, −2. 5 ∗ H2,H5/2	
ASEL,U,MAT,,1,6,1	
LSEL,S,LINE,,176,179,3	！选择线
LESIZE,ALL,,,30	！指定划分数
LSEL,S,LINE,,181,183,2	！选择线
LESIZE,ALL,,,22	！指定划分数
AMESH,ALL	！划分当前选择集中所有面
ALLS	！选择所有元素
LSEL,S,LOC,X, − W + 1, −4 ∗ L1/5 − 1	！选择线
LSEL,A,LOC,X,4 ∗ L1/5 + 1,W − 1	
LESIZE,ALL,,,6	！指定划分数
LSEL,S,LOC,Y,H5/2 + 1,H5 − 1	！选择线
LESIZE,ALL,,,4	！指定划分数
LSEL,S,LOC,Y, − 2. 5 ∗ H2 − 1, − H4 + 1	！选择线
LESIZE,ALL,,,6	！指定划分数
ASEL,S,LOC,X, − 4 ∗ L1/5,4 ∗ L1/5	！选择围岩面
ASEL,R,LOC,Y, − 2. 5 ∗ H2,H5/2	
ASEL,INVE	
MSHKEY,1	！指定为映射网格划分
MSHAPE,0	！指定为四边形网格划分
AMESH,ALL	！划分当前选择集中所有面

网格划分后左右隧道示意图如图 6-63 所示。

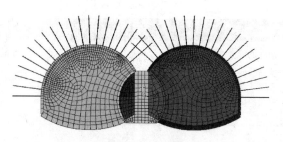

图 6-63 左右隧道

（7）边界条件

```
NSEL,S,LOC,X, – W                    ! 选择左右边界的节点
NSEL,A,LOC,X,W
D,ALL,UX                             ! 约束当前所有选集中节点 X 方向位移
NSEL,S,LOC,Y, – H4                   ! 选择下边界的节点
D,ALL,UY                             ! 约束当前所有选集中节点 Y 方向位移
ALLS                                 ! 选择所有元素
NUMCMP,ALL                           ! 压缩所有元素编号
```

施加边界条件后隧道示意图如 6-64 所示。

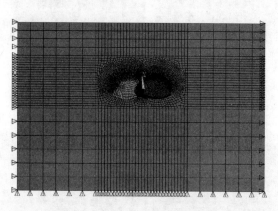

图 6-64 边界条件施加

6.5.4 加载及求解

为了方便有效地控制将要激活或杀死的单元，各载荷步、工序说明以及单元对应的材料号见表 6-6。

表 6-6 荷载步说明表

荷载步	荷载步对应工序说明	杀死的单元对应的材料号	激活的单元对应的材料号
1	自重应力场	8 ~ 13	默认全部激活
2	中导洞开挖；中导洞初期支护；中墙浇筑	2 ~ 4，改变 1 号材料属性为 14 号	8 ~ 9

（续）

荷载步	荷载步对应工序说明	杀死的单元对应的材料号	激活的单元对应的材料号
3	中墙左侧回填；右洞全断面开挖；右洞初期支护；仰拱浇筑	5、8	3、10、12
4	左洞全断面开挖；左洞初期支护；仰拱浇筑	3、6、9	11、13

在激活和杀死单元时，需要注意的是自由度的控制。因为不与任何激活单元相连的节点将"漂移"，或具有浮动的自由度数值。在一些情况下，用户可能想约束不被激活的自由度，以减少要求解方程的数目，并防止出现位置错误。约束非激活自由度，在重新激活的单元时很有影响，因为在重新激活单元时要删除这些人为的约束，同时要删除非激活自由度的节点荷载（也就是不与任意激活的单元相连的节点）。同样，用户必须在重新激活自由度上施加新的节点荷载。对于所有单元生死应用，在第一个荷载步中应设置牛顿-拉夫森选项，因为程序不能预知 EKILL 命令出现在后面的荷载步中。对于模拟隧道的开挖，打开大变形效果有时能得到合理的结果。同时打开线性搜索和时间步长预测器，将有助于结果收敛。

（1）设置求解项

```
FINISH
/SOLU                          ! 进入求解器
ANTYPE,STATIC                  ! 指定为静力学求解类型
PRED,ON                       ! 打开时间步长预测器
LNSRCH,ON                     ! 打开线性搜索
NLGEOM,ON                     ! 打开大变形求解
NROPT,FULL                    ! 设定全 N-R 求解
OUTRES,ALL,ALL                ! 输出所有项，每一步都输出
NSUB,6,10                     ! 设定子步数为6，最大不超过10
```

（2）荷载步设置

1）荷载步1，求解自重应力场。

```
TIME,1
ACEL,,9.8                     ! 施加重力加速度9.8
ESEL,S,MAT,,8,13,1            ! 选择8到13材料号的单元
EKILL,ALL                     ! 杀死单元
ESEL,ALL                      ! 选择所有单元
ESEL,S,LIVE                   ! 选择所有活的单元
NSLE,S                        ! 选择当前单元中所有节点
NSEL,INVE                     ! 反向选择
D,ALL,ALL                     ! 约束当前选择集中所有节点所有自由度
ALLS                          ! 选择所有元素
SOLVE                         ! 求解
SAVE,S1,DB                    ! 保存为 S1.DB
```

2）荷载步2，中导洞开挖；中导洞初期支护；中墙浇筑。

```
TIME,2
ESEL,S,MAT,,2,4,1                    ! 选择 2 到 4 材料号的单元
EKILL,ALL                            ! 杀死单元
ESEL,S,MAT,,8,9,1                    ! 选择 8 到 9 材料号的单元
EALIVE,ALL                           ! 激活单元
NSLE,S                               ! 选择当前单元中所有节点
DDELE,ALL,ALL                        ! 删除当前选择集中所有节点的约束
ESEL,ALL                             ! 选择所有单元
ESEL,S,LIVE                          ! 选择所有活的单元
NSLE,S                               ! 选择当前单元中所有节点
NSEL,INVE                            ! 反向选择
D,ALL,ALL                            ! 约束当前选择集中所有节点所有自由度
ESEL,S,MAT,,1                        ! 选择 1 材料号的单元
MPCHG,14,ALL                         ! 改变为 14 材料号
ALLS                                 ! 选择所有元素
SOLVE                                ! 求解
SAVE,S2,DB                           ! 保存为 S2. DB
```

3）荷载步 3，中墙左侧回填；右洞全断面开挖；右洞初期支护；仰拱浇筑。

```
TIME,3
ESEL,S,MAT,,5,8,3                    ! 选择 5、8 材料号的单元
EKILL,ALL                            ! 杀死单元
ESEL,S,MAT,,3,10,7                   ! 选择 3、10、12 材料号的单元
ESEL,A,MAT,,12
EALIVE,ALL                           ! 激活单元
NSLE,S                               ! 选择当前单元中所有节点
DDELE,ALL,ALL                        ! 删除当前选择集中所有节点的约束
ESEL,ALL                             ! 选择所有单元
ESEL,S,LIVE                          ! 选择所有活的单元
NSLE,S                               ! 选择当前单元中所有节点
NSEL,INVE                            ! 反向选择
D,ALL,ALL                            ! 约束当前选择集中所有节点所有自由度
ALLS                                 ! 选择所有元素
SOLVE                                ! 求解
SAVE,S3,DB                           ! 保存为 S3. DB
```

4）荷载步 4，左洞全断面开挖；左洞初期支护；仰拱浇筑。

```
TIME,4
ESEL,S,MAT,,3,9,3                    ! 选择 3、6、9 材料号的单元
EKILL,ALL                            ! 杀死单元
ESEL,S,MAT,,11,13,2                  ! 选择 11、13 材料号的单元
EALIVE,ALL                           ! 激活单元
```

```
NSLE,S                                    ! 选择当前单元中所有节点
DDELE,ALL,ALL                             ! 删除当前选择集中所有节点的约束
ESEL,ALL                                  ! 选择所有单元
ESEL,S,LIVE                               ! 选择所有活的单元
NSLE,S                                    ! 选择当前单元中所有节点
NSEL,INVE                                 ! 反向选择
D,ALL,ALL                                 ! 约束当前选择集中所有节点所有自由度
ALLS                                      ! 选择所有元素
SOLVE                                     ! 求解
SAVE,S4,DB                                ! 保存为 S4. DB
```

6.5.5　结果分析

对于大多数情况，用户在对包含不激活或重新激活的单元操作时应按照标准的过程来做。必须清楚的是，尽管对刚度（传导）矩阵的贡献可以忽略，但是"杀死"的单元仍在模型中。因此，它们将包括在单元显示，输出列表等操作中。例如，死单元在节点结果平均（PLNSOL 命令或 Main Menu > General Postproc > Plot Results > Nodal Solu）时将"污染"结果。所有死单元的输出应当被忽略，因为很多项带来的效果都很小。建议在单元显示和其他后处理操作前用选择功能将死单元选出选择集。对于本例，主要是进行通用后处理。在模拟隧道施工过程时，围岩的位移场（注意，需减去初始位移场）、应力场；衬砌和支护的内力是将要得到的结果。

（1）自重应力场

```
FINISH
/POST1
RESUME,'S1','DB'                          ! 打开名为 S1 的 DB 文件
FILE,'ARCH TUNNEL','RST'                  ! 指定结果文件
SET,1,LAST                                ! 读入第 1 个荷载步最后一个子步数据
ESEL,S,LIVE                               ! 选择激活的单元
PLNSOL,U,SUM,0,1.0                        ! 显示合位移云图
PLNSOL,U,X                                ! 显示 X 方向位移云图
PLNSOL,U,Y                                ! 显示 Y 方向位移云图
PLNSOL,S,EQV                              ! 显示 EQUIVALENT STRESS
```

初始地应力场如图 6-65 所示。

（2）中导洞开挖、初期支护；中墙浇筑

```
RESUME,'S2','DB'                          ! 打开名为 S2 的 DB 文件
! 围岩等效应力场
ESEL,S,LIVE                               ! 选择激活的单元
ESEL,U,MAT,,14                            ! 排除中墙的单元
PLNSOL,S,EQV                              ! 显示 EQUIVALENT STRESS
```

围岩等效应力场如图 6-66 所示。

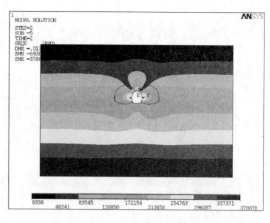

图 6-65 初始地应力场   图 6-66 围岩等效应力场

！中墙等效应力场
ESEL,S,MAT,,14   ！选择中墙的单元
PLNSOL,S,EQV   ！显示 EQUIVALENT STRESS

中墙等效应力场如图 6-67 所示。

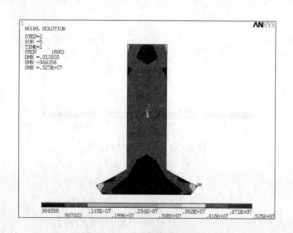

图 6-67 中墙等效应力场

！初期支护内力
ESEL,S,LIVE
ESEL,R,ENAME,,3   ！选择单元类型为 BEAM3 的单元
ETABLE,FX_I,SMISC,1   ！轴力
ETABLE,FX_J,SMISC,7
ETABLE,FY_I,SMISC,2   ！剪力
ETABLE,FY_J,SMISC,8
ETABLE,MZ_I,SMISC,6   ！弯矩
ETABLE,MZ_J,SMISC,12

初期支护弯矩、轴力、剪力如图 6-68 ～ 图 6-70 所示。

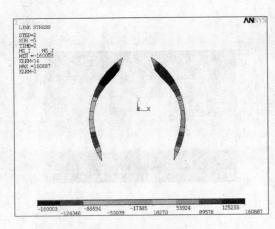

图 6-68　初期支护弯矩

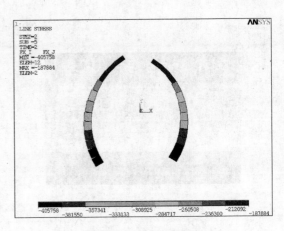

图 6-69　初期支护轴力

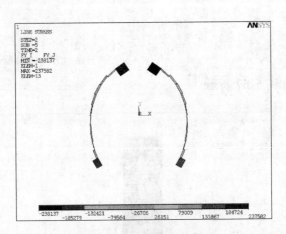

图 6-70　初期支护剪力

PLLS,MZ_I,MZ_J,–0.05	！显示弯矩
PLLS,FX_,FX_J,0.05	！显示轴力
PLLS,FY_I,FY_J,0.05	！显示轴力
！查看位移场(减去初始位移场)	
FILE,'ARCH TUNNEL','RST'	！指定结果文件
SET,2,LAST	！读入第 2 个荷载步最后一个子步数据
LCDEF,1,1	！定义第 1 个荷载步为工况 1
LCOPER,SUB,1	！当前荷载步的结果减去工况 1 的结果
ESEL,S,LIVE	！选择激活的单元
PLNSOL,U,SUM	！显示合位移云图
PLNSOL,U,X	！显示 X 方向位移云图
PLNSOL,U,Y	！显示 Y 方向位移云图

X、Y 方向位移云图如图 6-71 和图 6-72 所示。

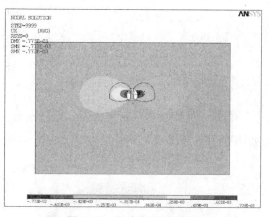

图 6-71 X 方向位移云图

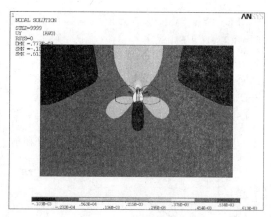

图 6-72 Y 方向位移云图

（3）中墙左侧回填；右洞全断面开挖、初期支护；仰拱浇筑。

RESUME,'S3','DB'	! 打开名为 S3 的 DB 文件
! 围岩等效应力场	
ESEL,S,LIVE	! 选择激活的单元
ESEL,U,MAT,,14	! 排除中墙的单元
PLNSOL,S,EQV	! 显示 EQUIVALENT STRESS
! 中墙等效应力场	
ESEL,S,MAT,,14	! 选择中墙的单元
PLNSOL,S,EQV	! 显示 EQUIVALENT STRESS

围岩等效应力场和中墙等效应力场如图 6-73 和图 6-74 所示。

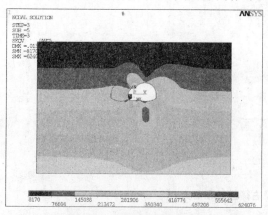

图 6-73 围岩等效应力场

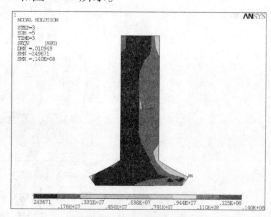

图 6-74 中墙等效应力场

! 初期支护及右隧道衬砌内力	
ESEL,S,LIVE	
ESEL,R,ENAME,,3	! 选择单元类型为 BEAM3 的单元
ETABLE,FX_I,SMISC,1	! 轴力
ETABLE,FX_J,SMISC,7	
ETABLE,FY_I,SMISC,2	! 剪力

```
ETABLE,FY_J,SMISC,8
ETABLE,MZ_I,SMISC,6                          ! 弯矩
ETABLE,MZ_J,SMISC,12
PLLS,MZ_I,MZ_J,-0.2                          ! 显示弯矩
PLLS,FX_I,FX_J,0.2                           ! 显示轴力
PLLS,FY_I,FY_J,0.2                           ! 显示剪力
```

初期支护及右隧道衬砌弯矩、轴力和剪力图如图 6-75 ~ 图 6-77 所示。

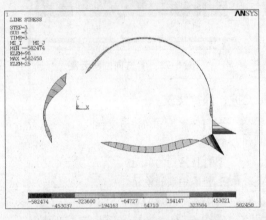

图 6-75　初期支护及右隧道衬砌弯矩

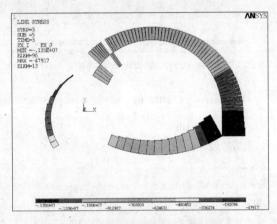

图 6-76　初期支护及右隧道衬砌轴力

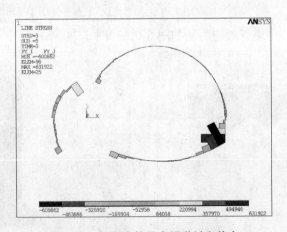

图 6-77　初期支护及右隧道衬砌剪力

```
! 查看锚杆轴力
ESEL,S,LIVE                                  ! 选择激活的单元
ESEL,R,ENAME,,1                              ! 选择单元类型为 LINK1 的单元
ETABLE,FORX,SMISC,1                          ! 轴力
PLLS,FORX,FORX,0.05                          ! 显示轴力
```

锚杆轴力图如图 6-78 所示。

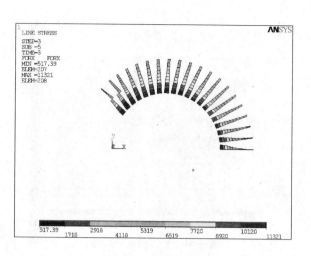

图 6-78　锚杆轴力图

！查看位移场（减去初始位移场）	
FILE,'ARCH TUNNEL','RST'	！指定结果文件
SET,3,LAST	！读入第 3 个荷载步最后一个子步数据
LCDEF,1,1	！定义第 1 个荷载步为工况 1
LCOPER,SUB,1	！当前荷载步的结果减去工况 1 的结果
ESEL,S,LIVE	！选择激活的单元
ESEL,U,MAT,,3	！去除回填土的单元
PLNSOL,U,SUM	！显示合位移云图
PLNSOL,U,X	！显示 X 方向位移云图
PLNSOL,U,Y	！显示 Y 方向位移云图

合成位移图，X、Y 方向位移云图如图 6-79～图 6-81 所示。

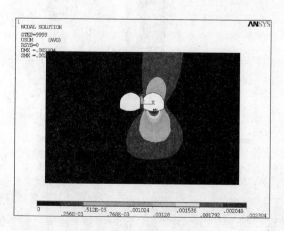

图 6-79　合成位移图

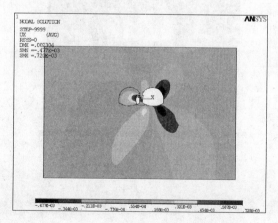

图 6-80　X 方向位移云图

（4）左洞全断面开挖、初期支护；仰拱浇筑。

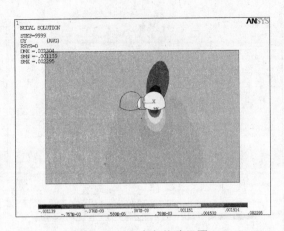

图 6-81　Y 方向位移云图

RESUME,'S4','DB'	! 打开名为 S4 的 DB 文件
! 围岩等效应力场	
ESEL,S,LIVE	! 选择激活的单元
ESEL,U,MAT,,14	! 排除中墙的单元
PLNSOL,S,EQV	! 显示 EQUIVALENT STRESS
! 中墙等效应力场	
ESEL,S,MAT,,14	! 选择中墙的单元
PLNSOL,S,EQV	! 显示 EQUIVALENT STRESS

围岩等效应力场和中墙等效应力场如图 6-82 和图 6-83 所示。

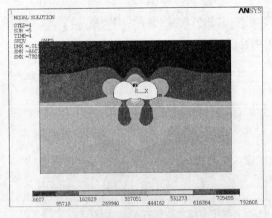

图 6-82　围岩等效应力场

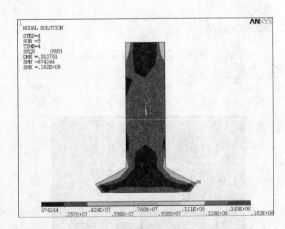

图 6-83　中墙等效应力场

! 隧道衬砌内力	
ESEL,S,LIVE	
ESEL,R,ENAME,,3	! 选择单元类型为 BEAM3 的单元
ETABLE,FX_I,SMISC,1	! 轴力
ETABLE,FX_J,SMISC,7	

ETABLE,FY_I,SMISC,2	！剪力
ETABLE,FY_J,SMISC,8	
ETABLE,MZ_I,SMISC,6	！弯矩
ETABLE,MZ_J,SMISC,12	
PLLS,MZ_I,MZ_J,-0.2	！显示弯矩
PLLS,FX_I,FX_J,0.2	！显示轴力
PLLS,FY_I,FY_J,0.2	！显示剪力

隧道衬砌弯矩、轴力、剪力如图6-84～图6-86所示。隧道锚杆轴力如图6-87所示。

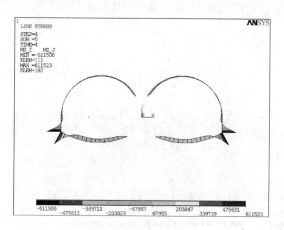

图6-84　隧道衬砌弯矩

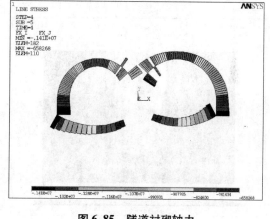

图6-85　隧道衬砌轴力

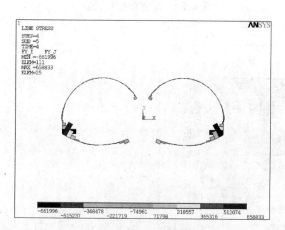

图6-86　隧道衬砌剪力

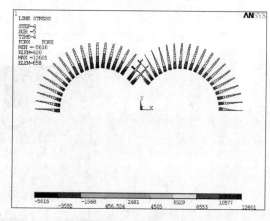

图6-87　隧道锚杆轴力图

！查看锚杆轴力	
ESEL,S,LIVE	！选择激活的单元
ESEL,R,ENAME,,1	！选择单元类型为LINK1的单元
ETABLE,FORX,SMISC,1	！轴力
PLLS,FORX,FORX,0.05	！显示轴力

```
！ 查看位移场(减去初始位移场)
FILE,'ARCH TUNNEL','RST'                    ！ 指定结果文件
SET,4,LAST                                  ！ 读入第 4 个荷载步最后一个子步数据
LCDEF,1,1                                    ！ 定义第 1 个荷载步为工况 1
LCOPER,SUB,1                                 ！ 当前荷载步的结果减去工况 1 的结果
ESEL,S,LIVE                                  ！ 选择激活的单元
PLNSOL,U,SUM                                 ！ 显示合位移云图
PLNSOL,U,X                                   ！ 显示 X 方向位移云图
PLNSOL,U,Y                                   ！ 显示 Y 方向位移云图
```

合成位移云图如图 6-88 所示。X、Y 方向位移云图如图 6-89 和图 6-90 所示。

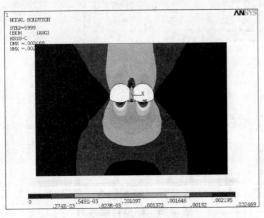

图 6-88　合成位移云图

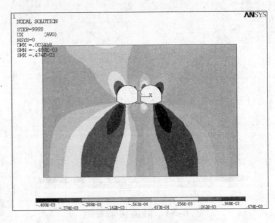

图 6-89　X 方向位移云图

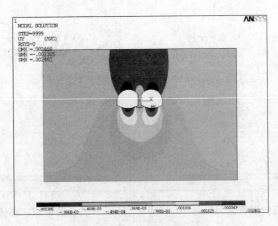

图 6-90　Y 方向位移云图

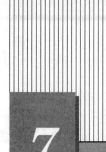

第 7 章

ANSYS在边坡工程中的应用

本章导读

　　本章从介绍边坡变形破坏的基本理论及分析方法入手，引出边坡在 ANSYS 中的稳定性分析步骤，最后用实例详细介绍了采用 ANSYS 进行边坡稳定性分析的全过程。

7.1　边坡工程

7.1.1　概述

　　边坡是指地壳表部一切具有侧向临空面的地质体，是坡面、坡顶及其下部一定深度坡体的总称，坡面与坡顶面下部至坡脚的岩体称为坡体。

　　倾斜的地面称为斜坡，铁路、公路建筑施工中，所形成的路堤斜坡称为路堤边坡；开挖路堑所形成的斜坡称为路堑边坡；水利、市政或露天煤矿等工程开挖施工所形成的斜坡也称为边坡；这些对应工程称为边坡工程。

　　对边坡工程进行地质分类时，考虑了下述各点。首先，按其物质组成，即按组成边坡的地层和岩性，可以分为岩质边坡和土质边坡（后者包括黄土边坡、沙土边坡、土石混合边坡）。地质和岩性是决定边坡工程地质特征的基本因素之一，也是研究区域性边坡稳定问题的主要依据。其次，按边坡的结构状况进行分类。因为在岩性相同的条件下，坡体结构是决定边坡稳定状况的主要因素，它直接关系到边坡稳定性的评价和处理方法。最后，如果边坡已经变形，按其主要变形形式进行划分。即边坡类属的称谓顺序是：岩性—结构—变形。

　　边坡工程对国民经济建设有重要的影响：在铁路、公路与水利建设中，边坡修建是不可避免的，边坡的稳定性严重影响到铁路、公路与水利的施工安全、营运安全以及建设成本。在路堤施工中，在路堤高度一定条件下坡脚越大，路基所占面积就越小，反之越大。在山区，坡脚越大，则路堤所需要填方量越少。因此，很有必要对边坡稳定性进行分析。

7.1.2　边坡变形破坏基本原理

1. 应力分布状态

　　边坡从其形成开始，就处于各种应力（自重应力、构造应力、热应力）作用之下。在边坡的发展变化过程中，由于边坡形态和结构的不断改变以及自然和人为应力的作用，边坡的应力状态也随之改变。根据资料及有限元法计算，应力主要发生以下变化：

1）岩体中的主应力迹线发生明显偏转，边坡坡面附近最大主应力方向和坡面平行，而最小主应力方向与坡面近于垂直，并开始出现水平方向的切应力，其总趋势是由内向外增多，越近坡脚越高，向坡内逐渐恢复到原始应力状态。

2）在坡脚逐渐形成明显的应力集中带。边坡越陡，应力集中越严重，最大最小主应力的差值也越大。此外在边坡下边分别形成切向应力减弱带和水平应力紧缩带，而在靠近边坡的表面所测得的应力值均大于按上覆岩体重量计算的数值。

3）边坡坡面岩体由于侧向应力近于零，实际上变为两向受力。在较陡边坡的坡面和顶面，出现拉应力，形成拉应力带。拉应力带的分布位置与边坡的形状和坡面的角度有关。边坡应力的调整和拉应力带的出现，是边坡变形破坏最初始的征兆。例如，坡脚应力的集中，常是坡脚出现挤压破碎带的原因；坡面及坡顶出现拉应力带，常是表层岩体松动变形的原因。

2. 边坡岩体变形破坏基本形式

边坡在复杂的内外地质应力作用下形成，又在各种因素作用下发展变化。所有边坡都在不断变形过程中，通过变形逐步发展至破坏。其基本变形破坏形式主要有松弛张裂、滑动、崩塌、倾倒、蠕动和流动。

3. 影响边坡稳定性的因素

1）边坡材料力学特性参数，包括弹性模量、泊松比、摩擦角、粘结力、重度、抗剪强度等参数。

2）边坡的几何尺寸参数，包括边坡高度、坡面角和边坡边界尺寸以及坡面后方坡体的几何形状，即坡体的不连续面与开挖面的坡度及方向之间的几何关系，它将确定坡体的各个部分是否滑动或塌落。

3）边坡外部荷载，包括地震力、重力场、渗流场、地质构造应力等。

7.1.3 边坡稳定性的分析方法

1. 极限平衡方法

极限平衡方法的基本思想是：以摩尔-库仑抗剪强度理论为基础，将滑坡体划分成若干垂直条块，建立作用在垂直条块上的力的平衡方程，求解安全系数。

这种计算分析方法遵循下列基本假设：

1）遵循库仑定律或由此引申的准则。

2）将滑体作为均匀刚性体考虑，认为滑体本身不变形，且可以传递应力。因此只研究滑动面上的受力大小，不研究滑体及滑床内部的应力状态。

3）将滑体的边界条件大大简化。如将复杂的滑体形态简化为简单的几何形态；将滑面简化为圆弧面、平面或折面；一般将立体问题简化为平面问题，取沿滑动方向的代表性剖面，以表征滑体的基本形态；将均布力简化为集中力，有时还将力的作用点简化为通过滑体重心。

极限平衡法包括瑞典圆弧滑动法、简化毕肖普法、摩根斯坦-普赖斯法、简化普通条分法、不平衡推力传递法。这些方法都是假定土体是理想塑性材料，把土体视为刚体，按照极限平衡的原则进行力的分析,最大的不同之处在于对相邻土体之间的内力做何种假定,也就是如何增加已知条件使超静定问题变为静定问题。这些假定的物理意义不一样,所能满足的平衡条件也不相同,计算步骤有简有繁,使用时应注意其适用场合。

极限平衡方法的关键是对滑体的体形和滑面的形态进行分析、正确选用滑面的计算参数、正确引用滑体的荷载条件等。因为极限平衡方法完全不考虑土体本身的应力-应变关系,不能真实地反映边坡失稳的应力场和位移场。

2. 数值分析方法

数值分析方法考虑土体的应力-应变关系,克服了极限平衡方法完全不考虑土体本身的应力-应变关系缺点,为边坡稳定分析提供了较为正确和深入的概念。

边坡稳定性数值分析方法主要包括以下几种方法:

(1)有限元法。有限元法是在边坡稳定评价中应用最早的数值模拟方法,也是目前使用最广泛的数值方法,可以用来求解弹性,弹塑性、黏弹塑性、黏塑性等问题。目前用有限元法求解边坡稳定性主要有两种方法。

1)有限元滑面搜索法。将边坡体离散为有限单元格,按照施加的荷载及边界条件进行有限元计算可得到每个节点的应力张量。然后假定一个滑动面,用有限元数据给出滑动面任一点的向正应力和剪应力,根据摩尔-库仑准则可以得到该点的抗滑力,由此即能求得滑动面上每个节点的下滑力与抗滑力,再对滑动面上下滑动力进行积分,就可以求得每一个滑动面的安全系数。

2)有限元强度折减法。首先选取初始折减系数,将岩土体强度进行折减,将折减后的参数作为输入,进行有限元计算,若程序收敛,则岩土体仍处于稳定状态,然后再增加折减系数,直到程序恰好不收敛,此时的折减系数即为稳定或安全系数。

(2)自适应有限元法 自20世纪70年代开始自适应理论被引入有限元计算,主导思想是减少前处理工作量和实现网格离散的客观控制。现已建立了一般弹性力学、流体力学、渗流分析等领域的平面自适应分析系统,能使计算较为快速和准确。

(3)离散单元法 离散单元法的突出功能是它在反映岩块之间接触面的滑移、分离与倾翻等大位移时,又能计算岩块内部的变形与应力分布。因此,任何一种岩体材料都可以引入到模型中,如弹性、黏弹性或断裂等均可考虑,故该法对块状结构、层状破裂或一般破裂结构岩体边坡比较合适,并且它利用显式时间差分法(动态差分法)求解动力平衡方程,求解非线性大位移与动力问题比较容易。

离散单元法在模拟过程中考虑了边坡失稳破坏的动态过程,允许岩土体存在滑动、平移、转动和岩体的断裂及松散等复杂过程,具有宏观上的不连续性和单个岩块体运动的随机性,可以较为真实、动态地模拟边坡在形成过程中应力、位移和状态变化,预测边坡的稳定性,因此在岩质高边坡稳定性的研究中得到广泛的应用。

(4)拉格朗日元法 为了克服有限元等方法不能求解大变形问题的缺陷,人们根据有限差分法的原理,提出了 FLAC 数值分析方法。该方法较有限元法能更好地考虑岩土体的不连续和大变形特性,求解速度较快。缺点是计算边界、单元网格的划分带有很大的随意性。

(5)界面元法 界面元法是一种基于累积单元变形于界面的界面应力元法模型,建立适用于分析不连续、非均匀、各向异性和各类非线性问题、场问题,以及能够完全模拟各类锚杆复杂空间布局和开挖扰动的方法。

3. 有限元法用于边坡稳定性分析的优点

有限元考虑了介质的变形特征，真实地反映了边坡的受力状态。它可以模拟连续介质，也可以模拟不连续介质；能考虑边坡沿软弱结构面的破坏，也能分析边坡的整体稳定破坏。有限元法可以模拟边坡的圆弧滑动破坏和非圆弧滑动破坏，还能适应各种边界条件和不规则几何形状，具有很广泛的适用性。

有限元法应用于边坡工程，有其独特的优越性。与一般解析方法相比，有限元有以下优点：

1）考虑了岩体的应力-应变关系，求出每一单元的应力与变形，反映了岩体真实工作状态。

2）与极限平衡法相比，不需要进行条间力的简化，岩体自始至终处于平衡状态。

3）不需要像极限平衡法一样事先假定边坡的滑动面，边坡的变形特性，塑性区形成都根据实际应力应变状态"自然"形成。

4）若岩体的初始应力已知，可以模拟有构造应力边坡的受力状态。

5）不但能像极限平衡法一样模拟边坡的整体破坏，还能模拟边坡的局部破坏，把边坡的整体破坏和局部破坏纳入统一的体系。

6）可以模拟边坡的开挖过程，描述和反映岩体中存在的节理裂隙、断层等构造面。

鉴于有限元具有如此多的优点，本章借助通用有限元软件 ANSYS 来实现边坡稳定性分析，用具体的边坡工程实例详细介绍应用 ANSYS 软件分析边坡稳定性问题。

7.2 边坡稳定性分析步骤

7.2.1 创建物理环境

在定义边坡稳定性分析问题的物理环境时，进入 ANSYS 前处理器，建立这个边坡稳定性分析的数学仿真模型。按照以下几个步骤来建立物理环境：

1. 设置 GUI 菜单过滤

如果希望通过 GUI 路径来运行 ANSYS，当 ANSYS 被激活后第一件要做的事情就是选择菜单路径：Main Menu > Preferences，执行上述命令后，弹出图 7-1 所示的对话框，选择 Structural，这样 ANSYS 会根据所选择的参数来对 GUI 图形界面进行过滤，选择 Structural 以便在进行边坡稳定性分析时过滤掉一些不必要的菜单及相应图形界面。

2. 定义分析标题（/TITLE）

在进行分析前，可以给所要进行的分析起一个能够代表所分析内容的标题，比如"Slope stability Analysis"，以便能够从标题上与其他相似物理几何模型区别。用下列方法定义分析标题：

命令方式：/TITLE

GUI 方式：Utility Menu > File > Change Title

3. 说明单元类型及其选项（KEYOPT）

与 ANSYS 的其他分析一样，也要进行相应的单元选择。ANSYS 软件提供了 100 种以上

工程实例教程

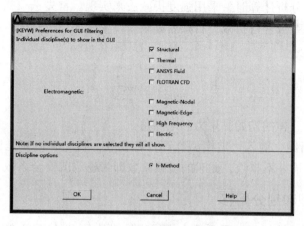

图 7-1　GUI 图形界面过滤

的单元类型，可以用来模拟工程中的各种结构和材料，各种不同的单元组合在一起，成为具体的物理问题的抽象模型。例如，不同材料属性的边坡土体用 PLANE82 单元来模拟。

大多数单元类型都有关键选项（KEYOPTS），这些选项用以修正单元特性。例如，PLANE82 有如下 KEYOPTS：

KEYOPT（2）　包含或抑制过大位移设置。

KEYOPT（3）　平面应力、轴对称、平面应变或考虑厚度的平面应力设置。

KEYOPT（9）　用户子程序初始应力设置。

设置单元以及其关键选项的方式如下：

命令方式：ET

　　　　　　KEYOPT

GUI 方式：Main Menu > Preprocessor > ElementType > Add/Edit/Delete

4. 定义单位

结构分析只有时间单位、长度单位和质量单位 3 个基本单位，所有输入的数据都应当是这 3 个单位组成的表达方式。如标准国际单位制下，时间是秒（s），长度是米（m），质量的千克（kg），则导出力的单位是 $kg \cdot m/s^2$（相当于牛顿 N），材料的弹性模量单位是 $kg/m \cdot s^2$（相当于帕 Pa）。

命令方式：/UNITS

5. 定义材料属性

对于大多数单元类型，在进行程序分析时都需要指定其材料特性，ANSYS 可方便地定义各种材料特性，如结构材料属性有线性或非线性，各向同性、正交异性或非弹性，随温度变化或不随温度变化。

因为边坡模型采用理想弹塑性模型（D-P 模型），因此需要定义边坡中不同土体的材料属性：重度、弹性模量、泊松比、黏聚力以及摩擦角。

命令方式：MP

GUI 方式：Main Menu > Preprocessor > Material Props > Material Models 或 Main Menu > Solution > Load Step Opts > other > Change Mat Props > Material Models

进行边坡稳定性分析计算时，采用强度折减法来实现。首先选取初始折减系数 F，然后对边坡土体材料强度系数进行折减，折减后黏聚力以及摩擦角分别为

$$C' = \frac{C}{F} \tag{7-1}$$

$$\tan\varphi' = \frac{\tan\varphi}{F} \tag{7-2}$$

其中，C 和 φ 为边坡土体的初始黏聚力和摩擦角。

对 C 和 φ 进行折减，输入边坡模型计算，若收敛，则此时边坡是稳定的；继续增大折减系数 F，直到程序恰好不收敛，此时的折减系数即为稳定或安全系数。

7.2.2　建立模型和划分网格

在进行边坡稳定性分析时，需要建立模拟边坡土体的 PLANE82 单元。在建立好的模型各个区域内指定特性（单元类型、选项、实常数和材料性质等）以后，就可以划分有限元网格了。

通过 GUI 为模型中的各区赋予特性：

1）选择 Main Menu > Preprocessor > Meshing > Mesh Attributes > Picked Areas。

2）单击模型中要选定的区域。

3）在对话框中为所选区域说明材料号、实常数号、单元类型号和单元坐标系号。

4）重复以上 3 个步骤，直至处理完所有区域。

通过命令为模型中的各区赋予特性：ASEL 命令选择模型区域；MAT 命令说明材料号；REAL 命令说明实常数组号；TYPE 命令指定单元类型号；ESYS 命令说明单元坐标系号。

7.2.3　施加约束和荷载

既可以给实体模型（关键点、线、面），也可以给有限元模型（节点和单元）施加边界条件和荷载。在求解时，ANSYS 会自动将加到实体模型上的边界条件和荷载传递到有限元模型上。

边坡稳定性分析中，主要是给边坡两侧和底部施加自由度约束。

命令方式：D

施加荷载包括自重荷载以及边坡开挖荷载。

7.2.4　求解

ANSYS 根据现有选项和设置，从数据库获取模型和载荷信息并进行计算求解，将结果数据写入到结果文件和数据库中。

命令方式：SOLVE

GUI 方式：Main Menu > Solution > Solve > Current LS

7.2.5　后处理

在边坡稳定性分析中，进入后处理器后，查看边坡变形图和节点的位移、应力和应变。随着强度折减系数的增大，边坡的水平位移将增大，塑性应变会急剧发展，当塑性区发展形

成一个贯通区域时，计算不收敛，则认为边坡发生了破坏。通过研究位移、应变和塑性区域来综合判断边坡的稳定性。

7.3 ANSYS 边坡稳定性实例分析

7.3.1 实例描述

国内某矿边坡尺寸如图7-2所示，对该边坡稳定性进行计算分析，以判断其稳定性。该边坡模型围岩参数见表7-1。

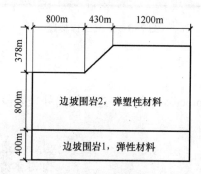

图7-2 边坡尺寸

表7-1 边坡模型围岩参数

类别	弹性模量/GPa	泊松比 μ	重度/(kN/m³)	黏聚力/MPa	摩擦角 φ/°
围岩2（弹塑性）	30	0.25	25	0.9	42
围岩1（弹性）	31	0.24	27	—	—

对于边坡这种纵向很长的实体，计算模型可以简化为平面应变问题。实测经验表明，边坡的影响范围在2倍坡高范围，因此计算区域为边坡体横向延伸2倍坡高，纵向延伸3倍坡高。两侧边界水平位移为零，下侧边界竖向位移为零。

边坡采用双层模型，一方面上部为理想弹塑性材料，下部为弹性材料，左右边界水平位置为零，下边界竖向位移为零。双层模型考虑土体的弹塑性变形，其塑性区的发展和应力的分布更符合实际情况；另一方面双层模型塑性区下部的单元可以产生一定的垂直变形和水平变形，基本消除了由于边界效应在边坡下部出现的塑性区，更好地模拟了边坡的变形和塑性区的发展。

7.3.2 GUI 操作方法

1. 创建物理环境

1）在"开始"菜单中执行"所有程序 > ANSYS14.5 > Mechanical APDL product Launcher"命令，得到"14.5 ANSYS Product Launcher"对话框。

2）选中 File Management，在 Working Directory 文本框输入工作目录"D：/ansys/Slope"，在 Job Name 文本框输入文件名 Slope。

3）单击 RUN 按钮，进入 GUI 操作界面。

4）过滤图形界面。执行 Main Menu > Preferences 命令，弹出 Preferences for GUI Filtering 对话框，选中 Structural 来对后面的分析进行菜单及相应的图形界面过滤。

5）定义工作标题。执行 Utility Menu > File > Change Title 命令，在弹出的对话框中输入 Slope stability analysis，单击 OK 按钮，如图 7-3 所示。

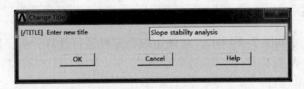

图 7-3　定义工作标题

2. 建立模型

（1）定义单元类型

1）执行 Main Menu > Preprocessor 命令，进入到前处理阶段，采用 PLANE82 单元；在命令行中输入以下命令：

```
ET,1,PLANE82                              ! 定义边坡围岩单元
KEYOPT,1,3,2                              ! 求解类型为平面应变
```

2）设定 PLANE82 单元选项。执行 Main Menu > Preprocessor > Element Type > Add > Edit > Delete 命令，弹出 PLANE82 element Type options 对话框，如图 7-4 所示。在 Element behavior K3 下拉列表框中选择 Plane strain（平面应变），其他项采用 ANSYS 默认设置，单击 OK 按钮。

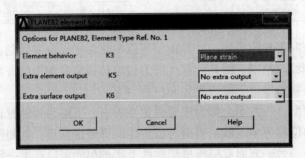

图 7-4　设定 PLANE82 单元选项

（2）定义材料属性

1）定义边坡围岩 1 材料属性。执行 Main Menu > Preprocessor > Material Props > Material Models 命令，弹出图 7-5 所示窗口。在图 7-5 中 Material Model Available 列表框中连续单击 Structural > Linear > Elastic > Isotropic 后，又弹出图 7-6 所示对话框，在 EX 文本框中输入 "3e10"，在 PRXY 文本框中输入 "0.25"，单击 OK 按钮。在图 7-5 所示对话框中选中 "Density" 并单击，弹出图 7-7 所示对话框，在 DENS 文本框中输入边坡土体材料的密度 "2500"，单击 OK 按钮。

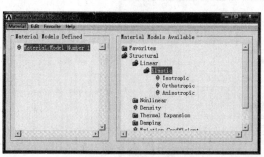

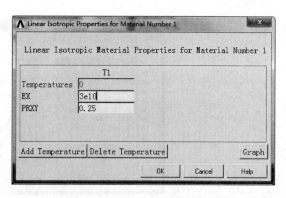

图7-5 定义材料本构模型   图7-6 设置线弹性材料模型参数

在图7-5Material Model Available 列表框中连续单击 Structural > Nonlinear > Inelastic > Nonmetal plasticity > Drucker-Prager，弹出图7-8 所示对话框。在 Cohesion 文本框中输入边坡围岩材料1 的内聚力"0.9E6"，在 Fric Angle 文本框中输入边坡围岩材料1 的内摩擦角"42"，单击 OK 按钮。

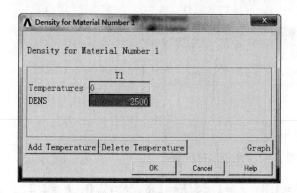

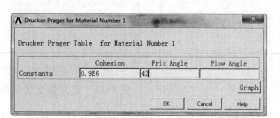

图7-7 设置材料密度   图7-8 定义边坡围岩材料1 的属性

2）定义边坡围岩2 材料属性。在图7-5 所示窗口中，单击 Material > New Mode...，弹出 Define Material ID 对话框，在 ID 文本框中输入材料编号2，单击 OK 按钮。在类似图7-5 对话框的左边 Material Models Defined 列表框中，选中 Material Model Number 2，和定义边坡围岩1 材料一样，定义边坡围岩2 的材料属性。

3）复制边坡围岩1 材料性质。在图7-5 所示窗口中，单击 Edit > copy...，弹出图7-9 所示对话框。在 from Material number 下拉列表框中选取1，在 to Material number 文本框中输入"3"，单击 Apply 按钮，又弹出图7-9 所示对话框。依次在 to Material number 文本框中输入4、5、6、7、8、9、10、11、12，每输入一个数，就单击 Apply 按钮一次，最后得到10 个复制围岩1 的边坡材料本构模型，如图7-10 所示。

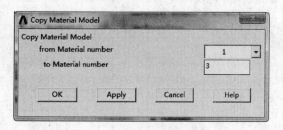

4）定义10 个强度折减后材料本构模   图7-9 复制本构模型

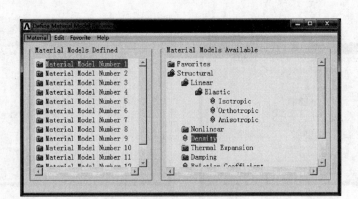

图 7-10　定义强度折减后材料模型

型。首先定义强度折减系数 $F = 1.2$ 后边坡围岩材料模型，在图 7-10 所示对话框中，单击 Material Model Number3/Drucker-Prager，弹出图 7-11 所示对话框，在 Cohesion 文本框中输入强度折减系数 $F = 1.2$ 后边坡围岩材料 1 的内聚力 "0.75E6"，在 Fric Angle 文本框中输入折减后边坡围岩材料 1 的内摩擦角 "35"，单击 OK 按钮。

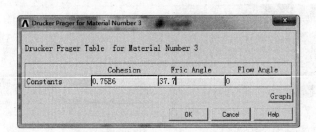

图 7-11　定义强度折减系数 $F = 1.2$ 时围岩材料参数

用相同方法定义强度折减系数分别为：$F = 1.4$、$F = 1.6$、$F = 1.8$、$F = 2.0$、$F = 2.2$、$F = 2.4$、$F = 2.6$、$F = 2.8$、$F = 3.0$ 的边坡围岩材料本构模型参数。具体数值见表 7-2：

表 7-2　不同强度折减系数的围岩材料本构模型

F	Cohesion	Fric Angle
1.0	9.00E+05	42.00
1.2	7.50E+05	35.00
1.4	6.43E+05	30.00
1.6	5.63E+05	26.25
1.8	5.00E+05	23.33
2.0	4.50E+05	21.00
2.2	4.09E+05	19.09
2.4	3.75E+05	17.50
2.6	3.46E+05	16.15
2.8	3.21E+05	15.00
3.0	3.00E+05	14.00

（3）建立边坡几何模型

1）创建边线模型。

① 输入关键点。执行 Main Menu > Preprocessor > Modeling > Create > Keypoints > In Active CS 命令，弹出图 7-12 所示对话框。在 NPT Keypoint number 文本框中输入"1"，在 X，Y，Z Location in active CS 文本框输入 2、3、4、5、6、7、8、9，在对应 X，Y，Z Location in active CS 文本框输入（-800，0，0）、（-800，-1200，0）、（1200，-1200，0）、（1200，-800，0）、（1200，0，0）、（1200，378，0）、（430，378，0），最后单击 OK 按钮。

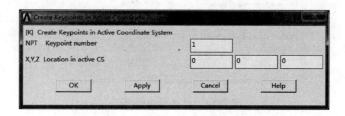

图 7-12　在当前坐标系创建关键点对话框

② 创建坡线模型。执行 Main Menu > Preprocessor > Modeling > Create > Lines > Lines > Straight line 命令，弹出 Create straight lines 对话框，依次单击关键点 1、2，单击 Apply 按钮，这样就创建了直接 L1，用同样的方法连接关键点"2、3"，"3、4"，"4、5"，"5、6"，"6、7"，"7、1"，"7、8"，"8、9"，"9、1"，"6、3"，最后单击 OK 按钮，就得到边坡线模型，如图 7-13 所示。

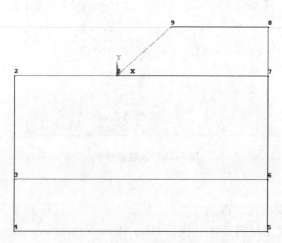

图 7-13　边坡线模型

2）创建边坡面模型。

① 打开面编号显示。执行 Utility Menu > PlotCtrls > Numbering 命令，弹出图 7-14 所示对话框。选中 Line numbers 复选按钮，后面的文字由 Off 变为 On，单击 OK 按钮关闭窗口。

② 创建边坡面模型。执行 Main Menu > Preprocessor > Modeling > Create > Areas > Arbitrary > by line 命令，弹出 Create Area by lines 对话框，在图形中选取线 L3、L4、L5 和 L11，单击 Apply 按钮，生成边坡弹性区域面积 A1；在图形中选取线 L1、L2、L11、L6 和 L7，单击

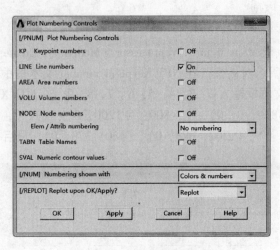

图 7-14 打开面编号显示

Apply 按钮，生成边坡塑性材料区域面积 A2；在图形中选取线 L7、L8、L9 和 L10，单击 OK 按钮，生成边坡开挖掉区域面积 A3；最后得到边坡模型的面模型，如图 7-15 所示。

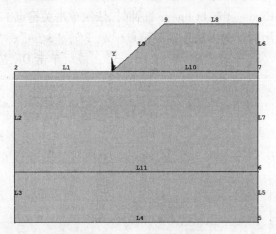

图 7-15 边坡面模型

（4）划分网格

1）划分边坡围岩 2 单元网格。

① 给边坡围岩 2 赋予材料特性。执行 Main Menu > Preprocessor > Meshing > MeshTool 命令，弹出图 7-16 所示网格划分工具栏。在 Element Attributes 下拉列表框中选择 Areas，单击 set 按钮，弹出一个 Areas Attributes 面拾取框，在图形界面上拾取边坡围岩 1 区域，单击拾取框上的 OK 按钮，弹出图 7-17 所示的对话框，在 Material number 下拉列表框中选取 2，在 Element type number 下拉列表框中选取 1 PLANE82，单击 OK 按钮。

② 设置网格划分数。在图 7-16 网格划分工具栏中的 Size Control 选项组中，单击 lines 项后面的 set 按钮，弹出一个选择对话框，在图形中选择线 L3 和 L5，弹出图 7-18 所示对话框，在 No. of element division 文本框中输入"5"，单击 Apply 按钮，再选择线 L4 和 L11，又弹出图 7-18 所示对话框，在 No. of element division 文本框中输入"26"，单击 OK 按钮。

图 7-16 网格划分工具栏

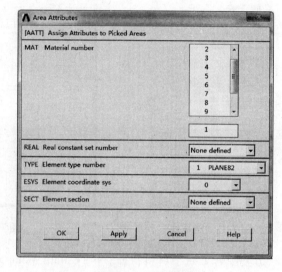

图 7-17 定义面属性

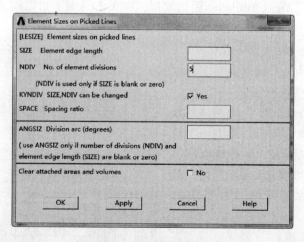

图 7-18 设置网格数

③ 划分单元网格。在图 7-16 网格划分工具栏中单击 Mesh 按钮，弹出拾取面积对话框，拾取面积，单击拾取框上的 OK 按钮，生成边坡围岩 1 单元网格。

2）划分边坡围岩 1 单元。

① 网络设置网络份数。执行 Main Menu > Preprocessor > Meshing > Size Cntrls > ManualSize >

Layers > Picked Lines 命令，弹出图7-19所示对话框，在图形界面上选取线 L1、L2、和 L6，单击 OK 按钮，弹出图7-20所示对话框，在 No. Of Line Division 文本框中输入"10"，单击 OK 按钮。

Set Layer Controls

- ◉ Pick   ◯ Unpick
- ◉ Single   ◯ Box
- ◯ Polygon   ◯ Circle
- ◯ Loop

Count   = 3
Maximum   = 11
Minimum   = 1
Line No. = 7

- ◉ List of Items
- ◯ Min, Max, Inc

| OK | Apply |
| Reset | Cancel |

图 7-19   选取线

Area Layer-Mesh Controls on Picked Lines

[LESIZE] Area Layer-Mesh controls on picked lines
SIZE Element edge length | 0
-- or --
NDIV No. of line divisions | 10
KYNDIV SIZE,NDIV can be changed | ☑ Yes
SPACE Spacing ratio (Normal 1) | 0
LAYER1 Inner layer thickness | 0
　　Size factor must be > or = 1
Thickness input is:
　　◉ Size factor
　　◯ Absolute length
(LAYER1 elements are uniformly-sized)
LAYER2 Outer layer thickness | 0
　　Transition factor must be > 1
Thickness input is:
　　◉ Transition fact.
　　◯ Absolute length
(LAYER2 elements transition from LAYER1 size to global size)
NOTE: Blank or zero settings remain the same.

| OK | Apply | Cancel | Help |

图 7-20   设置网格数

② 给边坡围岩 1 赋予材料特征。执行 Main Menu > Preprocessor > Meshing > MeshTool 命令，弹出图7-16所示网格划分工具栏。在 Element Attributes 下拉列表框中选择 Areas 后，单击 "Set" 按钮，弹出 Areas Attributes 面拾取框，在图形界面上拾取面 A2 和 A3，单击拾取框上的 OK 按钮，又弹出图 7-17 所示对话框。在 Material Number 列表框中选取 "1"，在 Element Type Number 下拉列表框中选取 "1 PLANE82"，单击 OK 按钮。

③ 划分单元网络。在图 7-16 网络划分工具栏中单击 "Mesh" 按钮，弹出一个拾取面积对话框。拾取围岩，单击拾取框上的 OK 按钮，生成边坡围岩 1 单元网络。最后得到边坡模型单元网络，如图 7-21 所示。

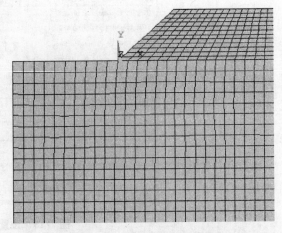

图 7-21   边坡模型单元网格

3. 施加约束和荷载

（1）给边坡模型施加约束

1）给边坡模型两边施加约束。执行 Main Menu > Solution > Define Loads > Apply > Structural > Displacement > on Nodes 命令，弹出在节点上施加位移约束对话框，在图形界面上选取隧道模型两侧边界上所有节点，单击 OK 按钮，弹出图 7-22 所示对话框，在 DOFS to be Constrained 列表框中选取 UX，在 Apply as 下

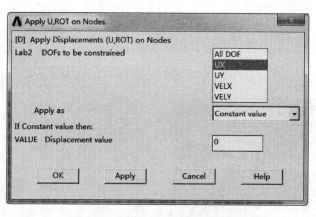

图7-22　给模型两侧施加位移约束

拉列表框中选取 Constant Value，在 Displacement Value 文本框输入 0，然后单击 OK 按钮。

2）给模型底部施加约束。执行 Main Menu > Solution > Define Loads > Apply > Structural > Displacement > on Nodes 命令，弹出在节点上施加位移约束对话框。在图形界面上选取隧道模型底部边界上所有节点，单击 OK 按钮，弹出图 7-23 所示对话框，在 DOFS to be constrained 列表框中选取 UX、UY，在 Apply as 下拉列表框中选取 Constant Value，在 Displacement Value 文本框输入"0"，然后单击 OK 按钮。

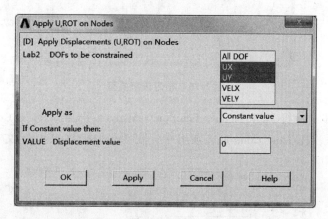

图7-23　给模型底部施加位移约束

（2）施加重力加速度　执行 Main Menu > Solution > Define Loads > Apply > Structural > Inertia > Gravity > Global 命令，弹出图 7-24 所示对话框。在 Global Cartesian Y-comp 文本框中输入重力加速度值"9.8"，单击 OK 按钮。

施加约束和重力加速度后的隧道有限元模型如图 7-25 所示。

4. 求解

（1）求解设置

1）指定求解类型。执行 Main menu > Solution > Analysis Type > New Analysis 命令，弹出图 7-26所示对话框，选中 Static 单选按钮，单击 OK 按钮。

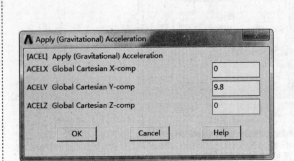

图7-24 施加重力加速度

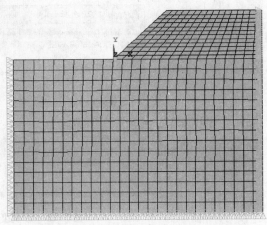

图7-25 施加约束和重力荷载后的边坡模型

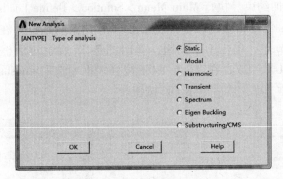

图7-26 指定求解类型

2）设置荷载步。执行 Main menu > Solution > Analysis Type > Sol'n Controls 命令，弹出图7-27所示对话框，在 Time Control 选项组中，在 Number of substeps 文本框中输入"5"，

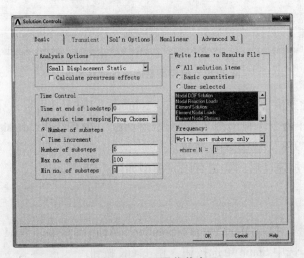

图7-27 设置荷载步

在 Max no. of substeps 文本框中输入"100"，在 Min no. of substeps 文本框中输入"1"，单击 OK 按钮。

3）设置线性搜索。执行 Main menu > Solution > Analysis Type > Sol'n Controls 命令，弹出图 7-28所示对话框，在 Nonlinear Options 选项组的 Line search 下拉列表框中选取 ON，单击 OK 按钮。

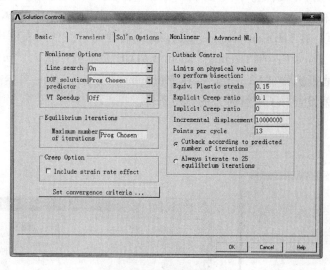

图 7-28　设置线性搜索

4）设定牛顿-拉普森选项。执行 Main menu > Solution > Analysis Type > analysis options 命令，弹出图 7-29 所示对话框，在 Newton-Raphson option 下拉列表框选取 Full N-R，单击 OK 按钮。

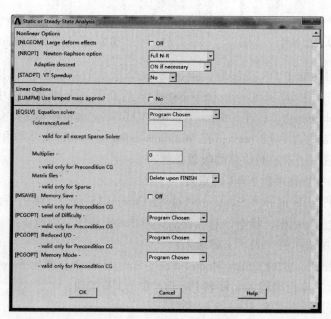

图 7-29　设定牛顿-拉普森选项

5）打开大位移求解。执行 Main menu > Solution > Analysis Type > Sol'n Controls > Basic 命令，弹出图7-27所示对话框，在 Analysis Options 选项组中，在下拉列表框中选取 Large Displacement static，单击 OK 按钮。

6）设置收敛条件。执行 Main menu > Solution > load step opts > nonlinear > convergence crit 命令，弹出图7-30所示对话框。图中显示 ANSYS 默认的力和力矩的收敛条件。

为了使求解顺利进行，可以修改默认收敛设置。单击图7-30中的 Replace 按钮，弹出图7-31所示对话框。在 Lab Convergence is based on 后面的第一个列表框选中 Structural，在第二个列表框选中 Force F；在 Tolerance about VALUE 文本框中输入"0.005"；在 Convergence norm 下拉列表框选中"L2 norm"；在 Minimum reference value 文本框中输入"0.5"，单击 OK 按钮，这就设置好了求解时力的收敛条件。

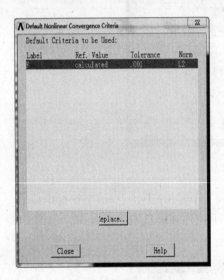

图 7-30 默认收敛条件

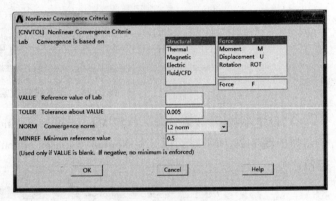

图 7-31 设置力收敛条件

单击图7-31对话框中 OK 按钮后，弹出图7-32所示的对话框。单击 Add 按钮，弹出图7-33所示对话框，在 Lab Convergence is based on 后面第一个列表框选中 Structural，第二个列表框选中 Displacement U；在 Tolerance about VALUE 文本框中输入"0.05"；在 Convergence norm 下拉列表框选中 L2 norm；在 Minimum reference value 文本框中输入"1"，单击 OK 按钮。这就设置好了求解时位移的收敛条件。

（2）边坡在强度折减系数 $F=1$ 时求解

1）求解。执行 Main menu > Solution > Solve > Current LS 命令，弹出一个求解选项信息和一个当前求解荷载步对话框，检查信息无误后，单击 OK 按钮，开始求解运算，直到出现一个 Solution is done 的提示栏，表示求解结束。

2）保存求解结果。执行 Utility Menu > File > Save as 命令，弹出 Save Database 对话框，在 Save Database to 文本框中输入文件名 F1. db，单击 OK 按钮。

（3）边坡在强度折减系数 $F=1.2$ 时求解

1）折减边坡强度。先选择需要折减的单元，再执行 Main menu > Solution > Load step Opts > Other > Change Mat Props > Change Mat Num 命令，弹出图7-34所示对话框，在

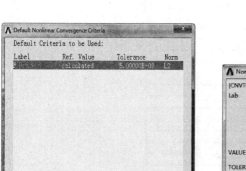

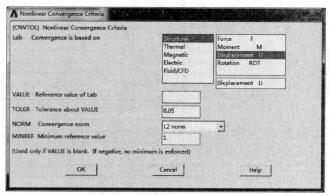

图 7-32 设置完力收敛条件　　　　　图 7-33 设置位移收敛条件

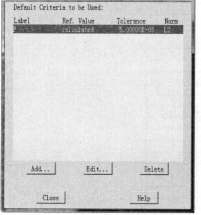

图 7-34 改变材料号

New material number 文本框中输入新材料号"3"，在 Element no. to be modified 文本框中输入 ALL，表示把刚才选定的单元材料设定为 3 号材料，单击 OK 按钮。

　　2）求解。执行 Main menu > Solution > Solve > Current LS 命令，弹出一个求解选项信息和一个当前求解荷载步对话框，检查信息无误后，单击 OK 按钮，开始求解运算，直到出现一个 Solution is done 的提示栏，表示求解结束。

　　3）保存求解结果。执行 Utility menu > File > Save as 命令，弹出 Save Database 对话框，在 Save Database to 文本框中输入文件名 F1.2.db，单击 OK 按钮。

　　同理，依次对强度折减系数 $F = 1.4$、$F = 1.6$、$F = 1.8$、$F = 2.0$、$F = 2.2$、$F = 2.4$、$F = 2.6$、$F = 2.8$、$F = 3.0$ 进行求解，直到求解不收敛为止，并保存各次求解结果：F1.4.db、F1.6.db、F1.8.db、F2.0.db、F2.2.db、F2.4.db、F2.6.db、F2.8.db（图 7-35）、F3.0.db。

　　当强度折减系数 $F = 3.0$ 时，求解不收敛，此时求解迭代力和位移不收敛过程如图 7-36 所示。

5. 后处理

　　伴随强度折减系数的增加，边坡的塑性应变增大，塑性区也随之扩大，当塑性区发展成一个贯通区域，边坡就不稳定，此时求解也不收敛。与之同时，边坡水平位移也变大。因此，主要通过观察后处理中边坡塑性应变、塑性区、位移和收敛来判断边坡稳定与否。

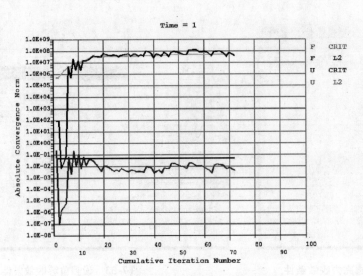

图 7-35　$F=2.8$ 求解收敛时迭代过程图

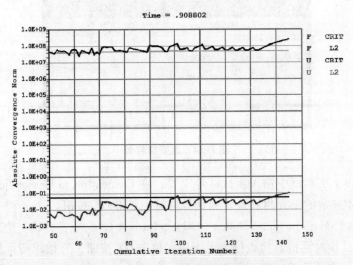

图 7-36　$F=3.0$ 求解收敛时迭代过程图

以强度折减系数 $F=1$ 时结果为例，分析过程如下：

1）读入强度折减系数 $F=1$ 时结果数据。执行 Utility Menu > File > Resume from…命令，弹出 Resume Database 对话框，选中 F1. db，单击 OK 按钮。

2）绘制边坡变形图。执行 Main Menu > General Postproc > Plot Results > Deformed Shape 命令，弹出图 7-37 所示对话框。选中 Def + undeformed 单选按钮，单击 OK 按钮，得到图 7-38所示边坡变形图。

3）显示边坡 X 方向位移云图。执行 Main Menu > General Postproc > Plot Results > Contour Plot > Nodal Solu 命令，弹出图 7-39 所示对话框，单击 Nodal Solution/DOF Solution/X- Component of displacement，单击 OK 按钮，就得到图 7-40 所示边坡 X 方向位移云图。此时，边坡水平方向最大位移为 58.815mm。

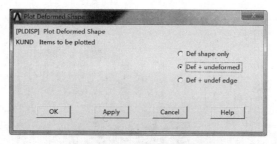

图 7-37 绘制变形图对话框

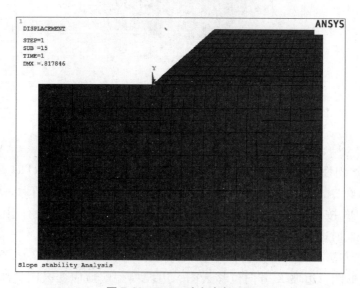

图 7-38 $F = 1$ 时边坡变形图

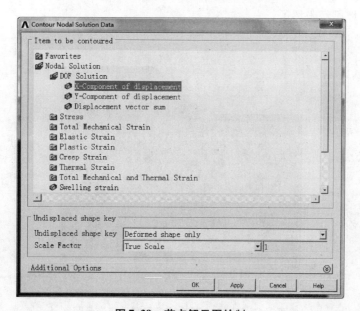

图 7-39 节点解云图绘制

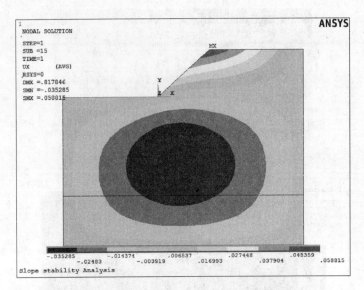

图 7-40 $F=1$ 时，边坡 X 方向位移云图

4）显示边坡塑性应变云图。执行 Main Menu > General Postproc > Plot Results > Contour Plot > Nodal Solu 命令，弹出图 7-39 所示对话框，单击 Nodal Solution/Plastic Strain/Von Mises plastic，再单击 OK 按钮，就得到边坡塑性应变云图，此时边坡模型没有塑性应变，没有塑性区，也就是说此时边坡没有发生塑性变形。

采用同样的方法，可以得到折减系数为 1.2、1.4、1.6、1.8、2.0、2.2、2.4、2.8、3.0 时的边坡变形图、边坡 X 方向位移云图、边坡模型塑性应变云图，部分如图 7-41 ~ 图 7-47 所示。当 $F=3.0$ 时，边坡水平位移急剧下降，塑性应变云图中塑性区扩大，并贯通到坡顶，说明边坡已经破坏了。

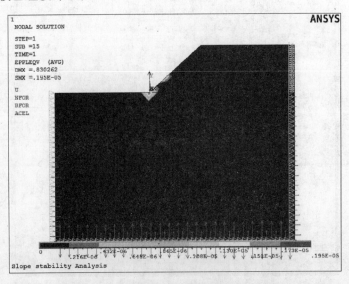

图 7-41 $F=1.4$ 时边坡模型塑性应变云图

注：坡脚处开始出现塑性区。

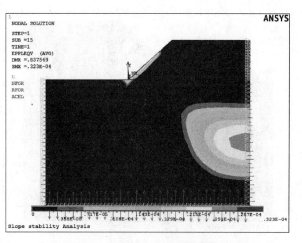

图 7-42　$F=1.6$ 时边坡模型塑性应变云图

注：坡脚塑性区向上扩展

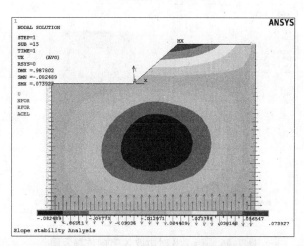

图 7-43　$F=2.2$ 时边坡 X 方向位移云图

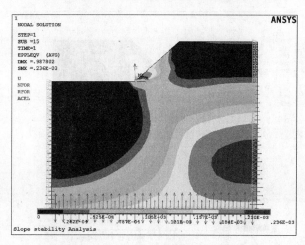

图 7-44　$F=2.2$ 时边坡模型塑性应变云图

注：塑性区继续扩展。

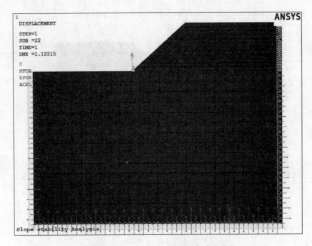

图 7-45　$F = 2.8$ 时边坡变形图

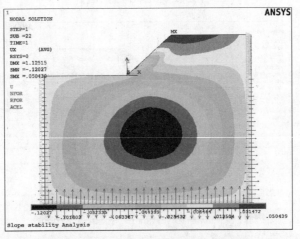

图 7-46　$F = 2.8$ 时边坡 X 方向位移云图

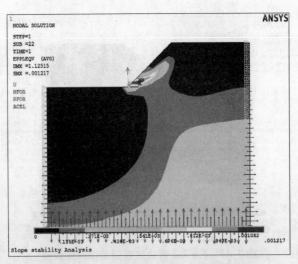

图 7-47　$F = 2.8$ 时边坡模型塑性应变云图

7.3.3　命令流实现

```
！1. 建立物理环境
/COM,STRUCTURAL
/TITLE,SLOPE STABILITY ANALYSIS
/FILNAM,SLOP,1
！2. 建立模型
！进入前处理器
/PREP7
！定义单元类型
ET,1,PLANE82
KEYOPT,1,3,2
！定义材料属性
！边坡围岩1材料属性
MP,EX,12,3E10
MP,PRXY,1,0.25
MP,DENS,1,2500
TB,DP,1                                              ！定义塑性模型
TBDATA,1,9E5,42.8                                    ！定义数据表1
！边坡围岩2材料属性                                    ！给数据表输入数据
MP,EX,2,3.2E10                                       ！采用弹性模型
MP,PRXY,2,0.24                                       ！定义弹性模量
MP,DENS,2,2700                                       ！定义泊松比
！取强度折减系数F=1.2时边坡围岩材料属性                ！定义密度
MP,EX,3,3E10
MP,PRXY,3,0.25
MP,DENS,3,2500
TB,DP,3                                              ！定义数据表3
TBDATA,1,7.5E5,37.7                                  ！给数据表输入数据
！取强度折减系数F=1.4时边坡围岩材料属性
MP,EX,4,3E10
MP,PRXY,4,0.25                                       ！定义泊松比
MP,DENS,4,2500
TB,DP,4                                              ！定义数据表4
TBDATA,1,6.4E5,33.5                                  ！给数据表输入数据
！取强度折减系数F=1.6时边坡围岩材料属性
MP,EX,5,3E10
MP,PRXY,5,0.25
MP,DENS,5,2500                                       ！定义密度
TB,DP,5                                              ！定义数据表5
TBDATA,1,5.6E5,30                                    ！给数据表输入数据
！取强度折减系数F=1.8时边坡围岩材料属性
```

```
MP,EX,6,3E10
MP,PRXY,6,0.25
MP,DENS,6,2500
TB,DP,6
TBDATA,1,5.0E5,27.2
! 取强度折减系数 F = 2.0 时边坡围岩材料属性
MP,EX,7,3E10
MP,PRXY,7,0.25
MP,DENS,7,2500
TB,DP,7
TBDATA,1,4.5E5,24.8
! 取强度折减系数 F = 2.2 时边坡围岩材料属性
MP,EX,8,3E10
MP,PRXY,8,0.25
MP,DENS,8,2500
TB,DP,8
TBDATA,1,4.09E5,22.8
! 取强度折减系数 F = 2.4 时边坡围岩材料属性
MP,EX,9,3E10
MP,PRXY,9,0.25
MP,DENS,9,2500
TB,DP,9
TBDATA,1,3.6E5,21.1
! 取强度折减系数 F = 2.6 时边坡围岩材料属性
MP,EX,10,3E10
MP,PRXY,10,0.25
MP,DENS,10,2500
TB,DP,10
TBDATA,1,3.46E5,19.6
! 取强度折减系数 F = 2.8 时边坡围岩材料属性
MP,EX,11,3E10
MP,PRXY,11,0.25
MP,DENS,11,2500
TB,DP,11
TBDATA,1,3.2E5,18.2
! 取强度折减系数 F = 3.0 时边坡围岩材料属性
MP,EX,12,3E10                           ! 定义弹性模量
MP,PRXY,12,0.25
MP,DENS,12,2500                         ! 定义密度
TB,DP,12                                ! 定义数据表 12
TBDATA,1,3.0E5,17.1                     ! 给数据表 12 输入数据
! 建立边坡几何模型
```

```
! 创建边坡线模型
K,1,,,,                          ! 创建关键点 1
K,2,-800,,,
K,3,-800,-800,,
K,4,-800,-1200,,
K,5,1200,-1200,,
K,6,1200,-800,,
K,7,1200,,,
K,8,1200,378,,
K,9,430,378,,
L,1,2                           ! 连接关键点 1、2 生成直线 L1
L,2,3
L,3,4
L,4,5
L,5,6
L,6,7
L,7,8
L,8,9
L,9,1
L,1,7
L,3,6
! 创建边坡面模型
AL,3,4,5,11                     ! 由线 L3、L4、L5、L11 生成一个面 A1
AL,1,2,11,6,10                  ! 由线 L1、L2、L11、L10、L6 生成一个面 A2
AL,7,8,9,10                     ! 由线 L7、L8、L9、L10 生成一个面 A3
/PNUM,AREA,ON                   ! 打开面号开关、
! 划分网格生成有限元模型
! 划分边坡围岩 2 网格
! 设置网格数
LSEL,S,,,3,5,2                  ! 选择线段 L3 和 L5
LESIZE,ALL,,,5                  ! 把所选择线分为 5 段
LSEL,S,,,4,11,7                 ! 选择线段 L4 和 L11
LESIZE,ALL,,,26                 ! 把所选择线分为 26 段
MAT,2                           ! 给边坡围岩 2 赋予 2 号材料特性
TYPE,1                          ! 采用单元格类型 1
MSHKEY,0                        ! 设定自有网格划分
MSHAPE,0                        ! 设定四边形网格划分
AMESH,1                         ! 划分面积 A1
! 划分边坡围岩 1 网格
! 设置网格数
LSEL,S,,,2,6,4                  ! 选择线段 L2 和 L6
LSEL,A,,,1                      ! 附加选择线 L1
```

```
LESIZE,ALL,,,10                          ! 把所选择线分为 10 段
LSEL,S,,,8,10,2                          ! 选择线段 L8 和 L10
LESIZE,ALL,,,16                          ! 把所选择线分为 16 段
LSEL,S,,,7,9,2
LESIZE,ALL,,,12
MAT,1                                    ! 给边坡围岩 1 赋予 1 号材料特性
TYPE,1
MSHKEY,0                                 ! 设定自有网格划分
MSHAPE,0                                 ! 设定四边形网格划分
AMESH,2                                  ! 划分面积 A2
AMESH,3                                  ! 划分面积 A3
ALLSEL
! 保存网格模型
SAVE,SLOPE- GRID. DB
! 3. 施加约束和荷载
! 给边坡模型施加约束
! 边坡两侧施加 X 方向约束
NSEL,S,LOC,X,-800                        ! 选择 X = -800 线上所有点
NSEL,A,LOC,X,1200                        ! 选择 X = 1200 线上所有点
D,ALL,UX                                 ! 对选择节点约束 X、Y 方向位移
ALLSEL
! 边坡底部施加约束
NSEL,S,LOC,Y,-1200                       ! 选择 Y = -1200 线上所有点
D,ALL,UY                                 ! 对选择节点约束 X、Y 方向位移
D,ALL,UX
! 施加重力加速度
ACEL,,9.8
! 4. 求解
/SOLU
! 求解设置
ANTYPE,STATIC                            ! 设定静力求解
NSUBST,100                               ! 设定最大子步为 100
PRED,ON                                  ! 打开时间步长预测器
NROPT,FULL                               ! 设定牛顿-拉普森选项
NLGEOM,ON                                ! 打开大位移效果
LNSRCH,ON                                ! 打开线性搜索
OUTRESS,ALL,ALL                          ! 输出所有选项
CNVTOL,F,,0.005,2,0.5                    ! 力收敛准则设定
CNVTOL,U,,0.05,2,1                       ! 位移收敛准则设定
! 边坡在折减系数 F =1 时求解
ALLSEL
SOLVE                                    ! 进行求解
```

```
SAVE,F1,DB                                    ! 把 F = 1 时求解结果保存
! 边坡在折减系数 F = 1.2 时求解
FINISH
/SOLU
ALLSEL
ASEL,S,AREA,,2,3,1                            ! 选择面积 A2、A3
MPCHG,3,ALL                                   ! 把所选择单元材料号改为 3
ALLSEL
SOLVE
SAVE,F1.2,DB                                  ! 把 F = 1.2 时求解结果保存
! 边坡在折减系数 F = 1.4 时求解
FINISH
/SOLU
ALLSEL
ASEL,S,AREA,,2,3,1                            ! 选择面积 A2、A3
MPCHG,4,ALL                                   ! 把所选择单元材料号改为 4
ALLSEL
SOLVE
SAVE,F1.4,DB                                  ! 把 F = 1.4 时求解结果保存
! 边坡在折减系数 F = 1.6 时求解
FINISH
/SOLU
ALLSEL
ASEL,S,AREA,,2,3,1                            ! 选择面积 A2、A3
MPCHG,5,ALL                                   ! 把所选择单元材料号改为 5
ALLSEL
SOLVE
SAVE,F1.6,DB                                  ! 把 F = 1.6 时求解结果保存
! 边坡在折减系数 F = 1.8 时求解
FINISH
/SOLU
ALLSEL
ASEL,S,AREA,,2,3,1                            ! 选择面积 A2、A3
MPCHG,6,ALL                                   ! 把所选择单元材料号改为 6
ALLSEL
SOLVE
SAVE,F1.8,DB                                  ! 把 F = 1.8 时求解结果保存
! 边坡在折减系数 F = 2.0 时求解
FINISH
/SOLU
ALLSEL
ASEL,S,AREA,,2,3,1                            ! 选择面积 A2、A3
```

```
MPCHG,7,ALL                          ! 把所选择单元材料号改为 7
ALLSEL
SOLVE
SAVE,F2.0,DB                          ! 把 F = 2.0 时求解结果保存
! 边坡在折减系数 F = 2.2 时求解
FINISH
/SOLU
ALLSEL
ASEL,S,AREA,,2,3,1                    ! 选择面积 A2、A3
MPCHG,8,ALL                          ! 把所选择单元材料号改为 8
ALLSEL
SOLVE
SAVE,F2.2,DB                          ! 把 F = 2.2 时求解结果保存
! 边坡在折减系数 F = 2.4 时求解
FINISH
/SOLU
ALLSEL
ASEL,S,AREA,,2,3,1                    ! 选择面积 A2、A3
MPCHG,9,ALL                          ! 把所选择单元材料号改为 9
ALLSEL
SOLVE
SAVE,F2.4,DB                          ! 把 F = 2.4 时求解结果保存
! 边坡在折减系数 F = 2.6 时求解
FINISH
/SOLU
ALLSEL
ASEL,S,AREA,,2,3,1                    ! 选择面积 A2、A3
MPCHG,10,ALL                         ! 把所选择单元材料号改为 10
ALLSEL
SOLVE
SAVE,F2.6,DB                          ! 把 F = 2.6 时求解结果保存
! 边坡在折减系数 F = 2.8 时求解
FINISH
/SOLU
ALLSEL
ASEL,S,AREA,,2,3,1                    ! 选择面积 A2、A3
MPCHG,11,ALL                         ! 把所选择单元材料号改为 11
ALLSEL
SOLVE
SAVE,F2.8,DB                          ! 把 F = 2.8 时求解结果保存
! 边坡在折减系数 F = 3.0 时求解
FINISH
```

```
/SOLU
ALLSEL
ASEL,S,AREA,,2,3,1                          ! 选择面积 A2、A3
MPCHG,12,ALL                                ! 把所选择单元材料号改为 12
ALLSEL
SOLVE
SAVE,F3.0,DB                                ! 把 F=3.0 时求解结果保存
! 5. 后处理
/POST1                                      ! 进入后处理
! 边坡在强度折减系数 F=1 时结果分析
RESUME,'F1','DB'                            ! 读入边坡在强度折减系数 F=1 时
SET,1,LAST                                  ! 读入后一个子部
PLDISP,1                                    ! 绘制边坡模型变形图
PLNSOL,U,X                                  ! 绘制边坡模型水平方向位移云图
PLNSOL,EPPL,EQV                             ! 绘制边坡模型塑性应变云图
! 边坡在强度折减系数 F=1.2 时结果分析
RESUME,'F1.2','DB'                          ! 读入边坡在强度折减系数 F=1 时
SET,1,LAST                                  ! 读入后一个子部
PLDISP,1                                    ! 绘制边坡模型变形图
PLNSOL,U,X                                  ! 绘制边坡模型水平方向位移云图
PLNSOL,EPPL,EQV                             ! 绘制边坡模型塑性应变云图
! 边坡在强度折减系数 F=1.4 时结果分析
RESUME,'F1.4','DB'                          ! 读入边坡在强度折减系数 F=1 时
SET,1,LAST                                  ! 读入后一个子部
PLDISP,1                                    ! 绘制边坡模型变形图
PLNSOL,U,X                                  ! 绘制边坡模型水平方向位移云图
PLNSOL,EPPL,EQV                             ! 绘制边坡模型塑性应变云图
! 边坡在强度折减系数 F=1.6 时结果分析
RESUME,'F1.6','DB'                          ! 读入边坡在强度折减系数 F=1 时
SET,1,LAST                                  ! 读入后一个子部
PLDISP,1                                    ! 绘制边坡模型变形图
PLNSOL,U,X                                  ! 绘制边坡模型水平方向位移云图
PLNSOL,EPPL,EQV                             ! 绘制边坡模型塑性应变云图
! 边坡在强度折减系数 F=1.8 时结果分析
RESUME,'F1.8','DB'                          ! 读入边坡在强度折减系数 F=1 时
SET,1,LAST                                  ! 读入后一个子部
PLDISP,1                                    ! 绘制边坡模型变形图
PLNSOL,U,X                                  ! 绘制边坡模型水平方向位移云图
PLNSOL,EPPL,EQV                             ! 绘制边坡模型塑性应变云图
! 边坡在强度折减系数 F=2.0 时结果分析
RESUME,'F2.0','DB'                          ! 读入边坡在强度折减系数 F=1 时
SET,1,LAST                                  ! 读入后一个子部
```

```
PLDISP,1                        ! 绘制边坡模型变形图
PLNSOL,U,X                      ! 绘制边坡模型水平方向位移云图
PLNSOL,EPPL,EQV                 ! 绘制边坡模型塑性应变云图
! 边坡在强度折减系数 F=2.2 时结果分析
RESUME,'F2.2','DB'              ! 读入边坡在强度折减系数 F=1 时
SET,1,LAST                      ! 读入后一个子部
PLDISP,1                        ! 绘制边坡模型变形图
PLNSOL,U,X                      ! 绘制边坡模型水平方向位移云图
PLNSOL,EPPL,EQV                 ! 绘制边坡模型塑性应变云图
! 边坡在强度折减系数 F=2.4 时结果分析
RESUME,'F2.4','DB'              ! 读入边坡在强度折减系数 F=1 时
SET,1,LAST                      ! 读入后一个子部
PLDISP,1                        ! 绘制边坡模型变形图
PLNSOL,U,X                      ! 绘制边坡模型水平方向位移云图
PLNSOL,EPPL,EQV                 ! 绘制边坡模型塑性应变云图
! 边坡在强度折减系数 F=2.6 时结果分析
RESUME,'F2.6','DB'              ! 读入边坡在强度折减系数 F=1 时
SET,1,LAST                      ! 读入后一个子部
PLDISP,1                        ! 绘制边坡模型变形图
PLNSOL,U,X                      ! 绘制边坡模型水平方向位移云图
PLNSOL,EPPL,EQV                 ! 绘制边坡模型塑性应变云图
```

第8章

ANSYS在建筑工程中的应用

本章导读

　　本章利用 ANSYS 对钢筋混凝土梁和板结构三维网架结构、空间单层网壳结构、高层框架房屋结构进行了设计与分析，阐述如何利用有效的建模手段及技巧来实现各种建筑工程实例的有限元分析。

8.1　概述

　　随着经济的发展，我国城市建设力度不断加强。高层民用建筑的高度不断增高，建筑体型日趋复杂，建筑功能更趋综合，这样就会给结构竖向布置带来不利；建筑体型复杂化给建筑师提供了创造美的空间，但给结构工程师的设计带来不便；更高的建筑高度则给结构设计人员确定某些设计参数、控制参数带来疑惑。由此可见，当今的建设潮流给结构工程师带来挑战，他们非常需要通过日趋复杂、多样的分析来保证建筑物的安全、合理，因而对功能强大、灵活的分析工具有了越来越强的需求。ANSYS 对于高层建筑、体育场馆等体形复杂建筑的静力、动力、线性、非线性等响应特征的分析具有强大的优势，可以很好地反映这些建筑物及其基础在各种复杂因素作用下的力学特征，为确保结构的安全可靠提出了科学依据。

　　ANSYS 可以模拟各种高层建筑结构体系，如高层框架结构、剪力墙结构、框架-剪力墙结构、筒体结构（框筒、筒中筒、框架-筒体、成束筒等结构体系）。ANSYS 作为通用有限元软件，在高层结构分析中有着灵活的应用。首先，可实现对结构的整体分析，任意设定荷载工况，并可完成复杂的荷载工况组合；在整体分析的同时，也可对感兴趣的细部加密网格，得到较为精确的细部结果；也可将工程感兴趣的细部单独建模，形成子模型，将结构整体分析的结果引入子模型，得到更精确的计算结果。

8.2　钢筋混凝土结构设计分析

8.2.1　钢筋混凝土梁结构

1. 相关概念

钢筋混凝土梁是混凝土教学试验与施工中最常见最重要的构件。钢筋混凝土梁既可做成独立梁，也可与钢筋混凝土板组成整体的梁-板式楼盖，或与钢筋混凝土柱组成整体的单层或多层框架。钢筋混凝土梁形式多样，是房屋建筑、桥梁建筑等工程结构中最基本的承重构件，应用范围极广。

钢筋混凝土梁按其截面形式可分为矩形梁、T形梁、工字梁、槽形梁和箱形梁，按其施工方法可分为现浇梁、预制梁和预制现浇叠合梁，按其配筋类型可分为钢筋混凝土梁和预应力混凝土梁，按其结构简图可分为简支梁、连续梁、悬臂梁、主梁和次梁等。

对于 ANSYS 的建模分析来说，改变截面形状很简单，本例采用典型的矩形截面钢筋混凝土梁试件进行分析，旨在以最简单的形式使读者掌握相关分析方法。

2. 问题描述

图 8-1 所示钢筋混凝土简支梁，断面尺寸为 300mm×150mm，跨度 2000mm。混凝土采用 C30，钢筋主筋采用 HRB335 级，箍筋采用 HRB335 级，跨中受集中荷载 P 作用。

3. 建立模型

（1）模型与单元　建立分离式有限元模型，即把钢筋和混凝土作为不同的单元来处理，不考虑钢筋和混凝土之间的粘结滑移。创建分离式有限元模型时，将几何实体以钢筋位置切分，划分网格时将实体的边线定义为钢筋即可，加载点以均布荷载近似代替钢垫板，支座处采用线约束。

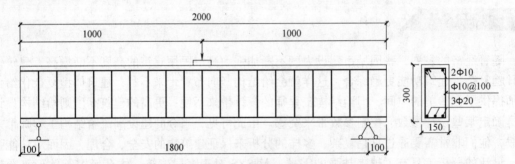

图 8-1　钢筋混凝土梁

本例混凝土采用钢筋混凝土工程中最为常用的 SOLID65 单元；筋采用 LINK180 单元。这种三维杆单元是杆轴方向的拉压单元，每个节点具有三个自由度：沿节点坐标系 X、Y、Z 方向的平动。就像铰接结构一样，本单元不承受弯矩，具有塑性、蠕变、旋转、大变形、大应变等功能。

1）以交互方式从开始菜单启动 ANSYS 程序。设置工作名为 BEAM，单击 RUN，进入GUI，单击 Preferences，选择 Structural。

2）定义单元类型。执行 Main Menu > Preprocessor > Element Type > Add/Edit/Delete 命令，单击 Add 按钮添加单元 SOLID65 为 1 号单元，添加 link180 为 2 号单元。

（2）材料设置

1）材料性质。

①混凝土。混凝土立方体抗压强度标准值，单轴抗压强度 $f_c = 14.3$MPa，单轴抗拉强度 $f_t = 1.43$MPa，张开裂缝剪力传递系数为 0.5，闭合裂缝的剪力传递系数为 0.95，弹性模量 $E_c = 3 \times 10^4$MPa，泊松比 $\mu = 0.2$，拉应力释放系数采用 0.6。混凝土本构关系选用

GB 50010—2010 规范推荐的公式。由 GB 50010—2010 规范推荐的混凝土单轴应力-应变曲线分为上升段和下降段，二者在峰点连续，两段曲线方程中各有一个参数，反映了混凝土的变形模量（曲线的斜率）的变化规律、延性和吸收能量的多少等。当上升段参数退化至 $\alpha = 2$ 时与 Hongnestad 的计算公式一致。

② 钢筋。钢筋的屈服强度 $f_{cu,k} = 300\text{MPa}$，弹性模量 $E_c = 2.0 \times 10^5 \text{MPa}$，泊松比 $\mu = 0.27$，钢筋采用理想弹塑性模型，如图 8-2 所示。在有限元分析过程中，钢筋采用双线性等向强化模型（BISO），屈服条件采用 Von Mises 屈服准则，该模型通常用于金属塑性的大应变情况。此外，认为钢筋只能承受轴向拉压。

2）设置材料属性。执行 Main Menu > Preprocessor > Material Props > Material Models 命令，弹出图 7-5 所示的 Define Material Model Behavior 对话框。在 Material Model Available 列表框选择 Material Models Available > Structural > Linear > Elastic > Isotropic 选

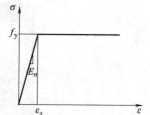

图 8-2　钢筋本构关系

项，双击弹出图 7-6 所示对话框，输入数值，如混凝土，在 EX 文本框输入 "3.0E10"，在 PRXY 文本框中输入 "0.27"。用同样的方法设置钢筋。

3）定义材料屈服准则及破坏准则。执行 Main Menu > Preprocessor > Material Props > Material Models 命令，弹出图 7-5 所示对话框。

在 Material Models Defined 列表框中选择之前定义的材料 1，并在 Material Model Available 列表框单击 Structural > Nonlinear > Inelastic > Rate Independent < Isotropic Hardening Plasticity > Mises Plasticity > Multilinear，为其添加屈服准则，在新的对话框中输入混凝土的非线性本构关系。注意第一节的应力-应变曲线斜率必须等于材料弹性模量，否则会出现错误提示。建议使用 APDL 进行输入。输入数据如图 8-3 所示。

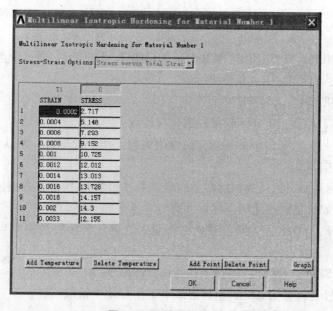

图 8-3　设置本构关系

执行 Structural > Nonlinear > Inelastic > Non-metal Plastic > Concrete 命令，同样在材料模型对话框中，为材料1添加破坏准则，设置如图8-4所示。为钢筋添加屈服准则，采用双线性模型（BISO）。在 Material Models Defined 列表框选择材料2，并在 Material Model Available 列表框单击 Structural > Nonlinear > Inelastic > Rate Independent > Isotropic Hardening Plasticity > Mises Plasticity > Blinear 进行设置。

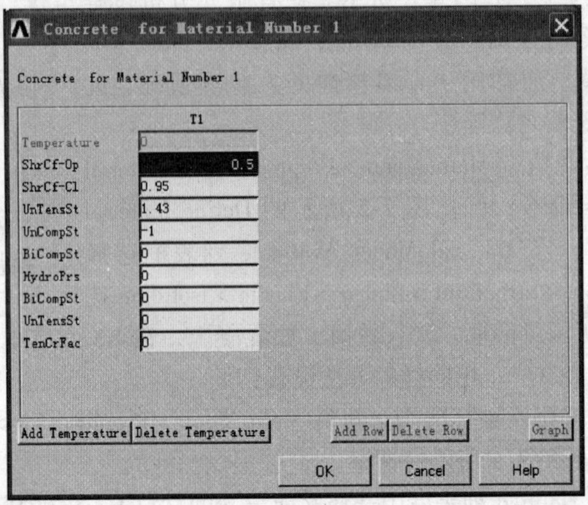

图 8-4　设置破坏准则

4）设置实常数。本例总共需要两种实常数。纵筋设置截面面积为 $0.25 * PI * 20 * 20$，箍筋设置截面面积为 $0.25 * PI * 10 * 10$。r2、r4 为对称面内钢筋面积。

（3）模型建立

1）几何模型。先生成体，然后通过工作面分割体，形成混凝土及钢筋位置。关键命令解释：

BLC4，XCORNER，YCORNER，WIDTH，HEIGHT，DEPTH：通过角点建立块体。

- XCORNER，YCORNER：角点坐标。

- WIDTH，HEIGHT，DEPTH：宽，高，深。

WPCSYS，WN，KCN：定义工作面局部坐标位置。

- WN 是窗口号，该窗口中的视图方向修改为与工作平面垂直，默认值为1。如果 WN 为负值，则视图方向不变。

- KCN 是坐标系号，默认为当前激活的坐标系。如果 KCN 是直角坐标系，工作平面与其 x-y 平面一致；如果是圆柱或球坐标系，则与 R-θ 平面一致。

WPOFF，XOFF，YOFF，ZOFF：移动工作面，注意三个参数是相对当前点的移动量而不是整体坐标。

VSBW，NV，SEPO，KEEP：通过工作面切分体命令。

- NV：体编号，也可为 ALL、组件名或 P（在 GUI 中拾取）。

- SEPO：设置相交图素的处理方式，默认为空。

- KEEP：设置是否保留控制参数，默认为空（或0）。

GUI：

• 创建块体：执行 Main Menu > Preprocessor > Modeling > Create > Volumes > Block > By2 Corners & Z 命令。

• 移动，旋转工作面等相关操作：Utility Menu > WorkPlane。

• 切分体：执行 Main Menu > Preprocessor > Modeling > Operate > Booleans > Divide > Volu by WorkPlane 命令。

创建完成后几何体如图 8-5 所示。

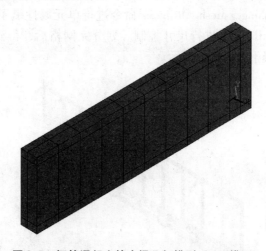

图 8-5　钢筋混凝土简支梁几何模型（1/4 模型）

2）有限元模型。几何模型建立后，接下来进行网格尺寸的控制、单元属性的赋予等划分网格前的准备工作。关键命令解释：

LSEL，Type，Item，Comp，VMIN，VMAX，VINC，KSWP：选择直线命令。

• Type：操作类型，常用的有：S 为选择直线，R 为在现有对象中选择出新的对象，A 为在现有对象基础上加入新的对象以此扩充，U 为在现有对象内去除一部分。

• Item，Comp：标注识别的数据及其对应的方向。

• VMIN，VMAX，VINC，KSWP：所选条目的最大值、最小值，增量（默认为 1）

CM，Cname，Entity：将所选（线）定义为一个组，并命名。

LATT，MAT，REAL，TYPE，--，KB，KE，SECNUM：为所选的、未划分的直线赋属性。

• MAT：材料号。

• REAL：实常数号。

• TYPE：单元类型号。

LESIZE，NL1，Size，Angsiz，Ndiv，Space，Kforc，Layer1，Layer2，Kyndiv：为所选的、未划分的直线定义单元尺寸。

• NL1：线号，如果为 all，则指定所有选中线的网格。

• Size：单元边长，（程序据 size 计算分割份数，自动取整到下一个整数）。

• Angsiz：弧线时每单元跨过的度数。

• Ndiv：分割份数。

● Space："＋"表示最后尺寸比最先尺寸："－"表示中间尺寸比两端尺寸；free 表示由其他项控制尺寸。

● Kforc：为 0 表示仅设置未定义的线，为 1 设置所有选定线，为 2 表示仅改设置份数少的，为 3 表示仅改设置份数多的。

● Kyndiv：为 0，No，off 表示不可改变指定尺寸；为 1，yes，on 表示可改变指定尺寸。

使用 GUI 操作时，用户先打开 MeshTool，执行 Main Menu > Preprocessor > Meshing > MeshTool 命令设置 SET，拾取相应部分按弹出的对话框进行相应操作即可；或者执行 Main Menu > Preprocessor > Meshing > Mesh Attributes 命令进行单元属性赋予，Main Menu > Preprocessor > Meshing > Size Cntrls 命令进行尺寸控制。划分完网格后，得到相应图示，钢筋单元形状如图 8-6 所示，混凝土如图 8-7 所示。

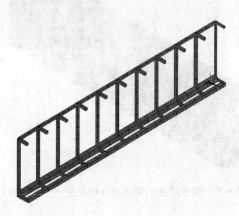

图 8-6　钢筋有限元模型

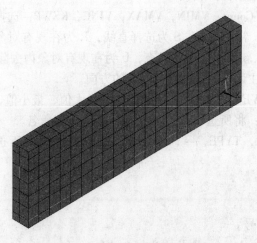

图 8-7　混凝土单元有限元模型

4. 加载及求解

（1）施加约束

1）执行 Main Menu > Solution > Define Loads > Apply > Structural > Displacement > On Lines 命令，进行线的拾取和线上约束的设置。

2）应用 APDL 施加约束，首先通过选取两个平面 Y = 0 和 Z = 900 的交集来拾取直线，然后对此直线施加约束。

3）在两个对称面施加对称约束。对称边界条件在结构分析中是指：不能发生对称面外的移动和对称面内的旋转。ANSYS 命令中自带有这样的约束类型 SYMM。

4）执行 Main Menu > Solution > Define Loads > Apply > Structural > Displacement > Symmetry B. C. > On Areas 命令，打开面拾取对话框，拾取对称面进行设置，如图 8-8 所示。

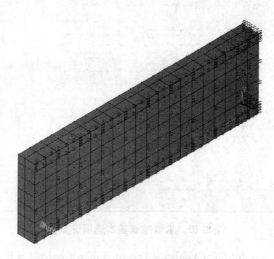

图 8-8 有限元模型约束

（2）施加荷载 对梁上表面施加一局部的均布面力。力大小为 160kN，垫块尺寸为 150mm × 100mm。执行 Main Menu > Solution > Define Loads > Apply > Structural > Pressure > On Areas 命令，打开拾取面对话框，拾取梁上表面在建模时已经分割好的待加载面，施加均布荷载，如图 8-9 所示。

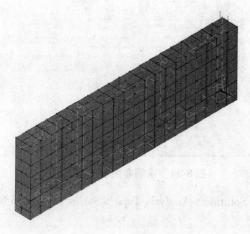

图 8-9 施加荷载

（3）进行求解设置

1）将分析类型设置为静力分析。执行 Main Menu > Solution > Analysis Type > New Analysis 命令，选择 Static。

2）执行 Main Menu > Solution > Analysis Type > Sol'n Controls 命令，弹出 Solution Controls 对话框，单击"Basic"选项卡打开自动时间/荷载步，分析步为 100 步，数据输出选择所有数据，每一步全部输出，如图 8-10 所示。

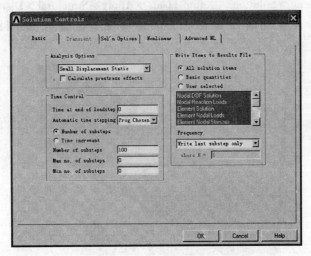

图 8-10　求解控制基本选项设置

3）执行 Main Menu > Solution > Analysis Type > Sol'n Controls > Basic 命令，在非线性分析中设置每一步的迭代次数。设置收敛控制类型为 U，收敛误差 0.0015，如图 8-11 所示。

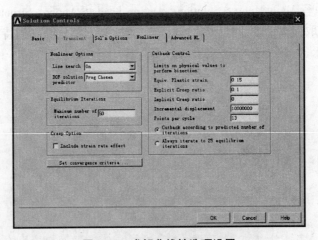

图 8-11　求解非线性选项设置

4）执行 Main Menu > Solution > Analysis Type > Sol'n Controls > Nonlinear 命令，设置结束后求解。

5）执行 Main Menu > Solution > Solve；在非线性分析进行时，用户可在工作界面上直接看到迭代与收敛关系曲线。

5. 结果分析

（1）一般后处理　求解完成后，进入一般后处理可查看相关云图。

1）显示变形：执行 Main Menu > General Postproc > Plot Results > Deformed Shape 命令，梁变形如图8-12所示。

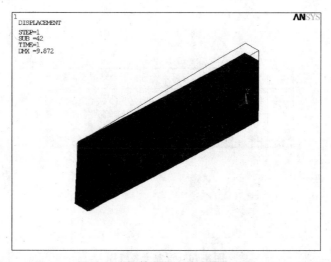

图8-12 钢筋混凝土简支梁变形图

2）定义单元表：执行 Main Menu > General Postproc > Element Table > Define Table 命令。

3）绘制应力图：执行 Main Menu > General Postproc > Plot Results > Contour Plot > Line Elem Res 命令。

4）打开矢量模型：执行 Utility Menu > Plot Ctrls > Device Options 命令。

5）绘制裂缝及压碎：执行 Main Menu > General Postproc > Plot Results > Contour Plot > Crack/Crush 命令。

钢筋应力云图如图8-13所示，混凝土碎裂图如图8-14所示。

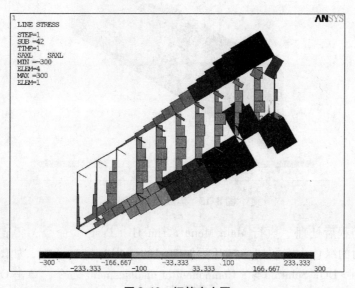

图8-13 钢筋应力图

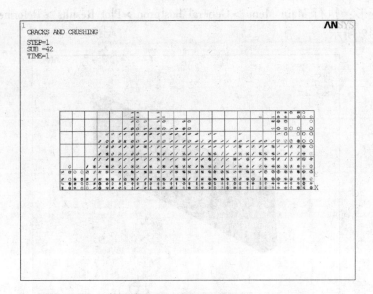

图 8-14　混凝土裂缝图

　　本例由于变形较小并关闭了压碎，因此没有得到碎裂云图，用户可根据需要自行调整受力来得到结果。其他云图用户可在 Main Menu > General Postproc > Plot Results 中根据需要查看，或在 Main Menu > General Postproc > List Results 中列表显示。梁应力云图如图 8-15 所示。

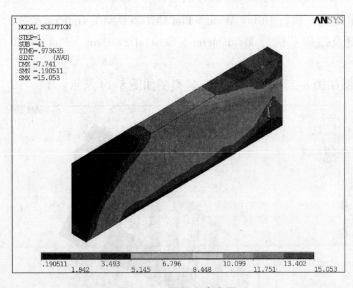

图 8-15　混凝土应力图

　　（2）时间历程后处理　执行 Main Menu > TimeHist Postpro 命令，得到图 8-16 所示窗口。单击左上角的绿色十字按钮，打开添加时间的历程变量对话框，如图 8-17 所示。执行 Nodal Solution > DOF Solution > Y Component of displacement 命令，单击 OK 按钮，拾取跨中位置的节点 205，单击 OK 按钮完成添加。在这个窗口中可以进行坐标图中变量的切换选择等很多操作。

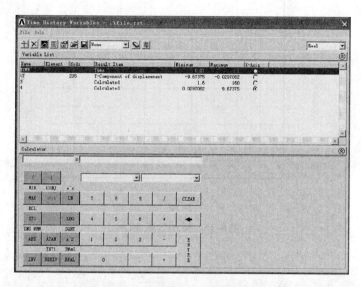

图 8-16 时间历程后处理浏览窗口

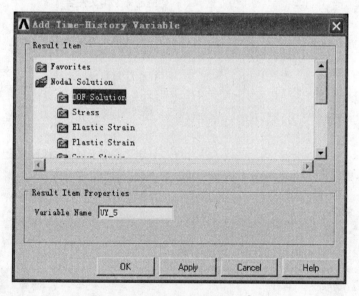

图 8-17 添加变量窗口

用户也可以执行 Main Menu > TimeHist Postpro > Define Variables 命令，单独添加需要的数据变量。变量定义完毕，本例中变量2定义为节点205的竖向位移，并定义变量3进行反号处理，变量4为时间变量乘以荷载，并改成 kN 单位，设置 X 轴表示的变量代号为4，Y 轴变量代号为3绘图，得到钢筋混凝土简支梁荷载位移曲线，如图8-18所示。

本例的全部命令流为：

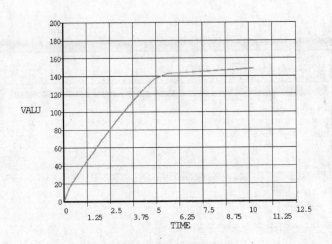

图 8-18   添加变量窗口

```
FINISH
/CLEAR
/CONFIG,NRES,2000
/FILNAME,BEAM                    ! 定义工作文件名
/PREP7                          ! 进入前处理器
ET,1,SOLID65,,,,,,,1            ! 定义单元类型
ET,2,LINK180
MP,EX,1,13585                   ! 定义材料弹性参数
MP,PRXY,1,0.2
FC=14.3
FT=1.43
TB,CONCR,1                      ! 定义混凝土材料非线性参数
TBDATA,,0.35,0.95,FT,-1
TB,KINH,1                       ! KINH 为多线性运动强化选项
TBPT,,0.0002,FC*0.19
TBPT,,0.0004,FC*0.36
TBPT,,0.0006,FC*0.51
TBPT,,0.0008,FC*0.64
TBPT,,0.001,FC*0.75
TBPT,,0.0012,FC*0.84
TBPT,,0.0014,FC*0.91
TBPT,,0.0016,FC*0.96
TBPT,,0.0018,FC*0.99
TBPT,,0.002,FC
TBPT,,0.0033,FC*0.85
MP,EX,2,2.0E5
MP,PRXY,2,0.3
```

```
TB,BISO,2
TBDATA,,300,0
! 定义实常数
PI=ACOS(-1)
R,1,0.25*PI*20*20
R,2,0.25*PI*20*20/2
R,3,0.25*PI*10*10
R,4,0.25*PI*10*10/2
! 创建几何模型
BLC4,,,150/2,300,2000/2
*DO,I,1,9
  WPOFF,,,100                    ! 移动工作平面100mm
  VSBW,ALL                       ! 切分所有体
*ENDDO
WPCSYS,-1                        ! 定义工作面局部坐标位置
WPOFF,,,50
VSBW,ALL
WPCSYS,-1
WPROTA,,-90
WPOFF,,,30
VSBW,ALL
WPOFF,,,240
VSBW,ALL
WPCSYS,-1
WPOFF,30
WPROTA,,,90
VSBW,ALL
WPCSYS,-1
! 划分钢筋网格
ELEMSIZ=50                       ! 定义单元尺寸为50
LSEL,S,LOC,X,30                  ! 选择直线
LSEL,R,LOC,Y,30
CM,ZJ,LINE                       ! 将所选线定义为ZJ组
LATT,2,1,2                       ! 为直线赋属性
LESIZE,ALL,ELEMSIZ               ! 为直线定义单元尺寸
LSEL,S,LOC,X,75
LSEL,R,LOC,Y,30
CM,ZJB,LINE
LATT,2,2,2
LESIZE,ALL,ELEMSIZ
LSEL,S,LOC,X,30
LSEL,R,LOC,Y,270
```

279

```
CM,JLJ,LINE
LATT,2,3,2
LESIZE,ALL,ELEMSIZ
LSEL,S,TAN1,Z
LSEL,R,LOC,Y,30,270
LSEL,R,LOC,X,30,70
LSEL,U,LOC,Z,50
CM,GJ,LINE
LATT,2,3,2
LESIZE,ALL,ELEMSIZ
LSEL,S,LOC,Z,0
LSEL,R,LOC,Y,30,270
LSEL,R,LOC,X,30,70
CM,GJB,LINE
LATT,2,4,2
LESIZE,ALL,ELEMSIZ
LSEL,ALL
CMSEL,S,ZJ                    ！选择名为 ZJ 的组
CMSEL,A,ZJB
CMSEL,A,JLJ
CMSEL,A,GJ
CMSEL,A,GJB
CM,GJ,LINE
LMESH,ALL                    ！对线划分单元
LSEL,ALL                     ！新的选择集为所有实体
！划分混凝土网格
VATT,1,,1                    ！设置体的单元属性
MSHKEY,1                     ！设置划分网格方法
ESIZE,ELEMSIZ                ！控制每条线划分的单元数
VMESH,ALL                    ！对体进行单元划分
ALLSEL,ALL                   ！新的选择集为所有实体
！施加荷载和约束
LSEL,S,LOC,Y,0               ！选择直线
LSEL,R,LOC,Z,900
DL,ALL,,UY                   ！施加 UY 方向约束
ASEL,S,LOC,Z,0               ！选择端面
DA,ALL,SYMM                  ！施加对称约束
ASEL,S,LOC,X,75
DA,ALL,SYMM
！---------------
！ P0 = 150000
P0 = 148500
```

```
Q0 = P0/150/100
ASEL,S,LOC,Z,0,50
ASEL,R,LOC,Y,300
SFA,ALL,1,PRES,Q0                       ! 沿曲面法向施加荷载
ALLSEL,ALL
! 求解控制设置
/SOLU
ANTYPE,0                                ! 静力求解
NCNV,0                                  ! 不终止分析,继续运行
NROPT,FULL,,ON                          ! 使用完全牛顿拉夫逊法
NSUBST,50                               ! 定义子步数
OUTRES,ALL,ALL                          ! 输出每一步的结果
AUTOS,ON                                ! 打开自动时间步控制
NEQIT,50                                ! 每一子步中方程迭代次数限值为50
CNVTOL,U,,0.015                         ! 定义收敛条件
ALLSEL
SOLVE
! 进入 POST1 查看结果
/POST1
SET,LAST                                ! 读入最后一步
PLDISP,1                                ! 查看位移
ESEL,S,TYPE,,2                          ! 选中类型为 2 的单元
ETABLE,SAXL,LS,1                        ! 以杆单元的轴向应力建立单元表 SAXL
PLLS,SAXL,SAXL                          ! 绘出云图
ESEL,S,TYPE,,1
/DEVICE,VECTOR,ON                       ! 打开矢量模型
PLCRACK                                 ! 绘制裂缝
EALL
! 进入时程后处理
/POST26
NSOL,2,205,U,Y                          ! 储存 205 节点 Y 方向的位移
PROD,3,1,,,,,,,P0/1000                  ! 对已有变量进行乘法运算得到新变量 3
PROD,4,2,,,,,,,-1
XVAR,4                                  ! 指定 X 轴表示的变量代号为 4
PLVAR,3                                 ! 显示 3 代号的信息
```

8.2.2　钢筋混凝土板结构

　　钢筋混凝土板是房屋建筑和各种工程结构中的基本结构或构件,常用作屋盖、楼盖、平台、墙、挡土墙、基础、地坪、路面、水池等,应用范围极广。

　　钢筋混凝土板按平面形状分为方板、圆板和异形板。按结构的受力作用方式分为单向板和双向板。最常见的有单向板、四边支承双向板和由柱支承的无梁平板。板的厚度应满足强

度和刚度的要求。

单向板的计算和梁的计算相同，按板厚相当于梁高，板宽相当于一个单位长度的梁宽进行计算。沿四边支承的板，当其长边与短边之比不大于 2 时，板上的荷载将同时沿长跨和短跨两个方向传至支承结构（梁或墙），此种板称为双向板。本例进行双向板的简单分析。

1. 问题简述

混凝土板，长边 1.5m，短边 1m，厚 150mm。板受四边支撑，支撑材料设为一弹性模量较大的刚性材料。支撑材料仅作为施加约束的介质，不作为分析对象。

板下支撑厚 50mm，宽 100mm，平行于板的四边。本例采用 SOLID65 单元作为混凝土材料。支撑部分同样采用 SOLID65 作为支撑用的混凝土井字梁。

混凝土板示意如图 8-19 所示。

2. 建立模型

（1）选择单元类型　本例混凝土采用钢筋混凝土工程中最为常用的 SOLID65 单元，执行 Main Pre-processor > Element Type > Add/Edit/Delete 命令，单击 Add 按钮，选择 concrete 65。

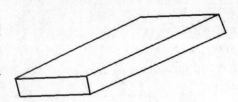

图 8-19　混凝土板几何示意图

（2）设置材料属性　注意：本例使用单位为力：N；尺寸：mm，因此对应的应力及模量单位是 MPa，设置各数值时注意统一单位。

执行 Main Menu > Preprocessor > Material Props > Material Models 命令，在打开的对话框中，通过 Material Models Available > Structural > Linear > Elastic > Isotropic 设置弹性模量，混凝土材料弹性模量为 21E9，泊松比为 0.2；支撑梁弹性模最为 150E9，泊松比为 0.25。依次展开 Material Models Available > Structural > Nonlinear > Inelastic > Non-metal Plastic > Concrete，在图 8-20 所示对话框中，依次输入：0.35，1，3.1125，-1，单击 OK 按钮完成设置。在 Material Models Available > Structural > Nonlinear > Inelastic > Rate Independent > Isotropic Hardening Plasticity > Mises Plasticity > Blinear 中定义双线性材料属性，在 Yield Stress 文本框中输入 "360"，在 Tang Mod 文本框中输入 "20000"。

（3）定义实常数　执行 Main Menu > Preprocessor > Real Constants > Add/Edit/Delete 命令，打开 Real Constants 对话框，单击 Add 按钮在新对话框中选择 SOLID65，单击 OK 按钮，在弹出的图 8-21 所示，对话框中进行实常数设置，MATl = 2，VRI = 0.01，THETAl = 90，PHI1 = 0，MAT2 = 2，VR2 = 0.01，THETA2 = 0，PHI2 = 0，单击 OK 按钮完成设定。

（4）建立几何模型　本例模型形式较为简单，混凝土板为扁平长方体。下边四边支撑为 4 根矩形截面梁，执行 Main Menu > Preprocessor > Modeling > Create > Volumes > Block > By 2 Comers &Z 命令，进行块体的生成。生成混凝土板：默认起始坐标点为工作面坐标系原点，在 WP X 及 WP Y 文本框中输入 "0，0"；在宽度 Width 文本框中输入 "1000"，在高度 Height 文本框中输入 "1500"，在深度 Depth 文本框中输入 "150"，单击 OK 按钮得到长方体，如图 8-22 所示。

生成 4 根梁，依次按照上述路径，在 WP X，WPY，Width，Height，Depth 文本框中，输入 "0，0，1000，100，-50"，生成第一根梁；输入 "0，100，100，1300，-50" 生成第二根梁；输入 "900，100，100，1300，-50" 生成第三根梁；执行 Utility Menu > Work-

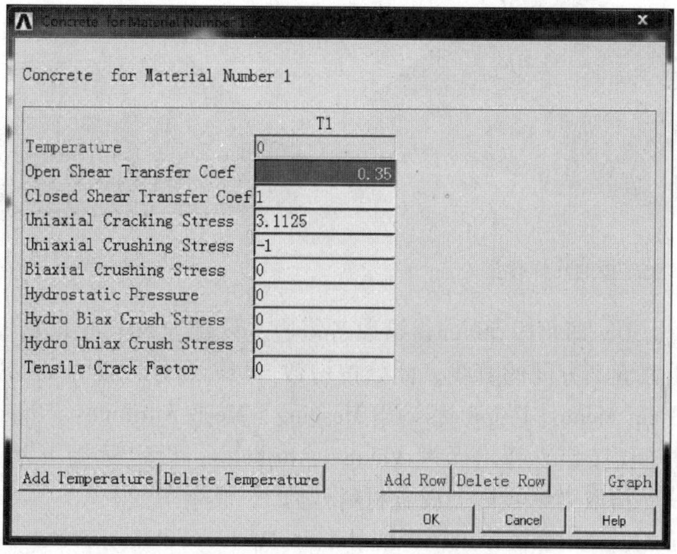

图 8-20 设置混凝土材料特性

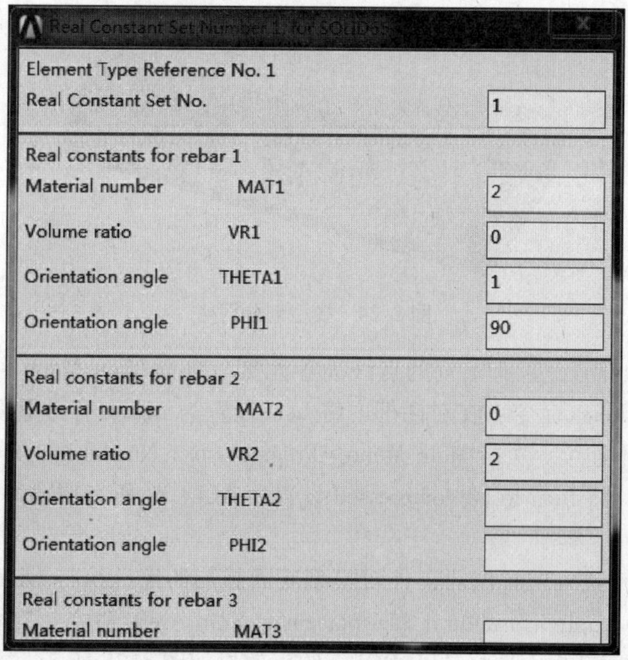

图 8-21 定义实常数

Plane > Offset WP by Increments 将工作面向 Y 轴正向移动 1500mm，使其到板的另一侧边缘，再在生成块体对话框的相应文本框中输入"0，0，1000，-100，-50"，生成第四根梁，如图 8-23 所示。

（5）网格划分

1）拾取模型边线，通过对线划分来控制整个模型的单元尺寸。执行 Main Menu > Pre-processor > Meshing > Size Cntrls > Manual Size > Lines > Picked Lines 命令，拾取长边各线，设

图 8-22　生成板的几何模型

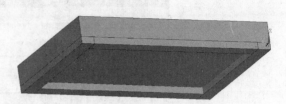

图 8-23　梁和板的几何模型

置单元长度 SIZE 为 50，即每段 50mm；拾取各短边，设置为 50；拾取板厚方向直线，设为 30；拾取底面梁沿截面高方向的直线，此处按份数 NDIV 划分，设为 1。设置完毕，对各部分赋属性。执行 Main Menu > Preprocessor > Meshing > Mesh Attributes > Picked Volumes 命令，拾取板单元，单击 OK 按钮，弹出属性 Volume Attributes，设定材料号为 1，其余按默认即可；用同样的方式，拾取梁单元体，设定材料号为 2，其余不变。

2）执行 Main Menu > Preprocessor > Meshing > Mesh > Volumes > Mapped > 4 to6 sided 命令，拾取所有体，完成网格划分，划分效果如图 8-24 所示。

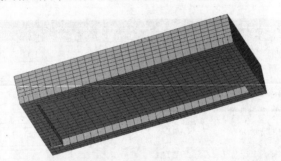

图 8-24　模型划分网格

3）各体的接触部分此时有重复的点线面等元素，执行 Main Menu > Preprocessor > Numbering Ctrls > Merge Items 命令，在对话框中将 Item 设置为 ALL，合并重复的所有元素。此时各元素的编号可能不连续。执行 Main Menu > Preprocessor > Numbering Ctrl > Compress Number 命令，弹出对话框，将 Item to be compressed 设置为 ALL，对所有项目编号进行压缩。

3. 加载及求解

（1）施加约束　进入求解模块，先对模型底面施加约束。执行 GUI：Main Menu > Solution > Define Loads > Apply > Structural > Displacement > On Areas 命令，拾取 4 个梁底面，单击 OK 按钮，在弹出的对话框中选择 ALL DOF，约束效果如图 8-25 所示。本例以施加节点位移作为加载条件。执行 Main Menu > Solution > Define Loads > Apply > Structural > Displacement > On Nodes 命令，拾取板的正中点，施加位移 Z = −20mm。

（2）设置求解项　执行 Main Menu > Solution > Analysis Type > Sol'n Controls > Basic 命令，打开图 8-26 所示对话框。在

图 8-25　约束底面

Basic 选项卡中，在 Analysis Options 选项组的下拉列表框选择 Large Displacement static，在 Time Control 选项组中设置加载子步数为 100，在 Write Items to Results Fill 选项组中将输出频率设置为 Write Every Substep。执行 Main Menu > Solution > Analysis Type > Sol'n Controls > Nonlinear 命令，得到图 8-27 所示对话框。设置最大循环次数为 40。单击 Set Convergence Criteria 按钮，在弹出的对话框中单击 Replace 按钮，将非线性收敛准则 Nonlinear Convergence Criteria 的 Tolerance About Value 值设为 "0.05"。单击 OK 按钮完成设置。

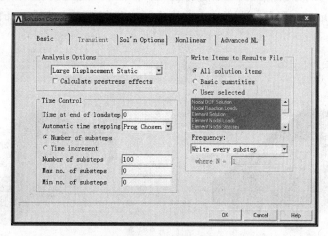

图 8-26 Basic 对话框

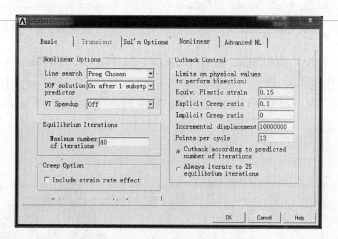

图 8-27 非线性 Nonlinear 对话框

（3）求解 选择所有元素：Utility Menu > Select > Everything；求解：Main Menu > Solution > Solve > Current LS，计算结束后的显示如图 8-28 所示。

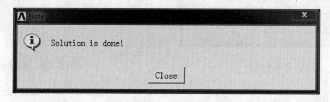

图 8-28 完成计算

4. 结果分析

（1）结构变形　执行 Main Menu > General Postproc > Plot Results > Deformed Shape 命令，Z 方向云图如图 8-29 所示。

（2）第一主应力分布　执行 Main Menu > General Postproc > Plot Results > Contour Plot > Nodal Solu 命令，选择 Stress > 1st Principal stress，查看第一主应力分布，如图 8-30 所示。为了更清楚地看到主应力的分布情况，可以进行设置，使图像只显示等值线。执行 Utility Menu > Plot Ctrls > Device Options 命令，选中 Vector Mode，再进行第一主应力分布的绘制，可得等值线图。

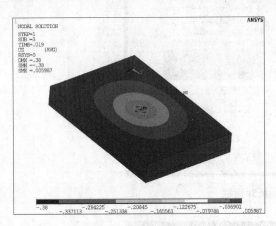

图 8-29　Z 向变形云图

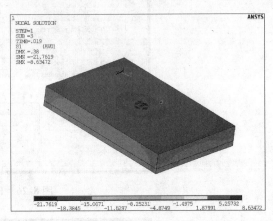

图 8-30　第一主应力云图

（3）裂纹分布情况　执行 Main Menu > General Postproc > Plot Results > ConcPlot > Crack/Crush 命令，弹出如图 8-31 所示对话框，在 Plot Symbols are Located at 下拉列表框中选择 integration pts，即积分点；在 Plot Crack faces for 下拉列表框中选择 all cracks，得到裂缝分布图，如图 8-32 所示。

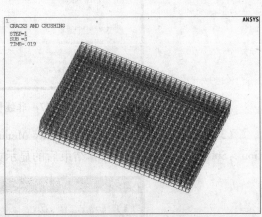

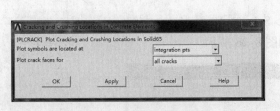

图 8-31　控制开裂选项

图 8-32　裂纹分布图

（4）钢筋平均等效应力

1）执行 Utility Menu > Select > Entities 命令，选择板单元为当前有效单元。

2）执行 Main Menu > General Postproc > Element Table > Define Table 命令，弹出对话框，单击 Add 按钮，弹出图 8-33 所示对话框。定义 Lab 为 rebar_ 1，在 Item 列表框选择 By sequence num，在 Comp 列表框选择 NMISC，43。单击 Apply 按钮。用同样的方法，定义 Lab 为 rebar_ 2，在 Item 列表框选择 By sequence num，在 Comp 列表框选择 NMISC，47。

3）执行：Main Menu > General Postproc > Element Table > Plot Table 命令，弹出图 8-34 所示对话框，在 Itlab 下拉列表框选择 REBAR_ 1，在 Avglab 下拉列表框选择 Yes- average。单击 OK 按钮，得到钢筋平均等效应力图，如图 8-35 所示。

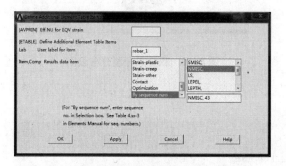 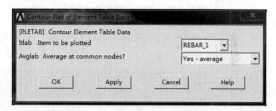

图 8-33　定义钢筋平均等效应力单元表　　　　　图 8-34　绘制单元表数据

4）用同样的方式，绘制沿另一个方向的钢筋平均等效应力，如图 8-36 所示。

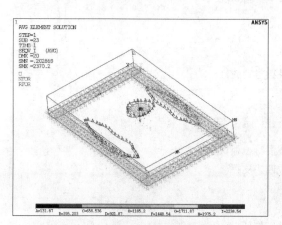 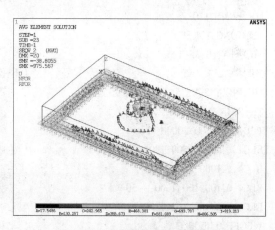

图 8-35　横向钢筋平均等效应力　　　　　　　图 8-36　纵向钢筋平均等效应力

（5）积分点状态　通过定义单元表，还可以查看积分点开状态。执行 Main Menu > General Postproc > Element Table > Define Table 命令，弹出图 8-33 所示对话框设置 Lab 为 11，在 Item 列表框选择 By sequence num，在 Comp 列表框选择 NMISC，53。执行 Main Menu > General Postproc > Element Table > Plot Table 命令，弹出图 8-34 所示对话框，在 Itlab 下拉列表框选择 11，在 Avglab 下拉列表框选择 Yes- average，单击 OK 按钮，得到积分点开裂状态，如图 8-37 所示。执行 Utility Menu > Plot Ctrls > Device Options 命令，关闭微量图，得到分布云图，如图 8-38 所示。

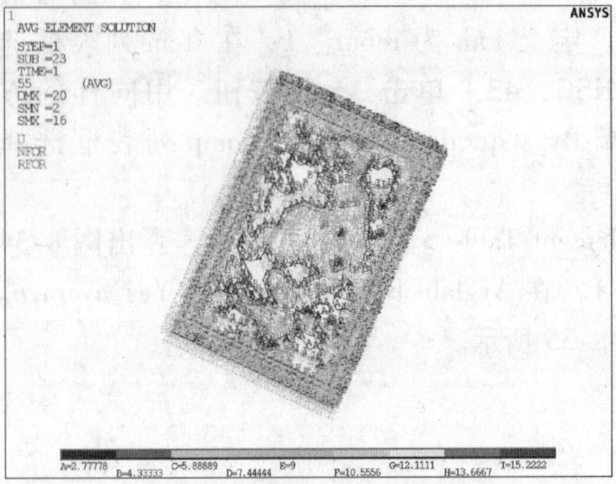

图 8-37　积分点开裂向量图

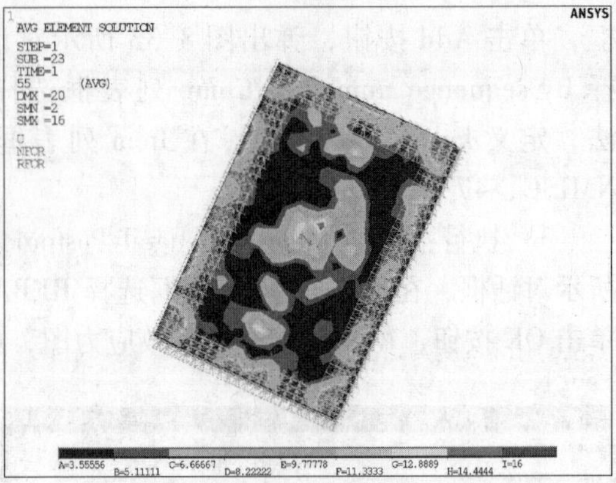

图 8-38　积分点开裂分布云图

本例的全部命令流为：

```
/PREP7
! 定义单元类型
ET,1,SOLID65                    ! 混凝土单元
R,1,2,0,01,90,0,2,0,01,0,0      ! 整体模型,实常数
! 定义材料属性
MP,EX,1,21000                   ! 混凝土材料属性
MP,PRXY,1,0.2
TB,CONC,1,1,9
TBDATA,,0.35,1,3.1125,-1
MP,EX,2,1.5E5                    ! 刚性梁材料属性
MP,PRXY,2,0.25
TB,BKIN,2,1,2,1
TBDATA,,360,20000
BLC4,,,1000,1500,150            ! 生成混凝土板块体
BLC4,,,1000,100,-50             ! 生成四边支撑
BLC4,0,100,100,1300,-50
BLC4,900,100,100,1300,-50
WPOFF,0,1500,0                  ! 平移工作面
BLC4,,,1000,-100,-50
CSYS,0                          ! 返回全局坐标
/VIEW,1,1,1,1                   ! 调整视角
/ANG,1,240,ZS,1
/REPLOT
/REP,FAST
LSEL,S,LOC,Z,75                 ! 拾取板厚方向直线
LESIZE,ALL,25,,                 ! 设置单元尺寸
LSEL,ALL
```

```
LSEL,S,LOC,X,500                    ！拾取板短边方向直线
LESIZE,ALL,50,,                     ！设置单元尺寸
LSEL,ALL
LSEL,S,LOC,Y,750                    ！拾取板长边方向直线
LESIZE,ALL,50,,                     ！设置单元尺寸
VSEL,S,,,1                          ！选择板
VATT,1,1,1                          ！为板赋属性
VMESH,ALL                           ！划分板
LSEL,ALL                            ！选择所有直线
LSEL,S,LOC,Z,-25                    ！拾取支撑梁的沿高方向直线
LESIZE,ALL,50,,                     ！设置单元尺寸
VSEL,S,,,2,5                        ！拾取四根梁
VATT,2,1,1                          ！赋属性
VMESH,ALL                           ！划分梁网格
NUMMRG,ALL                          ！合并重复单元
NUMCMP,ALL                          ！压缩编号
FINISH                              ！结束
/SOLU                               ！进入求解模块
ASEL,S,LOC,Z,-50                    ！选择位于 Z = -50 的平面
DA,ALL,ALL                          ！约束全部自由度
NSEL,ALL                            ！通过三个方位面确定中间节点
NSEL,S,LOC,Z,150
NSEL,R,LOC,Y,750
NSEL,R,LOC,X,500
D,ALL,UZ,-20                        ！对所选节点施加位移
NLGEOM,ON                           ！打开大变形
NSUBST,100                          ！荷载子步数 100
OUTRES,ALL,ALL                      ！设置输出频率
NEQIT,40                            ！迭代次数
PRED,ON                             ！打开预测器
CNVTOL,F,,0.05,1                    ！设置收敛标准
ALLSEL
SOLVE                               ！求解
FINISH                              ！结束
/POST1                              ！进入一般后处理模块
PLNSOL,U,Z,O.1                      ！画第一主应力
ESEL,S,TYPE,,1
PLNSOL,S,1,0,1
SETABLE,REBAR_1,NMISC,43            ！获取 REBAR1 平均等效应力
PLETAB,REBAR_1,AVG                  ！绘制 REBAR1 平均等效应力
ETABLE,REAR_2,NMISC,47             ！获取 REBAR2 平均等效应力
PLETAB,REBAR_2,AVG                  ！绘制 REBAR2 平均等效应力
```

ETABLE,SEQV_I,NMISC,5	! 获取 SOLID 单元 I 节点的平均等效应力
PLETAB,SEQV_I,AVG	! 绘制 SOLID 单元 I 节点的平均等效应力
ETABLE,11,NMISC,53	! 获取第一个积分点的状态
ETABLE,22. NMISC,60	! 获取第二个积分点的状态
ETABLE,33,NMISC,67	! 获取第三个积分点的状态
ETABLE,44,NMISC,74	! 获取第四个积分点的状态
ETABLE,55,NMISC,81	! 获取第五个积分点的状态
ETABLE,66,NMISC,88	! 获取第六个积分点的状态
ETABLE,77,NMISC,95	! 获取第七个积分点的状态
ETABLE,88,NMISC,102	! 获取第八个积分点的状态
PLETAB,11,AVG	
PLETAB,22,AVG	
PLETAB,33,NOAV	
PLETAB,44,AVG	
PLETAB,55,NOAV	
/DEVICE,VECTOR,1	! 打开矢量模型
PLCRACK,0,0	
PLCRACK,0,1	! 显示第一开裂位置

8.3 大跨度网架结构受力分析

世界各国对空间结构的研究和发展都极为重视，如国际性的博览会、奥运会等，各国都以新型的空间结构来展示本国的建筑科学技术水平，空间结构已经成为衡量一个国家建筑技术水平高低的标志之一。

这里将对大跨度空间结构中比较常用的空间钢架，以及网壳结构进行实例分析，其中涉及复杂建模以及找形分析等问题，希望用户能借助本实例掌握方法，达到举一反三的效果。

8.3.1 三维网架设计

1. 问题描述

某个栈桥预应力网架，网架的结构形式为局部三层正四角锥，底层弦杆与一根预应力索相连，要求利用 ANSYS 的优化设计分析能力完成此网架的最小重量的优化计算。已知条件如下：

（1）材料：钢筋，$E = 2.1E11$，$\nu = 0.3$，Density $= 7800$。

（2）几何尺寸：弦杆及腹杆，初始直径 $D1 = 0.03$，变化范围为 $0.02 \sim 0.04$；索，初始直径 $D2 = 0.02$，变化范围为 $0.01 \sim 0.03$；初始应变 ISTR $= 0.005$，变化范围为 $0.003 \sim 0.006$；最大挠度为 $-0.7 \sim -0.1$。

（3）外载：重力加速度 $g = 9.8$；跨中两节点作用竖向集中力为 -500000。

（4）要求：整体网架的重量最小。

2. 建立模型

1）以交互式进入 ANSYS，设置初始工作文件名为 net。

2）执行：Main Menu > Preferences，指定分析类型为 Structural，程序分析方法为h- method。

3）定义参数初始值。执行：Main Menu > Parameter > Scalar Parameter，打开图8-39所示标量参数对话框，输入弦杆直径 D1 = 0.03，单击 Accept 按钮，同理输入弦杆界面面积 A1 = 3.141 592 6 * D1 * D1/4，索直径 D2 = 0.02；索截面面积 A2 = 3.141 592 6 * D2 * D2/4，索初始预加应变 ISTR = 0.005，材料密度 RO = 7800。

4）定义单元类型。执行 Main Menu > Preprocessor > Element Type > Add/Edit/Delete，在弹出的对话框中的单击 Add 按钮，在 Library of Element Type 对话框中选择"LINK8"号单元为 1 号单元，单击 OK 按钮，同理选择 LINK10 为 2 号单元，单击 OK 按钮，最后单击 Close 按钮关闭对话框。

5）定义实常数。执行 Main Menu > Preprocessor > Real Constants > Add/Edit/Delete，在弹出的 Real Constant 对话框中单击 Add 按钮，选择 LINK8 单元，单击 OK 按钮，在弹性出的对话框 Area 文本框中输入"A1"；定义完 LINK8 单元的实常数后，单击 Add 按钮，选择 LINK10 单元。

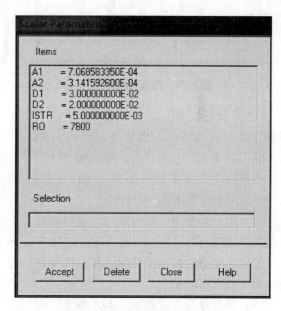

图8-39　定义参数初始值

6）定义材料属性。执行 Main Menu > Preprocessor > Material Props > Material Models 命令，在弹出的对话框中的右侧双击 Structural > linear > Elastic > Isotropic，在弹出的对话框中输入定义 1 号材料的弹性模量为 2.1E11，泊松比为 0.3，再双击对话框中 Density，在弹出的对话框中输入密度为 RO。

7）执行 Utility Menu > File > Save as 命令，保存数。

8）建立模型的上层节点。执行 Main Menu > Modeling > Create > Nodes > In Active CS 命令，在图 8-40 所示对话框中分别定义节点 1 (0, 0, 0)，单击 Apply 按钮，同理定义节点 2 (2, 0, 0)、节点 3 (4, 0, 0)、节点 4 (6, 0, 0)、节点 5 (8, 0, 0)、节点 6 (10, 0, 0)。

选择当前所有节点，在图 8-41 所示的对话框中，使得 ITME = 21，DZ = -2，其他默认，使得节点得以复制。

9）改变视图角度。执行 Utility Menu > Plotctrls > Pan Zoom Rotate 命令，在弹出的 Pan Zoom Rotate 对话框中，选择正等测视图按钮 ISO。

10）通过 DO 循环语句建立模型的上层单元，结果如图 8-42 所示。

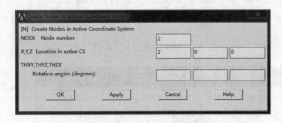

图 8-40 定义节点

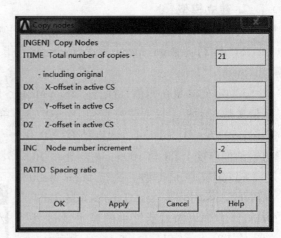

图 8-41 节点复制

11）同理建立第二层节点及单元。建立模型二层节点及单元、模型底层节点及单元，同步骤 8），复制节点，输入命令流，具体步骤同上，结果如图 8-43 所示，三层弦杆单元示意图如图 8-44 所示。

12）建立模型第一层与第二层间斜腹杆单元及第二层与第三层间斜腹杆单元，所有杆单元建立完成后模型正等测图和右视图如图 8-45、图 8-46 所示。

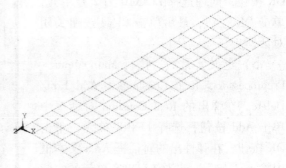

图 8-42 上层节点单元

13）建立索节点及单元。与步骤 8）相同，复制节点后，选择单元类型，实常数选项，输入命令流，最终的有限元模型的右视图如图 8-47 所示。

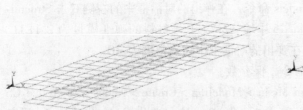

图 8-43 两层弦杆单元示意图

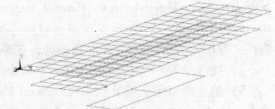

图 8-44 三层弦杆单元示意图

14）建立索与第三层弦杆位置相同节点的耦合位移约束。执行 Main Menu > Preprocessor > Coupling/Ceqn > Couple Dofs 命令，选择 Y = -6，Z = -10 处的四个节点，单击 Apply 按钮，弹出图 8-48 所示对话框，令 NSET = 1，Lab = UY（Y 方向的位移耦合）单击 Apply 按钮。同理选取 Y = -6，Z = -20 处的四个节点，令 NSET = 2，Lab = UY；选取 Y = -6，Z = -30 处的四个节点，令 NSET = 3，Lab = UY。选取点后，就可以得到图 8-49 所示的模型。

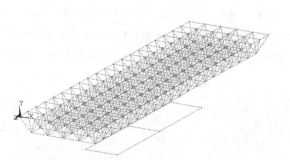

| 图 8-45 上下层间斜腹杆单元示意图 | 图 8-46 下层和地层间斜杆单元示意图 |

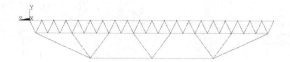

图 8-47 有限元模型右视图

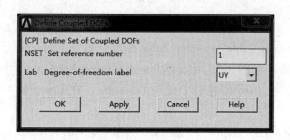

| 图 8-48 位移耦合 | 图 8-49 位移耦合后的有限元模型 |

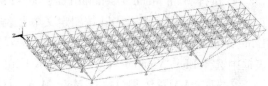

3. 加载与求解

1）施加位移约束。执行 Main Menu > Solution > Define Loads > Apply > Structural > Displacement > On Nodes 命令，将二层 Z = –1，Z = –39 两处的所有节点的所有自由度施加约束。

2）施加重力场。执行 Main Menu > Solution > Define Loads > Apply > Structural > Inertia > Gravity 命令，在弹出的 Apply Acceleration 对话框中，使得 ACELY = 9.8，其余默认即可，单击 OK 按钮。完成后在坐标原点处会出现一个红色向上的箭头。

3）施加外部载荷。执行 Main Menu > Solution > Define Loads > Apply > Structural > Force/ Moment > On Nodes 命令，选择第三层弦杆的跨中节点 2031、2032，单击 OK 按钮，在弹出的 Apply F/M on Nodes 对话框中，选择"FY"，在 Value 文本框输入"–500000"，单击 OK 按钮。完成以上步骤会出现计算有限元模型。

4）应力刚化设置。先将 unabridged Menu 按钮打开，执行 Main Menu > Solution > Analysis Type > Analysis Option 命令，即可完成应力刚化设置。

5）执行 Main Menu > Solution > Current LS 命令，完成求解过程。

4. 结果分析

（1）计算结果处理

1）节点变形图。执行 Main Menu > General Postproc > Plot Results > Contour Plot > Deformed

Shape 命令，在弹出的对话框中选择 Def + undef edge，单击 OK 按钮，则可得到图 8-50 所示的结构整体位移变形图。执行 Main Menu > General Postproc > plot Results > Contour Plot > Nodal Solution 命令，在弹出的对话框中选择 Y 方向变形，单击 OK 按钮，则可得到图 8-51 所示的 Y 方向位移图。

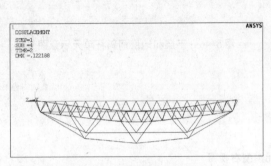

图 8-50 结构整体位移变形图

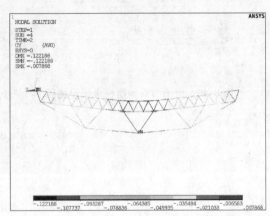

图 8-51 整体位移变形

2）读取单元总体积。

① 执行 Main Menu > General Postproc > Element Table > Define Table 命令，打开 Elemernt Table Data 对话框，单击 Add 按钮定义单元表格。在图 8-52 所示 Define Additional Elementary Table Items 对话框中，Lab 文本框中输入 evol，在 Item 列表框中选择 Geometry，在 Comp 列表框中选择 Elem Volume Volu，单击 OK 按钮。

② 窗口显示总体积。执行 Main Menu > General Postproc > Element Table > Sum of Each item 命令，如图 8-53 所示。

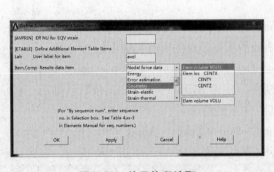

图 8-52 单元体积读取

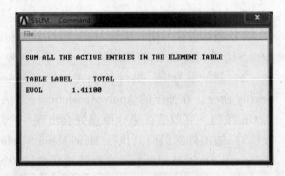

图 8-53 总体积显示窗口

③ 执行 Utility Menu > Parameters > Get Scalar Data 命令，弹出，图 8-54 所示对话框，在左列表框选择 Results Data，在右列表框选择 Elem Table Sums，单击 OK 按钮。在后续弹出的图 8-55 所示的对话框中填入名字 "VTOT"。

④ 执行 Utility Menu > Parameters > Parameters 命令，打开对话框，输入重量计算公式 WT = RO * VTOT，单击 Accept 按钮，得到重量，如图 8-56 所示。

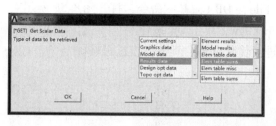

图 8-54　参量选择

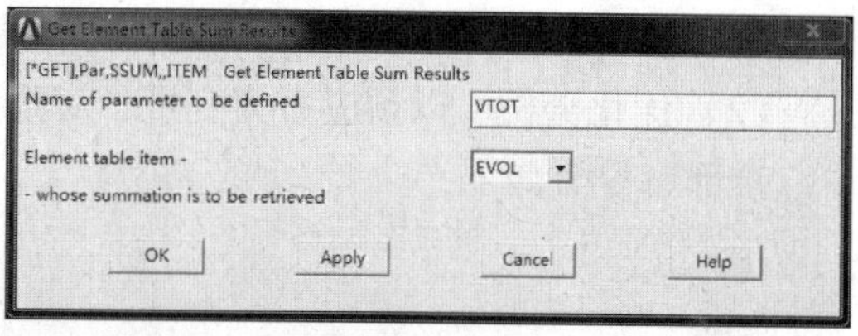

图 8-55　参量命名

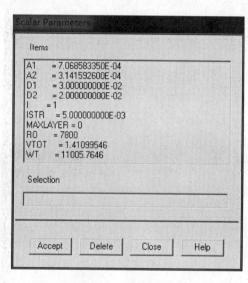

图 8-56　参数结果

3）定义参量保存跨中节点 Y 向位移。执行 Utility Menu > Parameters > Get Scalar Data 命令，弹出图 8-57 所示对话框，左列表框选择 Result Data，右列表框选择 Modal Results，单击 OK 按钮，弹出图 8-58 所示对话框，在 Name of parameter to be defined 文本框中填入 UY，在 Nodes Number N 文本框中填入"2032"，下方左侧列表框选择 DOF solution，右侧列表框选择 UY，单击 OK 按钮。

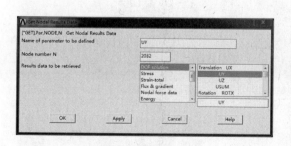

图 8-57　参量选择

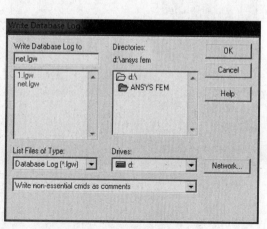

图 8-58　生成优化分析文件

4）生成优化分析文件。执行 Utility Menu > File > DB Log File 命令，打开图 8-58 所示对话框后，在 Write Database Log to 文本框中添加 net. lgw，单击 OK 按钮。

（2）优化分析　以预应力为变量，对重量进行优化分析，具体操作过程略。

全部命令流如下：

```
FINISH
/CLEAR
/COM,STRUCTURAL                          ! 指定分析类型
! 定义参数初始值
* SET,D1,0.03
* SET,A1,3.1415926 * D1 * D1/4
* SET,D2,0.02
* SET,A2,3.1415926 * D2 * D2/4
* SET,ISTR,0.005
* SET,RO,7800
! 定义单元及材料
/PREP7                                   ! 进入前处理器
ET,1,LINK8                               ! 定义单元类型
ET,2,LINK10
! 定义实常数
R,1,A1,,
R,2,A2,ISTR,
! 定义材料属性
MPTEMP,,,,,,,,
MPTEMP,1,0
MPDATA,EX,1,,2.1E11
MPDATA,PRXY,1,,0.3
MPTEMP,,,,,,,,
MPTEMP,1,0
MPDATA,DENS,1,,RO
! 建立模型的上层节点
N,1                                      ! 建立节点
N,2,2
N,3,4
N,4,6
N,5,8
N,6,10
NGEN,21,6,1,6,1,,,-2                     ! 复制节点
SAVE                                     ! 保存数
* DO,I,1,5,1                             ! 建立单元
E,I,I+1
* ENDDO
```

```
EGEN,21,6,1,5,1                        ! 复制单元
SAVE
/VIEW,1,1,1,1                          ! 定义 ISO 查看
EPLOT                                  ! 显示单元
*DO,I,1,115,6
E,I,I+6
*ENDDO
EGEN,6,1,106,125,1
SAVE
! 建立模型的下层节点
N,1001,1,-2,-1
N,1002,3,-2,-1
N,1003,5,-2,-1
N,1004,7,-2,-1
N,1005,9,-2,-1
NGEN,20,6,1001,1005,1,,,-2
*DO,I,1001,1004,1
E,I,I+1
*ENDDO
EGEN,20,6,226,229,1
SAVE
*DO,I,1001,1109,6
E,I,I+6
*ENDDO
EGEN,5,1,306,324,1
SAVE
! 建立模型的底层部分节点
N,2001,3,-6,-10
N,2002,7,-6,-10
NGEN,3,30,2001,2002,1,,,-10
SAVE
E,2001,2002
EGEN,3,30,401
E,2001,2031
E,2031,2061
E,2002,2032
E,2032,2062
EPLOT
*DO,I,1001,1005,1
E,I,I-1000
E,I,I-999
E,I,I-994
```

```
E,I,I－993
＊ENDDO
EGEN,20,6,408,427,1
E,2001,1019
E,2001,1021
E,2001,1037
E,2001,1039
E,2002,1021
E,2002,1023
E,2002,1039
E,2002,1041
EGEN,3,30,808,815,1
！建立模型的索节点
N,3001,3,－6,－10
N,3002,7,－6,－10
NGEN,3,30,3001,3002,1,,,－10
ALLSEL,ALL                          ！选择所有体
EPLOT                               ！显示单元号
TYPE,2                              ！选择材料2
MAT,1                               ！选择1号材料
REAL,2                              ！选择2号实常数
ESYS,0                              ！单元坐标系
SECNUM,1                            ！选择1号截面
TSHAP,LINE                          ！选择线型单元,用于划分网格
！划分网络
E,1002,3001
E,3001,3031
E,3031,3061
E,3061,1116
E,1004,3002
E,3002,3032
E,3032,3062
E,3062,1118
EPLOT
！建立索与第三层杆位置相同节点的耦合位移约束
CP,1,UY,2001,2002
CP,2,UY,2031,2032
CP,3,UY,2061,2062
FINISH                              ！结束前处理器
/SOL                                ！进入求解器
ALLSEL                              ！选择所有项目
NSEL,S,NODE,,1001,1005,1            ！选择节点
```

```
D,ALL,ALL                              ! 所有节点的所有自由度施加约束
ALLSEL
NSEL,S,NODE,,1037,1041,1
D,ALL,ALL
ALLSEL
ACEL,0,9.81,0,                         ! 施加重力荷载
ALLSEL
NSEL,S,NODE,,2031,2032,1
F,ALL,FY,-500000                       ! 施加竖向集中荷载
! 应力刚化设置
ALLSEL
NLGEOM,ON                              ! 打开大变形
NROPT,AUTO,,                           ! 程序自动选择牛顿拉普逊算法
STAOPT,DEFA                            ! 采用常规求解法
LUMPM,0                                ! 集中质量选择
EQSLV,,,0,                             ! 选择求解器
PRECISION,0                            ! 指定求解精度
MSAVE,0                                ! 设置求解器内在存储选项
PCGOPT,0,,AUTO,,,AUTO
PIVCHECK,1                             ! 检查支点求解是否有负值
SSTIF,ON                               ! 开启应力刚化
TOFFST,0,                              ! 设置绝对温度和系统零度值
!*
/STATUS,SOLU
SOLVE
FINISH
/POST1
!结果分析
/EFACET,1                              ! 定义单元边界分段数目
PLNSOL,U,Y,0,1.0                       ! 查看位移
!*
/EFACET,1
PLNSOL,U,Y,0,1.0
AVPRIN,0,,
ETABLE,EVOL,VOLU,                      ! 定义 EVOL 表
SSUM                                   ! 显示总体积
*GET,VTOT,SSUM,,ITEM,EVOL              ! 定义 VTOT 参量
*SET,WT,RO*VTOT                        ! 计算 WT
*GET,UY,NODE,2032,U,Y                  ! 定义 UY 参量
!
LGWRITE,'NET','LGW','C:\DOCUME~1\ADMINI~1\',COMMENT
```

```
FINISH
! 优化分析
/OPT
OPANL,'NET','LGW',' '                        ! 打开分析文件
! 定义优化设计变量
OPVAR,D1,DV,0.02,0.04
OPVAR,D2,DV,0.01,0.02
OPVAR,ISTR,DV,0.002,0.006
OPVAR,UY,SV,-0.17,-0.1                        ! 定义优化状态变量
OPSAVE,NETVAR,OPT                            ! 存储优化设计库
OPVAR,WT,OBJ,,,0.1,                          ! 设置优化函数
OPTYPE,SUBP                                  ! 指定优化方法
OPSUBP,45                                    !
OPEXE                                        ! 开始优化
OPLIST,ALL                                   ! 列出优化结果
! 优化结果处理
XVAROPT,' '
PLVAROPT,WT
```

8.3.2 空间单层网壳结构

1. 概述

网壳结构常见形式有圆柱面网壳、圆球网壳和双曲抛物面网壳。

（1）圆柱面网壳　外形呈圆柱形曲面的网状结构，兼有杆系和壳体结构的受力特点，只在单方向上有曲率，常覆盖矩形平面的建筑。单层网壳按排列方式有 4 种：单向斜杆正交正放网格、交叉斜杆正交正放网格、联方网格和三向网格。双层网格可参照平板网架的形式布置不同的网格。壳体高度与波长之比一般为 1/6 ~ 1/8。双层网壳的厚度宜取波长的 1/20 ~ 1/30。

（2）圆球网壳　用于覆盖较大跨度的屋盖，常见网格形式有：肋型、施威德肋型、联方网格、短程线型、三向网格。通过对壳面的切割，圆球网壳可以用于多边形、矩形和三角形平面建筑的屋盖。

（3）双曲抛物面网壳　将一直线的两端沿两根在空间倾斜的固定导线（直线或曲线）上平行移动而构成。单层网壳常用直梁作杆件，双层网壳采用直线桁架，两向正交而成双曲抛物面网壳。这种网壳大都用于不对称建筑平面，建筑新颖轻巧。

2. 问题描述

网壳结构主要应对使用阶段的外荷载（包括竖向和水平向）进行内力和位移计算，对单层网壳通常要进行稳定性计算，并据此进行杆件设计。此外，对地震、温度变化、支座沉降及施工安装荷载，应根据具体情况进行内力、位移计算。

本例分析圆球网壳模型，由钢管构件组成，如图 8-59 所示。材料弹性模量为 210GPa，泊松比为 0.3，切变模量为 80GPa。环杆与径杆采用空心圆钢管，内径为 90mm，外径为 92.5mm，斜杆截面内径为 80mm，外径为 83mm。复杂建模过程通过命令流方式完成。

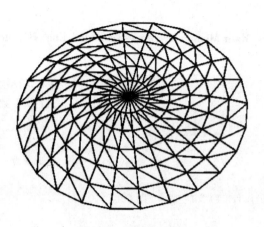

图 8-59 网壳几何图

3. 参数设置

（1）定义单元类型 本例中结构选用 BEAM188 单元。执行 Main Menu > Preprocessor > Element Type > Add/Edit/Delete，单击 Add 按钮添加单元 BEAM188 为 1 号单元。

（2）定义材料属性 执行 Main Menu > Preprocessor > Material Props > Material Models，弹出 Define Material Model Behavior 对话框。选择对话框右半栏 Material Models Available > Structural > Linear > Elastic > Orthotropic 选项，进行正交各向异性参数设置。

（3）定义单元截面特性 本例需要两种不同的截面形式。环杆与径杆采用同一种截面，而斜杆截面与之不同。执行 Main Menu > Preprocessor > Sections > Beam > Common Sections，弹出 Beam Tool 对话框，定义截面 ID 为 1，选择截面形状为空心圆管，Ri = 0.09，Ro = 0.0925，N = 36，单击 Apply 按钮完成设置。定义截面 ID 为 2，选择空心圆管截面，Ri = 0.08，Ro = 0.083，N = 36，单击 OK 按钮完成截面的定义。

以上命令流如下：

```
FINISH
/CLEAR
/FILNAME,RETICULATED SHELL          ! 文件名
/PREP7                              ! 进入前处理
ET,1,BEAM188                        ! 定义单元为 BEAM188
MP,EX,1,2.1E11                      ! 材料弹性模量
MP,PRXY,1,0.3                       ! 泊松比
MP,GXY,1,8E10                       ! 切变模量
SECTYPE,1,BEAM,CTUBE,,0             ! 定义环杆与径杆的截面
SECDATA,0.09,0.0925,36
SECTYPE,2,BEAM,CTUBE,,0             ! 定义斜杆截面
SECDATA,0.08,0.083,36
```

4. 建立模型

根据模型特点，本例直接采用节点——单元建模。

1）进入球坐标系建立节点：GUI：Utility Menu > WorkPlane > Change Active CS to > Global Spherical。

2）建立节点：GUI：Main Menu > Preprocessor > Modeling > Create > Nodes > In Active CS。

以上命令流为：

```
CSYS,2                                    ! 进入球坐标系
FI = 5                                    ! 自定义参数
R = 50
THETA = 15
*DO,I,1,6                                 ! 生成节点
*DO,J,1,24,1
N,24*(I-1)+J,R,(J-1)*THETA,(I-1)*FI+60
*ENDDO
*ENDDO
N,2000,100,0,90                           ! 导向节点
```

生成节点如图 8-60 所示。

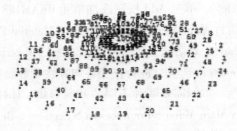

图 8-60 生成所有节点

3）连接节点生成单元：CUI Main　Menu > Preprocessor > Modeling > Create > Elements > Auto　Numbered > Thru Nodes。

```
! 环杆和径杆
TYPE,1                                    ! 设定单元类型为1号
MAT,1                                     ! 材料类型为1号
SECNUM,1                                  ! 截面类型为1号
*DO,I,1,6                                 ! 循环语句生成环杆
*DO,J,1,23,1
E,24*(I-1)+J,24*(I-1)+J+1,2000
*ENDDO
E,I*24,I*24-23,2000
*ENDDO
*DO,I,1,5                                 ! 循环语句生成径杆
*DO,J,1,24,1
E,24*(I-1)+J,24*(I-1)+J+24,2000
*ENDDO
```

```
* ENDDO
N,1000,50,0,90
* DO,I,121,144,1
E,I,1000,2000
* ENDDO
/PNUM,NODE,1                                          ! 显示节点号
EPLOT                                                 ! 绘制单元
! 斜杆
TYPE,1                                                ! 斜杆单元为 1 号
MAT,1                                                 ! 材料为 1 号
SECNUM,2                                              ! 截面类型为 2 号
* DO,I,1,5                                            ! 开始生成斜杆单元
* DO,J,1,23,1
E,24 * (I−1) +J,24 * (I−1) +J +25,2000
* ENDDO
E,I * 24,I * 24 +1,2000
* ENDDO
! 重复单元和点号处理
NUMMRG,ALL                                            ! 合并实体
NUMCMP,ALL                                            ! 压缩实体编号
FINISH
```

　　生成有限元模型细部图，如图 8-61 所示。模型整体立面如图 8-62 所示，俯视图如图 8-63 所示。建立完模型后先进行结构的特征屈曲分析。

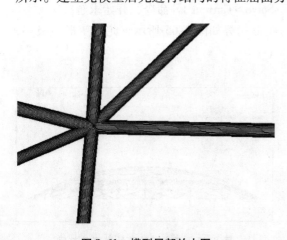

图 8-61　模型局部放大图

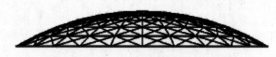

图 8-62　模型立面图

5. 特征屈曲分析

　　（1）施加约束　进入求解模块，执行 Utility Menu > WorkPlane > Change Active CS to > Global Spherical 命令，将坐标系调为球坐标。拾取网壳最边缘一圈点将其所有平动自由度约束。执行 Utility Menu > Select > Entities 命令，将选取对象设为 Nodes，选取方式为 By Location，Z coordinate，输入坐标值 "60"，单击 OK 按钮完成。执行 Main Menu > Solution > De-

图 8-63 模型俯视图

fine Loads > Apply > Structural > Displacement > On Nodes 命令，单击 Pick all，对所有当前节点施加约束。自由度选择 UX，UY，UZ，Value = 0。

（2）对节点施加微小扰动力 执行 Utility Menu > Select > Entities 命令，将选取对象设为 Nodes，选择 From Full，单击 Apply 按钮；再将选取方式设为 By Location，Z coordinate，输入坐标值为"60"，选中 Unselected，单击 OK 按钮，完成节点选取。此时选择了除最外圈以外的所有节点。执行 Main Menu > Solution > Define Loads > Apply > Structural > Force/Moment > On Nodes 命令，单击 Pick all，施加 FZ = -1。执行 Utility Menu > Select > Everything 命令，选择所有实体；执行 Main Menu > Solution > Solve > Current LS 命令，开始求解。

约束和荷载总图如图 8-64 所示。分析后的变形趋势如图 8-65 所示。此时变形值极小，为 0.277×10^{-5} m。

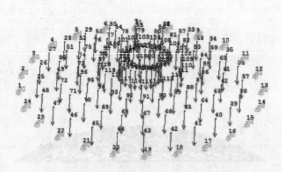

图 8-64 约束和荷载总图

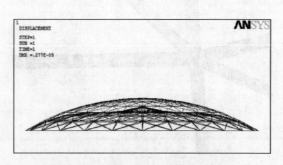

图 8-65 微小扰动下的变形趋势图

求解后得到网壳的初始状态。现在进行特征值屈曲分析。进入求解模块，执行 Main Menu > Solution > Analysis Type > New Analysis 命令，设置分析类型为 Eigen buckling。执行 Main Menu > Solution > Analysis Type > Analysis Options 命令，设置求解项，Nmode = 3，即设置提前的模态为前 3 阶。执行 Main Menu > Solution > Load Step Opts > Expansion Pass > Single Expand > Expand Modes 命令，将扩展模态数同样设置为 3。设置完毕后，执行 Main Menu > Solution > Solve > Current LS 命令，进行求解。

（3）屈曲分析结果　执行 Main　Menu > General　Postproc > Results　Summary 命令，得到分析结果的数据集，如图 8-66 所示。执行 Main　Menu > General　Postproc > Read　Results > First　Set 命令得到第一组数据；执行 Main　Menu > General　Postproc > Plot　Results > Deformed　Shape 命令得到第一阶模态的变形图，如图 8-67 所示。

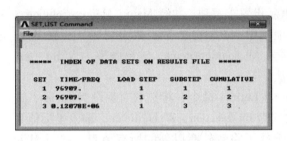

图 8-66　数据信息列表

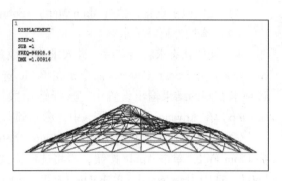

图 8-67　第一阶模态

执行 Main Menu > General Postproc > Read Results > Next Set 命令，调入下一组数据，执行 Main　Menu > General　Postproc > Plot　Results > Deformed　Shape 命令，得到第二阶模态的变形图，如图 8-68 所示。用同样的方法可得到第三阶模态的变形图，如图 8-69 所示。

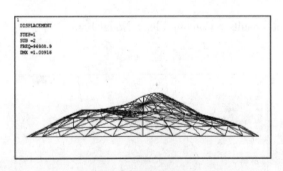

图 8-68　第二阶模态

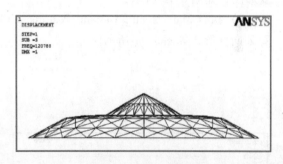

图 8-69　第三阶模态

6. 非线性分析

用同样的模型，对其进行非线性分析。为了避免出错，且便于整理，建议用户在实际工作中进行完全独立的分析。本例删除模型的扰动力，进行重新分析。

（1）保存数据　单击 SAVE_ DB 按钮保存数据。

（2）删除旧的荷载条件　执行 Main Menu > Solution > Define　Loads > Delete > All　Load Data > All　Forces > On　All Nodes 命令，删除所有外荷载数据。重新进入分析模块进行非线性分析。

（3）求解微小扰动下的初始状态

1）设置求解项。执行 Main Menu > Solution > Analysis Type > New Analysis 命令，设置求解类型为 Static；执行 Main Menu > Preprocessor > Loads > Analysis Type > Analysis Options 命

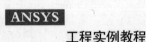

令，选择 NLGEOM，将大变形分析激活。

2）施加初始扰动。执行 Main Menu > Solution > Define Loads > Apply > Structural > Force/Moment > On Nodes 命令，在 Apply F/M on nodes 对话框的 min，max. inc 文本框输入节点号 "145"，单击 OK 按钮。在弹出的对话框内的 Lab 列表框中选择 FY，在 VALUE 文本框填入 "-1000"，单击 OK 按钮完成侧向干扰力的施加。

3）完成以上设置，执行 Main Menu > Solution > Solve > Current LS 命令，开始初状态求解。

（4）施加外荷载并求解

1）初始状态求解结束后，进入求解模块重新设置求解项。执行 Main Menu > Solution > Analysis Type > Sol'n Controls 命令，在 Basic 选项卡中，设置分析子步数为 "200"；在 Basic 选项卡右侧的结果输出设置中，选择输出数据为 All solution items，输出频率为 Write every substep。在 Advanced NL 选项卡中，激活弧长法。

2）施加外荷载。执行 Utility Menu > Select > Entities 命令，将选取对象设为 Nodes，选择 From Full，单击 Apply 按钮；再将选取方式选为 By Location，Z coordinate，输入坐标值为 "60"，选中 Unselected，单击 OK 按钮，此时选择了除最外圈以外的所有节点。执行 Main Menu > Solution > Define Loads > Apply > Structural > Force/Moment > On Nodes 命令，选中 Pick all，施加外荷载 "FZ = -50000"。

3）完成以上设置，执行 Main Menu > Solution > Solve > Current LS 命令，开始求解。

（5）一般后处理　求解结束后，进入一般后处理查看分析结果。

1）执行 Main Menu > General Postproc > Plot Results > Deformed Shape 命令，查看变形图，如图 8-70 所示。

2）执行 Main Menu > General Postproc > Plot Results > Contour Plot > Nodal Solu 命令，查看 Z 向变形，如图 8-71 所示。

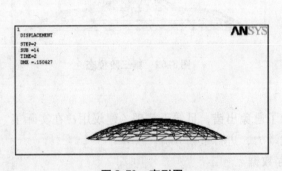

图 8-70　变形图

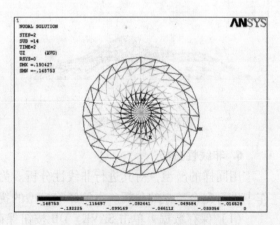

图 8-71　Z 向变形云图

3）通过 Main Menu > General Postproc > Element Table > Define Table 定义单元列表，单击 Add 按钮，在 Lab 文本框填入 FI，By sequence num，在下一栏填入 SMISC，1，单击 OK 按钮完成第一个轴力单元列表的定义。再添加第二个单元列表，在 Lab 文本框填入 FJ，By sequence num，在下一栏填入 SMISC，7；添加弯矩单元列表，在 Lab 文本框填入 MI，By sequence num，下一栏填入 SMISC，6；在 Lab 文本框填入 MJ，By sequence num，在下一栏填

入 SMISC, 12, 完成定义。

4) 执行 Main Menu > General Postproc > Plot Results > Contour Plot > Line Elem Res 命令, 在 LabI 列表框选择 FI, 在 LabJ 列表框选择 FJ, 考虑模型网线的密度, 在 Fact 文本框填入 "0.5", 单击 OK 按钮完成设置, 此时得到网壳各杆轴力图, 如图 8-72 所示。用同样的方式, 在 LabI 列表框选择 MI, 在 LabJ 列表框选择 MJ, 则可得到弯矩图, 如图 8-73 所示。

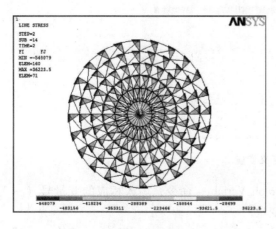

图 8-72 轴力图

图 8-73 弯矩图

(6) 时间历程后处理

1) 执行 Main Menu > TimeHist Postproc 命令, 得到图 8-74 所示窗口。单击左上的绿色十字, 添加变量。以添加顶点为例, 单击绿十字 ADD DATA 按钮, 打开添加时间历程变量对话框, 如图 8-75 所示, 在 Result Item 列表框中单击 Nodal Solution > DOF Solution > Z-Component of displacement, 单击 OK 按钮, 完成添加。在这个窗口中可以进行坐标图中变量的切换选择等很多操作。

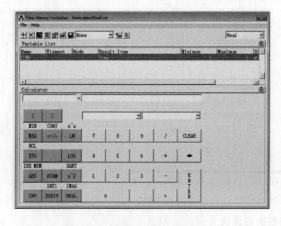

图 8-74 时间历程变量查看命令

图 8-75 添加时间历程变量

2) 执行 Main Menu > TimeHist Postproc > Define Variables 命令, 对需要的数据进行

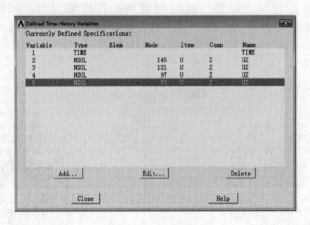

单独变量添加，如图 8-76 所示。本例中添加网壳上不同高度沿同一坡向的一系列节点：N145、N121、N97、N73；执行 Main Menu > TimeHist Postproc > Math Operations > Multiply 命令，继续添加荷载数据。

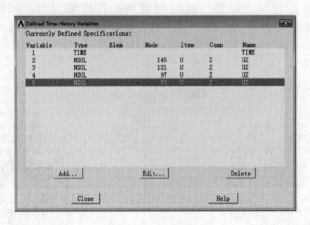

图 8-76　定义变量

3）执行 Main Menu > TimeHist Postproc > Graph Variables 命令，填入相应的变量号（一次最多 10 个），即可在同一坐标图中显示多个变量。

4）变量定义完毕，执行 Utility Menu > PlotCtrls > Style > Graphs > Modify Axes 命令，设置曲线图的 X 轴、Y 轴。用户可根据需要，自行选择所需要绘制的坐标曲线图。设置 TIME 为 X 轴，LOAD 为 Y 轴，得到图 8-77 所示的荷载时间曲线。设置 LOAD 为 X 轴，变量 2 为 Y 轴，得到顶点 N145 与荷载 LOAD 的相对曲线，如图 8-78 所示。荷载随时间的变化是线性的。而顶点的位移随着荷载或时间的变化则是非线性的，随着荷载的增大或时间的延长，其曲线斜率的绝对值变小，即变形速度减慢。

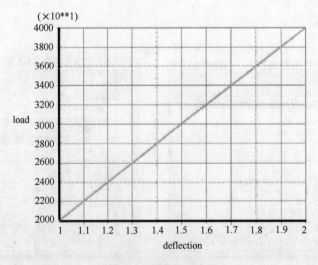

图 8-77　荷载时间曲线

本例的全部命令流为：

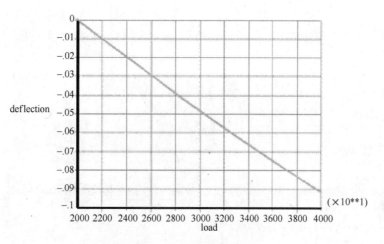

图 8-78　荷载-顶点变形曲线

```
FINISH
/CLEAR
/FILNAME,RETICULATED SHELL                      ! 文件名
/PREP7                                          ! 进入前处理
! 定义材料属性
ET,1,BEAM188                                    ! 定义单元为 BEAM188
MP,EX,1,2.1E11                                  ! 材料弹性模量
MP,PRXY,1,0.3                                   ! 泊松比
MP,GXY,1,8E10                                   ! 剪切模量
! 定义单元截面特性
SECTYPE,1,BEAM,CTUBE,,0                         ! 定义环杆与径杆的截面
SECDATA,0.09,0.0925,36
SECTYPE,2,BEAM,CTUBE,,0                         ! 定义斜杆截面
SECDATA,0.08,0.083,36
! 建立节点
CSYS,2                                          ! 进入球坐标系
FI = 5                                          ! 自定义参数
R = 50
THETA = 15
*DO,I,1,6                                       ! 生成节点
*DO,J,1,24,1
N,24*(I-1)+J,R,(J-1)*THETA,(I-1)*FI+60
*ENDDO
*ENDDO
N,2000,100,0,90                                 ! 导向节点
! 连接节点生成单元
! 环杆和径杆
```

```
TYPE,1                                              ! 设定单元类型为 1 号单元
MAT,1                                               ! 材料类型为 1 号
SECNUM,1                                            ! 截面类型为 1 号
*DO,I,1,6                                           ! 循环语句生成环杆
*DO,J,1,23,1
E,24*(I-1)+J,24*(I-1)+J+1,2000
*ENDDO
E,I*24,I*24-23,2000
*ENDDO
*DO,I,1,5                                           ! 循环语句生成径杆
*DO,J,1,24,1
E,24*(I-1)+J,24*(I-1)+J+24,2000
*ENDDO
*ENDDO
N,1000,50,0,90
*DO,I,121,144,1
E,I,1000,2000
*ENDDO
/PNUM,NODE,1                                        ! 显示节点号
EPLOT                                               ! 绘制单元
! 斜杆
TYPE,1                                              ! 斜杆单元为 1 号
MAT,1                                               ! 材料为 1 号
SECNUM,2                                            ! 截面类型为 2 号
*DO,I,1,5                                           ! 开始生成斜杆单元
*DO,J,1,23,1
E,24*(I-1)+J,24*(I-1)+J+25,2000
*ENDDO
E,I*24,I*24+1,2000
*ENDDO
! 重复单元和点号处理
NUMMRG,ALL                                          ! 合并实体
NUMCMP,ALL                                          ! 压缩实体编号
FINISH
/SOLU                                               ! 进入求解模块
CSYS,2                                              ! 设置当前坐标为球坐标系
NSEL,S,LOC,Z,60                                     ! 选择外圈节点
NPLOT                                               ! 绘制当前选择的节点
D,ALL,UX                                            ! 约束当前节点的自由度
D,ALL,UY
D,ALL,UZ
```

```
ALLSEL
EPLOT                                     ! 绘制单元
NSEL,U,LOC,Z,60                           ! 不选择外圈节点
NPLOT
F,ALL,FZ,-1                               ! 施加微小扰动力
ALLSEL
SOLVE                                     ! 求解
FINISH
/SOLU
ANTYPE,BUCKLE                             ! 特征值屈曲分析
BUCOPT,SUBSP,3                            ! 分析模态阶数
MXPAND,3                                  ! 扩展阶数
SOLVE                                     ! 求解
FINISH
/POST1                                    ! 进入一般后处理
SET,LIST                                  ! 读入数据列表
SET,FIRST                                 ! 读入第一组数据
PLDISP,0                                  ! 绘制变形图,下同
SET,NEXT
PLDISP,0
SET,NEXT
PLDISP,0
FINISH
```

8.4　高层框架房屋结构受力分析

8.4.1　问题描述

1. 高层建筑状况

城市人口集中、用地紧张及商业竞争的激烈化，促进近代高层建筑的出现和发展。高层建筑一般分四类：第一类：9～16 层（不超过 50m）；第二类：17～25 层（不超过 75m）；第三类：26～40 层（不超过 100m）；第四类：40 层以上。经过 100 多年的发展，高层建筑正向着层数高度不断增加结构体系日趋复杂、多用途、多功能、钢和钢-钢筋混凝土材料不断应用的方向发展。

高层建筑中结构体系主要有框架结构、剪力墙结构、框架-剪力墙、框架-筒体结构和筒体结构。

2. 高层建筑结构分析特点

高层建筑结构一般处于竖向荷载（结构自重、使用荷载及竖向地震荷载）和水平荷载（风荷载、水平地震荷载）共同作用下工作的。荷载对结构产生的内力是随建筑物的高度增加而变化的，当建筑物的高度较小时，整个结构以竖向荷载为设计的依据，此时水平荷载的

影响相对较小，结构的水平位移也很小。当建筑物高度不断增加时，竖向荷载对结构产生的轴力近似和高度成正比，水平载荷 Q 对结构引起的弯矩和水平位移则分别近似与高度的平方和四次方成正比。

所以对于高层建筑，结构的设计是由水平载荷控制的，这就是高层建筑结构设计的特点。本节将主要研究风荷载对高层建筑的受力性能的静态影响。

3. 风荷载

高层建筑趋向于高、轻、柔的构筑形式，因此风荷载逐渐成为控制结构设计的主要因素，对结构风致响应及其等效风荷载的研究日益受到重视。

（1）风荷载的危害性 空气流动形成的风遇到建筑物时，将在建筑物表面产生压力或吸力，这种风力作用称为风荷载。风对结构的作用会产生以下后果：

1）结构构件受到过大的风力作用而失稳。

2）结构产生过大的挠度和变形。

3）反复的风振作用导致结构的疲劳破坏。

4）气动弹性的不稳定使结构物在风运动中产生加剧的气动力。

5）由于过大的动态运动，使建筑物的居住者产生不舒服感。

（2）基本风速和基本风压值 基本风速是不同气象观察站通过风速仪大量观察、记录，并按照我国规定标准条件下的记录数据进行统计分析得到的该地区的最大平均风速。基本风压值 W_0 与风速大小有关。我国现行《建筑结构载荷规范》给出了各地区的基本风压值，取该地区空旷平坦地面上离地10m 处，重现期为30 年的10 分钟平均最大风速作为计算基本风压值的依据。对于一般的高层建筑，可取重现期为50 年的风速计算风压值，即用规范所给的基本风压值再乘1.1。

（3）风压高度变化系数 u_z　在大气边界层中，随着高度的增加，风速加快，风速沿高度的变化规律称为风剖面，我国规范采用指数型的剖面，其表达式为

$$\mu_z = \begin{cases} 3.12(z/300)^{0.24}, \text{A 类地面粗糙度} \\ 3.12(z/350)^{0.32}, \text{B 类地面粗糙度} \\ 3.12(z/400)^{0.44}, \text{C 类地面粗糙度} \\ 3.12(z/450)^{0.6}, \text{D 类地面粗糙度} \end{cases}$$

式中，z 为离地面高度

（4）风载体型系数 μ_s　当风流动经过建筑物时，对建筑物不同部位会产生不同的效果。分为压力、吸力。空气流动产生的涡流对建筑物局部有较大的压力和吸力。因此，对建筑物表面的所用力并不等于基本风压值。风荷载将随建筑物的体型、尺度、表面位置、表面状况而改变。一般在迎风面产生压力，背风产生吸力，侧风面也产生吸力。

（5）风振动系数 β_z　风的作用是不规则的，风压随着风速、风向的紊乱变化而不停地改变。通常可以把风压作用的平均值看作稳定风压。平均风压使建筑物产生侧移，波动风压使建筑物在平均侧移附近左右摇摆。高层建筑的风振系数按下式计算

$$\beta_z = 1 + \frac{H_i}{H} \times \frac{\zeta \nu}{\mu_z}$$

式中，H_i 为第 i 层标高；H 为建筑物总高；ζ 为动力系数；ν 为脉动影响系数。本例不考虑风振系数的影响，即认为 β_z 是 1。

（6）结构上的平均风荷载　考虑了上述因素的影响后，作用在建筑物表面单元面积上的风荷载标准值 W_k 由下式计算

$$W_k = \beta_z \mu_s \mu_z W_0 \tag{8-1}$$

4. 问题描述

某框架—筒体结构，总高度54m，18层，层高3m，结构平面图如图8-79所示，求其模态响应及风荷载作用下的静力分析。

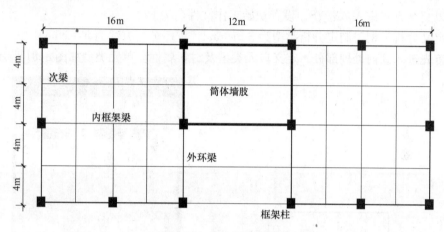

图8-79　结构平面示意图

其主要承重结构的截面尺寸及混凝土强度标号见表8-1。在本例中，为了计算方便，钢筋混凝土的密度统一为2700kg/m³，弹性模量按混凝土的弹性模量取值，泊松比取0.2。

表8-1　模型参数表

构　件	截面尺寸/mm	混　凝　土	弹性模量/Pa
框架柱	1.1×1.1	C40	3.25E + 10
外环梁	0.4×0.6	C40	3.25E + 10
内框架梁	0.5×0.8	C40	3.25E + 10
次梁	0.3×0.5	C40	3.25E + 10
筒体墙肢	0.3	C40	3.25E + 10
楼屋面板	0.2	C30	3.20E + 10
外围墙体	0.2	C30	3.20E + 10

竖向荷载只考虑自重。水平荷载只考虑风荷载的作用，取基本风压值为700N/m³，对于高层建筑，考虑50年一遇，基本风压取规定数值的1.1倍。风压高度变化系数按D类地貌取值，即 $\mu_z = 3.12 \ (z/450)^{0.6}$，风荷载体型系数参照规范，对于M型平面，取值如图8-80所示。风荷载系数取为1。

所以作用在建筑物表面单位面积上的风荷载有四种：

$$W_k = \begin{cases} 0.8 \times 0.32(z/450)^{0.6} \times 770 \\ -0.7 \times 0.32(z/450)^{0.6} \times 770 \\ -0.6 \times 0.32(z/450)^{0.6} \times 770 \\ -0.5 \times 0.32(z/450)^{0.6} \times 770 \end{cases}$$

8.4.2 建立模型

1）以交互方式进入 ANSYS，设置初始工作文件名为 kk。

2）定义分析类型。制定分析类型为 Structural，程序分析方法为 h-method。

3）首先进入到前处理部分，定义单元类型及材料属性。单元类型如图 8-81 所示。

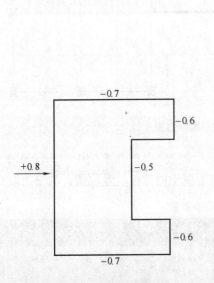

图 8-80 体型系数取值

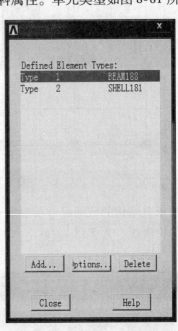

图 8-81 两种单元类型

以上命令流为：

```
/PREP7

ET,1,BEAM188                    ! 梁的单元类型

ET,2,SHELL181                   ! 筒体、楼板及外墙单元类型

MP,EX,1,3.25E10                 ! C40 混凝土弹性模量

MP,PRXY,1,0.2                   ! 泊松比

MP,DENS,1,2700                  ! 密度

MP,EX,2,3.0E10                  ! C30 混凝土弹性模量

MP,PRXY,2,0.2                   ! 泊松比

MP,DENS,2,2700                  ! 密度
```

4）定义柱子、梁的横截面形状及尺寸。由于结构的特殊性，决定梁的种类多样，常借助定义截面并与截面号关联使用的 SECTYPE 命令来定义截面。然后同样方法定义外环梁截面、内框架梁截面及次梁截面。执行 Main Menu > Preprocessor > Sections > Beam > Common

Sections 命令，弹出对话框，定义柱的截面，如图 8-82 所示。

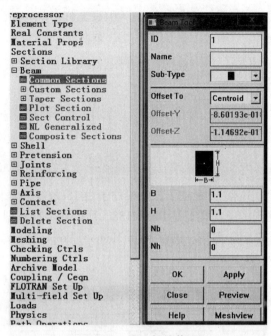

图 8-82　定义柱的截面

以上命令流为：

```
SECTYPE,1,BEAM,RECT                              ! 定义框架柱截面
SECDATA,1.1,1.1
SECTYPE,2,BEAM,RECT                              ! 定义外环梁截面
SECDATA,0.4,0.6
SECTYPE,3,BEAM,RECT                              ! 定义内框架梁截面
SECDATA,0.5,0.8
SECTYPE,4,BEAM,RECT                              ! 定义次梁
SECDATA,0.3,0.5
```

5) 定义筒体、楼板及外墙的实常数。执行 Main Menu > Preprocessor > Sections > Beam > Shell > Lay- up > Add/Edit 命令，弹出对话框，定义实常数，如图 8-83 所示。

图 8-83　楼板、外墙及筒体厚度设置

如何建立关键点，前面的内容已有介绍，此处略。

以上命令流为:

```
K,5000,22,8,72                          ! 设置 BEAM188 单元方向
K,1                                     ! 建立第一层关键点
K,12,44
KFILL,1,12
KGEN,5,1,12,,,4
KGEN,19,1,60,,,,3                       ! 建立整个模型关键点
/VIEW,1,1,1,1                           ! 改变视角
/ANGLE,1,270,XM,0
/REPLOT
```

6)建立框架柱模型。共有 16 根柱子,每根柱子由 18 条线元素构成,完成后最大的线单元编号为 288。由于柱子的单元类型是 BEAM188,所以在为准备划分的线定义一系列特性时,需要指定 BEAM188 单元的方向。执行 Main Menu > Preprocessor > Meshing > All Lines 命令,弹出对话框,如图 8-84 所示。

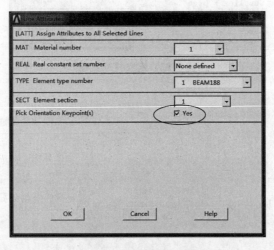

图 8-84　指定单元方向

以上命令流为:

```
*DO,I,1,1021,60                         ! 生成线段
L,I,I+60
*ENDDO
LGEN,3,1,18,1,8,,2                      ! 复制线段
LGEN,2,1,54,1,,16,,48
LGEN,2,1,18,1,,8,,24
LGEN,2,37,54,1,,8,,24
LGEN,2,1,144,1,28,,,7
LATT,1,,1,,5000,,1                      ! 给线单元指定单元类型,材料属性,横截面编号及单元
                                          方向
```

LESIZE,ALL,1.5	! 指定单元长度
LMESH,ALL	! 划分单元
LSEL,U,,,ALL	! 去掉框架柱的线元素

7）建立外环梁模型。每层的外环梁共 8 根，完成后最大的线单元编号为 432。执行 Main Menu > Preprocessor > Modeling > Create > lines 命令，建立外环梁的全部模型，赋属性并划分线。

以上命令流为：

L,61,65	! 生成线段,外环梁 KL2 共 144 根
L,65,89	
L,89,92	
L,92,68	
L,68,72	
L,72,120	
L,120,109	
L,109,61	
LGEN,18,289,296,1,,,3,60	! 复制线段
LATT,1,,1,,5000,,2	! 给线单元指定单元类型、材料属性、横截面编号及单元方向
LESIZE,ALL,2	! 指定单元长度
LMESH,ALL	! 划分单元
LSEL,U,,,ALL	! 线单元的最大编号为 432

8）建立内框架梁模型。每层的内框架梁有 6 根，完成后最大的线单元编号为 540。执行 Main Menu > Preprocessor > Modeling > Create > lines 命令，建立内框架梁的全部模型，赋属性并划分线。

以上命令流为：

L,63,111	! 生成线段,内框架梁 KL1 共 108 根
L,85,89	
L,89,113	
L,70,118	
L,92,96	
L,92,116	
LGEN,18,433,438,1,,,3,60	! 复制线段
LATT,1,,1,,5000,,3	! 给线单元指定单元类型、材料属性、横截面及单元方向
LESIZE,ALL,2	! 指定单元长度
LMESH,ALL	! 划分单元
LSEL,U,,,ALL	! 线单元的最大编号为 540

9）建立次梁模型。每层的内框架梁有 9 根，完成后最大的线单元编号为 702。执行 Main Menu > Preprocessor > Modeling > Create > lines 命令，建立次梁的全部模型，赋属性并划分线。

以上命令流为：

```
L,62,110                          ! 生成线段
L,64,112
L,69,117
L,71,119
L,97,108
L,73,77
L,80,84
L,90,102
L,91,103
LGEN,18,541,549,1,,,3,60          ! 复制线段
LATT,1,,1,,5000,,4                 ! 给线单元指定单元类型、材料属性、横截面编号及单元方向
LESIZE,ALL,2                       ! 指定单元长度
LMESH,ALL                         ! 划分单元
ALLSEL                            ! 选择所有的元素
```

10）建立楼层板模型。楼层板共 631 个元素。执行 Main Menu > Preprocessor > Modeling > Create > Areas 命令，建立楼层板几何模型。

以上命令流为：

```
*DO,I,61,64,1                     ! 以点定义面
A,I,I+1,I+13,I+12
*ENDDO
AGEN,4,1,4,1,,4,,12               ! 复制面
*DO,I,68,71,1
A,I,I+1,I+13,I+12
*ENDDO
AGEN,4,17,21,1,,4,,12
*DO,I,89,91,1
A,I,I+1,I+13,I+12
*ENDDO
AGEN,18,1,35,1,,,3,60
A,1133,1136,1124,1121
```

11）建立外墙几何模型并对楼层板及外墙划分网格。外墙共 527 个面元素，完成后最大的面元素编号为 1158。执行 Main Menu > Preprocessor > Modeling > Meshing 命令，进行面的网格划分。

以上命令流为：

```
*DO,I,61,64,1                     ! 以点定义面
A,I,I+1,I+61,I+60
*ENDDO
*DO,I,89,91,1
A,I,I+1,I+61,I+60
*ENDDO
```

```
* DO,I,68,71,1
A,I,I+1,I+61,I+60
* ENDDO
* DO,I,109,112,1
A,I,I+1,I+61,I+60
* ENDDO
* DO,I,116,119,1
A,I,I+1,I+61,I+60
* ENDDO
* DO,I,61,97,12
A,I,I+12,I+72,I+60
* ENDDO
* DO,I,65,77,12
A,I,I+12,I+72,I+60
* ENDDO
* DO,I,68,80,12
A,I,I+12,I+72,I+60
* ENDDO
* DO,I,72,108,12
A,I,I+12,I+72,I+60
* ENDDO
AGEN,17,632,662,1,,,3,60          ! 复制面
AATT,2,2,2                        ! 指定楼层板及外墙单元属性、材料属性、实常数
AESIZE,ALL,2                      ! 指定面上划分单元大小
AMESH,ALL                        ! 生成面单元
ASEL,U,,,ALL                     ! 选择面
```

12）建立筒体模型利用同样方法进行筒体有限元模型的建立。执行 Main Menu > Preprocessor > Modeling > Meshing 命令，进行面的网格划分。

整个有限元模型如图 8-85 所示：

图 8-85　有限元模型

以上命令流为：

```
A,53,56,1136,1133                          ! 以点定义面
A,41,44,1124,1121
AATT,1,3,2                                 ! 指定面的单元属性
AESIZE,ALL,2                               ! 指定面上划分单元大小
AMESH,ALL                                  ! 生成面单元
ASEL,U,MAT,,1                              ! 选择面
A,41,53,1133,1121
A,44,56,1136,1124
AATT,1,3,2                                 ! 指定面的单元属性
AESIZE,ALL,1.5                             ! 指定面上划分单元大小
AMESH,ALL                                  ! 生成面单元
NUMMRG,ALL                                 ! 合并实体
NUMCMP,ALL                                 ! 压缩实体编号
ALLSEL                                     ! 选择所有实体
FINISH
```

8.4.3 加载及求解

模型建立之后即可对其施加边界条件和外部载荷，并进行相应的计算分析。

1）选中所要约束的节点。执行 Main Menu > Select > Entities 命令，弹出对话框，如图 8-86 所示。

2）施加边界条件。执行 Main Menu > Solution > Define Loads > Apply > Structural > Displacement > On Nodes 命令，选择与地面接触的框架柱上的节点以及筒体上与地面接触的节点。单击 OK 按钮，在弹出图 8-87 所示对话框，选择 All DOF，即将这些节点的所有自由度约束。

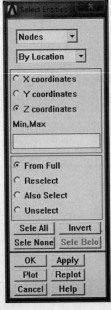

图 8-86 选择即将被约束的点

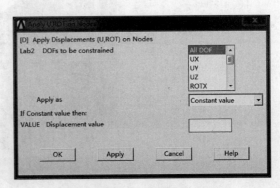

图 8-87 定义约束

3）模态分析。首先选择计算分析的类型，执行 Main Menu > Solution > Analysis Type > New Analysis 命令，如图 8-88 所示。其次选择具体的模态求解方法，这里采用子空间法，提取前 5 阶的振型。

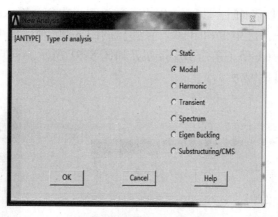

图 8-88　计算分析类型

以上命令流为：

```
/SOLU
NSEL,S,LOC,Z,0          ! 选择坐标系 Z = 0 上所有节点
D,ALL,ALL              ! 对所有节点,所有自由度施加约束
ALLSEL                 ! 选择所有实体
ANTYPE,MODAL           ! 分析类型为模态分析
MODOPT,SUBSP,5         ! 模态求解采用子空间法,提取前 5 阶的振形
MXPAND,5,,,YES         ! 扩展模态
SOLVE                  ! 求解
FINISH
```

4）施加风荷载。

执行路径一：Main Menu > Solution > Define loads > Apply > Functions > Define/Edit，定义四个随高度变化的风荷载。打开如图 8-89 所示的 Function Editor 对话框，在 Result 文本框中输入迎面风荷载函数 "0.8 $* 0.32$ (z/450)^0.6 $* 770$"，然后在 File 下拉菜单中选择保存为 sf8。同理定义其他面的风荷载。将 0.7 $* 0.32$ (z/450)^0.6 $* 770$，0.6 $* 0.32$ (z/450)^0.6 $* 770$，0.5 $* 0.32$ (z/450)^0.6 $* 770$ 输入，然后分别在 File 下拉菜单选择保存为 sf7，sf6，sf5。

执行路径二：Main Menu > Solution > Define Loads > Apply > Functions > Read File，找到前面定义的荷载文件 sf8，单击 OK 按

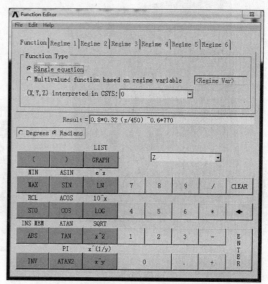

图 8-89　功能编辑

321

钮，在 Function Loader 对话框中将 Table parameter name 命名为 table8，同理依次输入 sf7，sf6，sf5 并分别命名为 table7，table6，table5。

执行路径三：Main Menu > Solution > Define Loads > Apply > Structural > Pressure > On Areas，将风荷载施加在楼的表面上。以 Y = 0 的表面为例，在命令输入框中输入 asel，s，loc，y，0，然后执行路径三，选中 Picked all。在弹出的图 8-90 对话框中，选择 Existing table，单击 Apply 按钮。选择 table5，单击 OK 按钮，如图 8-91 所示。同理施加其他面上的风荷载。完成后模型如下图 8-92 所示。

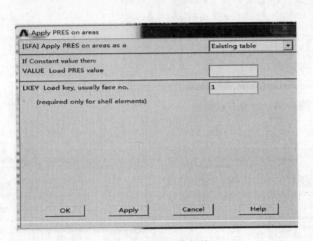

图 8-90　施加风荷载

图 8-91　局部施加风载荷

5）施加重力场。执行 Main Menu > Solution > Define Loads > Apply > Structural > Inertia > Gravity 命令，在图 8-93 所示的对话框中输入 "9.8"，其余默认。单击 OK 按钮。

图 8-92　整体施加风载荷

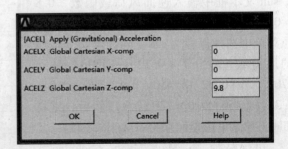

图 8-93　重力加速度对话框

6）执行 Main Menu > Solution > Current LS 命令，求解。

8.4.4 结果分析

1. 模态分析结果

1）结构自振周期。执行 Main Menu > Genenal Postproc > Results Summary 命令，可以得到前 5 阶的频率，如图 8-94 所示。

2）结构振型。执行 Main Menu > General Postproc > Read Results 命令，执行 Main Menu > General Postproc > Plot Results > Deformed Shape 命令，可以得到前 5 阶的振型，其中一阶振型如图 8-95 所示。

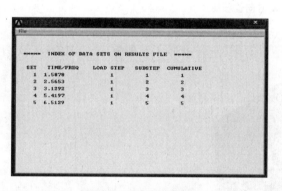

图 8-94　前 5 阶频率

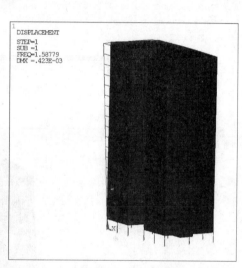

图 8-95　一阶振型

注意： 查看振型时，可借助 Dynamic Model Mode 键来操作，调整角度使图形看得清晰。

2. 静力分析结果

这里仅给出结构变形分析过程。

执行 Main Menu > General Postproc > Plot Results > Contour Plot > Nodal Solution 命令，弹出图 8-96 所示对话框，在 Item to be contoured 列表框选择需要的选项，得到 X 和 Z 方向位移变形图，如图 8-97 和图 8-98 所示。

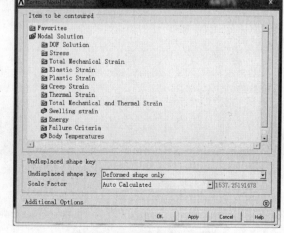

图 8-96　结构变形显示对话框

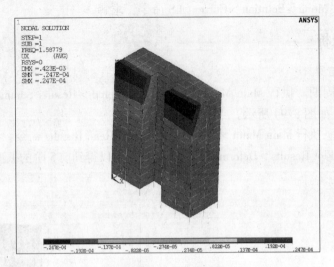

图 8-97 X 方向位移图

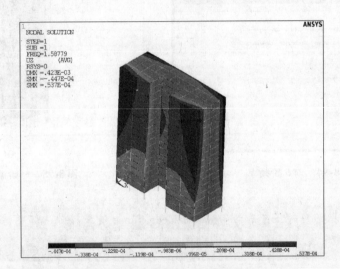

图 8-98 Z 方向位移图

第9章
ANSYS在水利工程中的应用

本章导读

本章利用 ANSYS 进行重力坝等水工建筑结构的有限元分析。主要内容包括三维实体模型的简化、建立，单元的选取，非线性材料的使用等相关的有限元技术应用的介绍。

9.1 概述

虽然我国水利资源非常丰富，但河流在地区和时间分配上很不均衡，许多地区在枯水季节容易出现干旱，而在洪水季节又往往由于水量过多而形成洪涝灾害。为了解决这一矛盾，人们修建了许多水利工程来达到防洪、灌溉、发电、供水、航运等目的，促进国民经济建设的发展。

水利工程中各种建筑物按其在水利枢纽中所起的作用，可以分为以下几类：

1）挡水建筑物，用以拦截河流，形成水库，如各种坝和水闸以及抵御洪水所用的堤防等。

2）泄水建筑物，用以宣泄水库（或渠道）在洪水期间或其他情况下的多余水量，以保证坝（或渠道）的安全，如各种溢流坝、溢流道、泄洪隧道和泄洪涵管等。

3）输水建筑物，为灌溉、发电或供水，从水库（或河道）向库外（或下游）输水用的建筑物，如引水隧道、引水涵管、渠道和渡槽等。

4）取水建筑物，是输水建筑物的首部建筑，如为灌溉、发电、供水而建的进水闸、扬水站等。

5）整治建筑物，用以调整水流与河床、河岸的相互作用以及防护水库、湖泊中的波浪和水流对岸坡的冲刷，如丁坝、顺坝、导流堤、护底和护岸等。

由于破坏后果的灾难性，大型水利工程建设的首要目标是安全可靠，其次才是经济合理。所以说研究大坝等水工建筑物的安全分析、评价和监控，是工程技术人员需要解决的课题，正确分析大坝性态已经成为当务之急。

当前对各种水利工程评价主要采用有限元分析方法，借助各种有限元软件对这些水利工程建筑物进行安全评价，其中应用比较广泛的是 ANSYS。目前，ANSYS 在水利工程中主要应用以下几个方面：

（1）应用于各种坝体工程的设计和施工　模拟各种坝体施工过程以及坝体在使用阶段受到各种荷载（如水位变化对坝体的压力、地震荷载等）下结构的温度场和应力场，借助模拟结果评价坝体的安全性能，修改设计或对坝体采取加固措施。

（2）应用于各种引水隧道、引水涵管等设计和施工　模拟这些工程开挖、支护、浇注、回填过程，分析结构在荷载作用下的变形情况、结构的安全可靠度，以及衬砌支护结构在水压、温度发生变化后产生的变形情况和结构内力，依靠模拟结果对结构安全性进行评价。

（3）应用于各种水库闸门的设计和施工　水库闸门在上游水作用下将发生弯曲、扭转、剪切和拉压等组合变形，利用 ANSYS 中的 SHELL 单元来模拟闸门，并对闸门结构进行三维有限元分析，根据分析结果进行强度校核。

9.2　重力坝三维仿真分析

9.2.1　相关概念

1. 重力坝的工作原理及特点

重力坝作为一种重要的水工结构形式，其应力应变分析在工程设计中具有重要作用。重力坝是用浆砌石或混凝土材料修筑而成的挡水建筑物。一般做成上游面近似垂直的三角形断面，主要依靠坝体的重量，在坝体和地基接触面间产生抗剪强度或摩擦力，来抵抗水库的水推力，以达到稳定的要求；同时依靠坝体自重产生的压应力来抵消由于水压力所引起的坝体上游侧面拉应力，以满足坝身强度的要求。重力坝具有以下几个特点：

1）在枢纽布置中，重力坝的泄水问题比较容易解决。在重力坝坝体内还容易布置泄水孔或水电站的引水管道等。

2）重力坝地基承受很大的压力作用，对地基的要求比一般的土石坝要高，但比拱坝的求低，重力坝一般修建在岩基上。

3）重力坝易于通过较低坝块或底孔进行导流，比土石坝施工导流更为简单和安全。

4）重力坝是大体积混凝土，施工时混凝土的水化发热和散热、硬化收缩，将引起坝体内温度和收缩应力，可能使坝体产生裂缝。

5）坝体材料和地基在一定程度上都是透水的，坝体和地基内的渗流会产生渗透压力。

6）坝体内的应力分布一般不均匀，较多部位的压应力通常不是很大，没有充分发挥材料的性能。

2. 作用在重力坝上的荷载

作用在重力坝上的荷载主要有：坝体及坝上永久设备的自重，上下游坝面上的静水压力，溢流坝反弧段上的动水压力、扬压力、泥沙压力、浪压力、冰压力、地震荷载等。

（1）水压力　作用在坝面上的静水压力（图 9-1）可按静水力学原理计算，分为水平及垂直两个方向进行。溢流重力坝泄水时，由于动量守恒，溢流面上会产生动水压力。

静水水平力　$P_1 = \dfrac{1}{2}\gamma H_1^2$，$P_2 = \dfrac{1}{2}\gamma H_2^2$　　　　　　　　　　　　（9-1）

静水垂直力　$P_1 = \dfrac{1}{2}\gamma m H_1^2$，$P_2 = \dfrac{1}{2}\gamma n H_2^2$　　　　　　　　　　　　（9-2）

式中，H_1，H_2 为上、下游水深；γ 为水的重度；m、n 为上、下游坝面坡度。

（2）扬压力 混凝土内存在着空隙，坝基岩石本身的空隙率很小，但存在着节理裂缝，这就导致水库蓄水后，在上、下游水位差的作用下，库水会经过坝体及坝基渗向下游，不但造成库容损失，还会引起渗透压力，使坝体的有效重量减小。库水经坝基向下游渗透时，渗透水流沿程受到阻力，造成水头损失，如图 9-1 所示。上游坝踵处的扬压力强度为 γH_1，下游坝址处的扬压力强度为 γH_2。通常假设从坝踵到坝址呈直线变化。图中矩形部分是下游水深 H_2 形成的上举力，即托浮力；三角形部分是由上下游水位差形成的渗透水流产生的上举力，即渗透压力。坝底扬压力是托浮力与渗透压力之和。

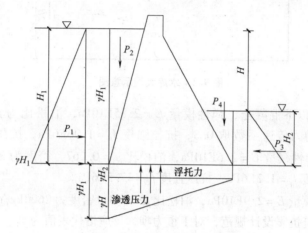

图 9-1 水压力与扬压力示意图

（3）地震荷载 地震荷载包括由建筑物质量引起的地震惯性力、地震动水压力、动土压力，至于地震对扬压力、浪压力的影响，因其数值较小常不予考虑。

3. 重力坝有限元模拟

由有限元法求解坝体和基岩位移与应力应变响应时，关键是整体刚度矩阵 K。对于一般的水库大坝，其刚度矩阵应该由坝体和基岩等单元刚度矩阵组合而成，即 $K = K_1 + K_2$。其中 K_1 表示坝体单元的总刚度矩阵，既受坝体自身刚度的影响，又受基础约束的影响；K_2 表示基岩单元的总刚度矩阵，主要取决于所考虑的范围大小及边界约束条件。数值模拟计算只能在有限的区域内进行，为了减小计算误差，必须选取合适的计算范围。

根据圣维南原理，大坝的基础（含坝基和两侧岩石）越大，则基础边界约束条件的变化情况对坝体中应力和位移的影响越小。由实际工程研究可知，当坝体的基础尺寸达到一定范围后，坝体的应力和位移几乎不受计算范围的影响。所以，在进行一般的水坝数值仿真分析时，有必要先完成以下分析：在外部、内部条件一致的条件下，改变大坝基础的尺寸，完成相应的分析，比较分析结果，选择合适的基础尺寸。

9.2.2 问题的描述

某一混凝土重力坝，断面如图 9-2 所示，坝高 180m，上游坡面垂直，下游坡面 $m = 0.75$。坝基上游取 1.5 倍坝高，下游取 2 倍坝高，坝基深度 2 倍坝高，坝顶长 1.5 倍坝高，坝顶宽

0.1 倍坝高。上游库容 100m，下游水位 80m。具体材料如下。

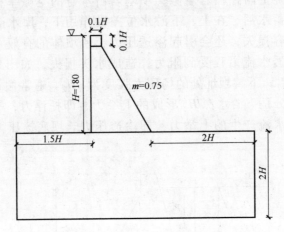

图 9-2 水库大坝示意图

1）大坝：100m 以下混凝土，弹性模量 $E = 2.85\text{E}10\text{Pa}$，泊松比为 $\mu = 0.167$，密度为 2400kg/m³，混凝土剪力传递系数取 0.3，抗拉强度 $f_t = 1.96\text{E}6\text{Pa}$，抗压强度 $f_c = 22\text{E}6\text{Pa}$；100m 以上混凝土，弹性模量 $E = 2.6\text{E}10\text{Pa}$，泊松比 $\mu = 0.167$，密度为 2400kg/m³，剪力传递系数 0.3，抗拉强度 $f_t = 1.2\text{E}6\text{Pa}$，抗压强度 $f_c = 17.5\text{E}6\text{Pa}$。

2）基岩：弹性模量 $E = 2.9\text{E}10\text{Pa}$，泊松比 $\mu = 0.3$，密度为 2600kg/m³。

3）根据水工建筑抗震设计规范，对于重力坝，反应谱代表值为 $\beta_{max} = 2$，$T_g = 0.2$，

其表达式为
$$\begin{cases} \beta = 10T + 1 & 0 < T \leqslant 1 \\ \beta = 2 & 0.1 < T \leqslant 0.4 \\ \beta = (0.2/T)^{0.9} \times 2 & 0.4 < T \leqslant 3 \end{cases} \qquad (9\text{-}3)$$

9.2.3 建模

计算的基本假定如下：

◆ 坝体和坝基连续，即坝体与坝基之间紧密联系在一起。

◆ 坝基和坝体的材料是均匀的。

◆ 基岩模型采用线弹性本构模型。

1）定义相关变量。

```
FINISH
/CLEAR
H = 180                                    ! 大坝高度
H1 = 100                                   ! 上游水位高度
H2 = 80                                    ! 下游水位高度
H3 = 100                                   ! 坝体不同混凝土材料的分界线
GM = 1000                                  ! 水的比重
FIA1 = 90 – ATAN(0.75) * 180/3.1415926     ! 计算下游斜面夹角
FIA2 = 90 – FIA1                           ! 计算坐标旋转角度
```

2）定义单元类型及材料属性。

```
/PREP7
ET,1,MESH200,6                          ! 用于辅助划分网格
ET,2,SOLID65                            ! 定义混凝土单元
ET,3,SOLID185                           ! 定义岩石单元
MP,EX,1,2.85E10                         ! 1 号材料 100M 以下混凝土的材料特性
MP,PRXY,1,0.167
TB,CONC,1,1,9                           ! 定义材料模型
TBDATA,,0.3,1,1.96E6,22E6              ! 剪切传递系数为 0.3,抗拉强度为 1.2E6Pa,
                                          抗压强度为 22E6Pa

MP,DENS,1,2400
MP,EX,2,2.6E10                          ! 2 号材料,100M 以上混凝土的材料特性
MP,PRXY,2,0.167
TB,CONC,2,1,9
TBDATA,,0.3,1,1.2E6,17.5E6            ! 剪切传递系数为 0.3,抗拉强度为 1.2E6Pa,
                                          抗压强度为 17.5E6Pa

MP,DENS,2,2400
MP,EX,3,2.9E10                          ! 3 号材料
MP,PRXY,3,0.3
MP,DENS,3,2600
```

3）建立断面模型。

```
K,1                                     ! 创建关键点
K,2,0.9*0.75*H+0.1*H
K,3,0.1*H,0.9*H
K,4,0,0.9*H
L,1,2                                   ! 创建线
L,2,3
L,3,4
L,4,1
AL,1,2,3,4                              ! 创建面
RECTNG,0,0.1*H,0.9*H,H                 ! 画坝顶矩形
RECTNG,-1.5*H,0,-2*H,0                 ! 坝基左面矩形
RECTNG,0,0.9*0.75*H+0.1*H,-2*H,0       ! 坝基正下方矩形
RECTNG,0.9*0.75*H+0.1*H,(2+0.9*0.75)*H,-2*H,0 ! 坝基右面矩形
RECTNG,-1.5*H,(2+0.9*0.75)*H,-2*H,H    ! 总矩形
APLOT
```

4）对断面进行布尔操作。

```
AOVLAP,ALL                             ! 将面单元进行布尔粘贴操作
/PNUM,LINE,L                           ! 打开面,线的号码开关
/PNUM,AREA,L
```

NUMMRG,ALL	！合并重复元素
NUMCMP,ALL	！压缩元素编号
APLOT	！显示模型

几何模型和断面模型如图9-3和图9-4所示。

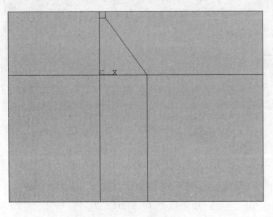

图9-3　几何模型　　　　　　　　　　图9-4　断面模型

5）对面进行网格划分。

！划分3号面的网格,坝体的顶部	
LSEL,S,,,3,5,2	！选择线
LESIZE,ALL,,,5	！为线设置单元数为5
LSEL,S,,,12,13,1	
LESIZE,ALL,,,2	
AMESH,3	！网格划分3号面
！划分1号面的网格,坝体的下部	
LSEL,S,,,2,4,2	
LESIZE,ALL,,,18	
LSEL,S,,,1	
LESIZE,ALL,,,5	
AMESH,1	
EPLOT	！显示1号面
！划分2号面的网格,坝体的正下方基岩	
LSEL,S,,,11	
LESIZE,ALL,,,5	
LSEL,S,,,9,10,1	
LESIZE,ALL,,,8,4	
AMESH,2	
！划分4号面的网格	
LSEL,S,,,14	
LESIZE,ALL,,,5,4	
LSEL,S,,,7	

```
LESIZE,ALL,,,8,4
LSEL,S,,,6
LESIZE,ALL,,,5,0.25
AMESH;4
EPLOT
！划分5号面的网格
LSEL,S,,,15,16,1
LESIZE,ALL,,,8,4
LSEL,S,,,8
LESIZE,ALL,,,8,0.25
AMESH,5
EPLOT
```

上述步骤完成后的坝体断面网格如图9-5所示，部分基岩断面网格如图9-6所示。

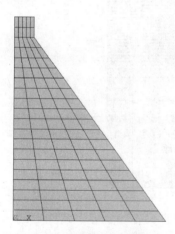

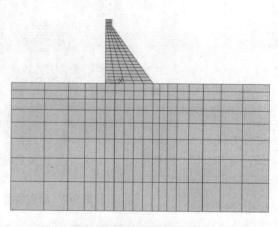

图9-5　坝体断面网格　　　　　　　　图9-6　部分基岩断面网格

在对剩余部分的几何面划分网格之前，需要先将相关的部分线段组合在一起，以形成由四条边构成的四边形，再划分网格，完成后必须将组合线段删除。

```
！连接4号线和13号线,并划分7号面的网格
LSEL,S,,,4,13,9                    ！选择4号线和13号线
LCCAT,ALL                          ！将线粘起来,生成一条临时线
LSEL,S,,,19
LESIZE,ALL,,,5,4
LSEL,S,,,20,21,1
LESIZE,ALL,,,20
AMESH,7
EPLOT
！连接2号线和12号线,并划分6号面的网格
LSEL,S,,,2,12,10
```

```
LCCAT,ALL
LSEL,S,,,17
LESIZE,ALL,,,8,4
LSEL,S,,,18,22,4
LESIZE,ALL,,,20
AMESH,6
EPLOT
! 删除前面连接的线元素
ALLSEL
LSEL,R,LCCA
LDELE,ALL
```

全部断面划分网格后模型如图 9-7 所示。

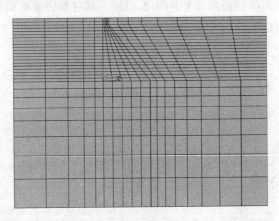

图 9-7　断面模型

6）生成 1/2 体模型。首先生成坝体及坝基的 1/2 模型，此时不将网格删除，然后生成大坝两侧的岩石单元模型，此时将面网格删除。

```
! 拉伸成坝体单元,采用 SOLID65 单元和 1 号材料,随后改变 H3 以上坝体的材料属性
EXTOPT,ESIZE,8,0,              ! 拉伸的份数
TYPE,2
MAT,1
VEXT,1,3,2,,,-0.75*H          ! 将 1 号和 3 号面拉伸成一半的模型
/VIEW,1,1,1,1
VPLOT
EPLOT
! 坝体底部单元,拉伸成岩土单元,采用 SOLID185 号单元和 3 号材料
EXTOPT,ESIZE,8,0,
TYPE,3
MAT,3
VEXT,2,,,,,-0.75*H
```

```
VEXT,4,5,1,,,-0.75*H
EPLOT
! 拉伸生成大坝两侧的岩石单元
ALLSEL
EXTOPT,ESIZE,5,4,
EXTOPT,ACLEAR,1                              ! 删除面单元
TYPE,3
MAT,3
VEXT,1,7,1,,,H
/PNUM,MAT,1
EPLOT
```

生成的 1/2 坝体和坝基及其分析模型如图 9-8 和图 9-9 所示。

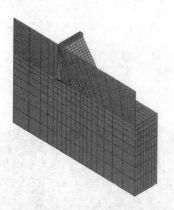

图 9-8　1/2 坝体和坝基

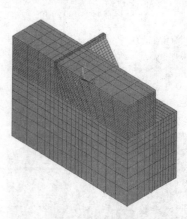

图 9-9　1/2 坝体和坝基分析模型

7）利用映射技术生成整个大坝模型。首先定义一个局部坐标系，然后切换到局部坐标系下，先将节点映射，再映射单元，最后合并所有的节点及单元。

```
! 利用对称方法完成整个有限元模型
LOCAL,11,0,,,-0.75*H                         ! 定义局部坐标系
CSYS,11                                      ! 激活局部坐标系
/PSYMB,CS,1                                  ! 显示不同的局部坐标系符号
DSYS,11                                      ! 显示局部坐标系
NSYM,Z,20000,ALL
ENSYM,30000,,20000,ALL
NUMMRG,ALL                                   ! 合并重复节点和单元
NUMCMP,ALL
EPLOT
```

完成后的有限元模型如图 9-10 所示。

8）改变 100m 以上的坝体的材料属性为 2 号材料。改变后的有限元模型如图 9-11 所示。

```
! 改变材料属性
ESEL,S,MAT,,1                        ! 选择材料编号为 1 的单元
EPLOT
NSLE,S                              ! 选择单元上的节点
NPLOT
NSEL,R,LOC,Y,H3+1,H+1               ! 选择 H3 以上的单元,以便转换材料属性
NSEL,R,LOC,Z,-0.75*H+0.1,0.75*H-0.1
NPLOT
ESLN,S
EPLOT
MPCHG,2,ALL,                        ! 改变材料属性为 2 号材料
/REPLOT
ALLSEL
EPLOT
SAVE,DAM_MODEL,DB                   ! 保存模型文件
FINISH
```

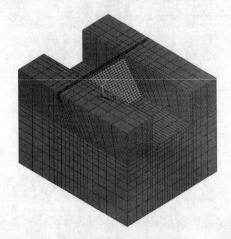

图 9-10　有限元模型

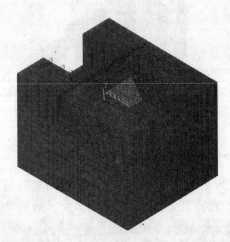

图 9-11　改变坝体材料后的有限元模型

9.2.4　加载及求解

1. 静力求解

1) 施加边界条件。在顺流的方向即 X 方向的两个侧面,将 X 方向的位移约束;沿 Z 方向的两个侧面,将 Z 方向的位移约束;地面所有自由度都约束。

```
/SOLU
! 施加边界条件
CSYS,0
DSYS,0
NSEL,S,LOC,X,(2+0.9*0.75)*H
```

```
NSEL,A,LOC,X,-1.5*H
NPLOT
D,ALL,UX
ALLSEL
NSEL,S,LOC,Z,H
NSEL,A,LOC,Z,-(1+1.5)*H
NPLOT
D,ALL,UZ
ALLSEL
NSEL,S,LOC,Y,-2*H
NPLOT
D,ALL,UY
ALLSEL
GPLOT
```

完成后的模型如图 9-12 所示。

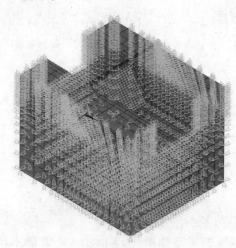

图 9-12　施加边界条件后的有限元分析模型

2）施加外部荷载。主要包括：重力、静水压力、扬压力。在施加静水压力和扬压力时，使用梯度荷载命令。

```
! 选择 H1 高度以下的上游坝面单元为当前有效单元,然后制定梯度斜率及初始压力。
! 施加重力
ACEL,0,9.8,0,
! 选择上游坝面单元,施加水平静水压力
ESEL,S,TYPE,,2
EPLOT
NSEL,S,LOC,X,0
NSEL,R,LOC,Z,-1.5*H+0.1,-0.1
NSEL,R,LOC,Y,0.1,H1-5          ! 若采用(H1-0.1)将导致选择过多的单元,
                              ! 使得施加的面分布荷载出现负数的情况
```

```
ESLN,S
NPLOT
EPLOT
/PSF,PRES,NORM,2,0,1                     ! 设定将显示压力的方向
SFGRAD,PRES,0,Y,0,-GM                    ! 给定荷载梯度为-GM
SFE,ALL,2,PRES,,GM*H1
/REPLOT
! 下游坝面单元,施加水平静水压力
ALLSEL
ESEL,S,TYPE,,2
NSLE,S
EPLOT
LOCAL,12,0,0.9*0.75*H+0.1*H,,,FIA2
CSYS,12
/PSYMB,CS,1
DSYS,12
NSEL,S,LOC,Y,0.1,H2/SIN(0.75)-25        ! 若采用(H2/sin(0.75)-1)将导致选择过多的单元,
                                        ! 使得施加的面分布荷载出现负数的情况
NSEL,R,LOC,Z,-1.5*H+0.1,-0.1
NSEL,U,LOC,X,-1000,-2
ESLN,S
NPLOT
EPLOT
/PSF,PRES,NORM,2,0,1                     ! 设定将显示压力的方向
SFGRAD,PRES,0,Y,0,-GM                    ! 给定荷载梯度为-GM
SFE,ALL,4,PRES,,GM*H2
/REPLOT
```

上游静水压力施加完毕后的模型如图 9-13 所示。下游静水压力施加完毕后的模型如图 9-14 所示。

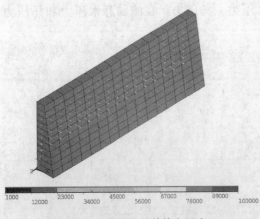

图 9-13　重力及上游静水压力

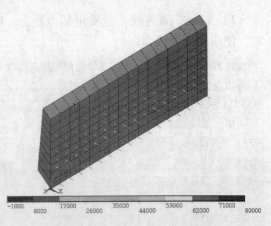

图 9-14　重力及下游静水压力

由于在生成整体模型时采用了映射方法，导致坝底单元的单元坐标系不同，所以对坝底施加扬拉力时，需要分两部分进行。

```
! 施加上游水位 H1 产生的渗透压力
! 同时施加下游水位 H2 产生的浮托力
! 选择第一部分坝底单元
CSYS,0
DSYS,0
/PSYMB,CS,1
ALLSEL
NSEL,S,LOC,Y,0
NSEL,R,LOC,Z, - 135 + 0. 1,0. 1
ESLN,S
ESEL,R,TYPE,,2
EPLOT
SFCUM,PRES,ADD                           ! 设置荷载是叠加的
SFE,ALL,5,PRES,,GM * H2                   ! 下游水位产生的浮托力
P0 = GM * H1/(0. 9 * 0. 75 * H + 0. 1 * H)
SFGRAD,PRES,0,X,0, - P0
SFE,ALL,5,PRES,,GM * H1
/REPLOT
```

扬压力施加完后的模型如图 9-15 所示。

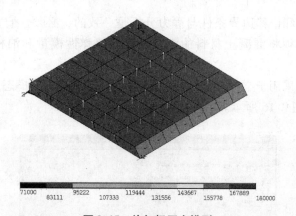

| 71000 | 83111 | 95222 | 107333 | 119444 | 131556 | 143667 | 155778 | 167889 | 180000 |

图 9-15　施加扬压力模型

```
! 选择第二部分坝底单元
ALLSEL
NSEL,S,LOC,Y,0
NSEL,R,LOC,Z, - 270 + 0. 1, - 135 - 0. 1
ESLN,S
ESEL,R,TYPE,,2
EPLOT
```

```
P0 = 0
SFGRAD,PRES,0,X,0, - P0                                  ! 令斜率为 0
SFE,ALL,3,PRES,,GM * H2                                  ! 下游水位产生的浮托力
P0 = GM * H1/(0.9 * 0.75 * H + 0.1 * H)
SFGRAD,PRES,0,X,0, - P0
SFE,ALL,3,PRES,,GM * H1
SFCUM,PRES,REPL
! 检查坝底的荷载是否正确
NSEL,S,LOC,Y,0
ESLN,S
ESEL,R,TYPE,,2
/REPLOT
SAVE,DAM_STATIC_SOLU,DB
```

3）静力求解。

```
ALLSEL
OUTRES,ALL,ALL
AUTOTS,ON
NSUBST,20
SOLVE
SAVE,DAM_STATIC_RST,DB
```

2. 反应谱分析

（1）基本的建模和位移边界条件与静力分析是一致的，必须注意，谱分析将忽略材料的非线性，所以在此须将混凝土材料的相关设置保留弹性模量和泊松比外，其余都需要删除。

（2）模态分析。采用子空间法进行模态分析，提取前 10 阶的模态分析结果。计算完毕后的前 10 阶频率如图 9-16 所示。

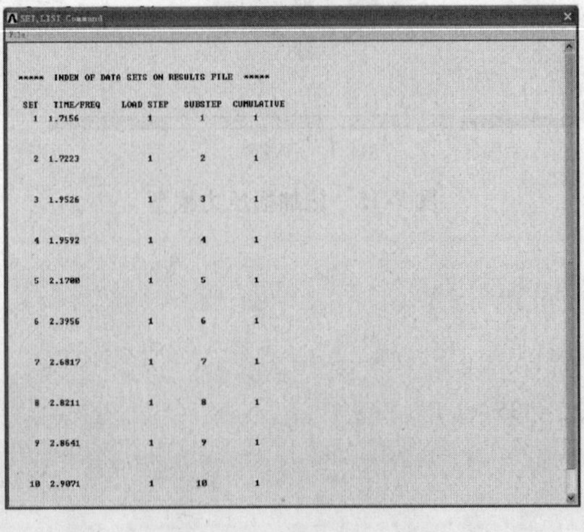
SET,LIST Command

***** INDEX OF DATA SETS ON RESULTS FILE *****

SET	TIME/FREQ	LOAD STEP	SUBSTEP	CUMULATIVE
1	1.7156	1	1	1
2	1.7223	1	2	1
3	1.9526	1	3	1
4	1.9592	1	4	1
5	2.1700	1	5	1
6	2.3956	1	6	1
7	2.6817	1	7	1
8	2.8211	1	8	1
9	2.8641	1	9	1
10	2.9071	1	10	1

图 9-16　模态分析各阶频率

```
/SOLU
ANTYPE,MODAL
MODOPT,SUBSP,10
SOLVE
SAVE,DAM_DYNAMIC_RST11,DB
FINISH
```

（3）计算反应谱值。根据上面 10 阶固有频率值及相关表达式，可计算出各阶频率的反应谱谱值，见表 9-1。

表 9-1　反应谱谱值

阶　　数	固有频率	自振周期	反应谱值
1	1.7131	0.583	0.7627
2	1.7208	0.581	0.7657
3	1.9525	0.512	0.8580
4	1.9551	0.511	0.8590
5	2.1679	0.461	0.9427
6	2.3951	0.417	1.0312
7	2.6747	0.374	1.1389
8	2.8202	0.354	0.1945
9	2.8554	0.350	1.2079
10	2.9029	0.344	1.2260

（4）反应谱分析。

```
/SOLU
ANTYPE,SPECTR
SPOPT,SPRS,10,YES
SVTYP,2
SED,1,1,
FREQ,0.3444,0.3502,0.3546,0.3739,0.4175,0.4613,0.5114,0.5121,0.5811,0.5837
SV,1.226,1.2079,1.1945,1.1389,1.0312,0.9427,0.859,0.858,0.7657,0.7627
SOLVE
SAVE,DAM_DYNAMIC_RST2,DB
FINISH
```

（5）模态扩展。

```
/SOLU
ANTYPE,MODAL
EXPASS,ON
MXPAND,10,,,YES,0.005
SOLVE
SAVE,DAM_DYNAMIC_RST3,DB
FINISH
```

（6）合并模态。响应谱分析得到的是系统各阶模态下的位移响应谱，而这些模态响应之间存在着耦合，且所有模态的最大值不可能同时出现，所以需要对其进行组合，本例采用先求平方和，再求平方根的组合方法。

```
/SOLU
ANTYPE,SPECTR
SRSS,0.15,DISP
SOLVE
SAVE,DAM_DYNAMIC_RST4,DB
FINISH
```

9.2.5 结果分析

1. 静力求解结果

（1）位移变形图

```
/POST1
ESEL,S,TYPE,,2
SET,1,LAST                     ！获取第一荷载步最后子步的结果
PLNSOL,U,X
PLNSOL,U,Y
```

坝体 X 和 Y 方向的位移变形图分别如图 9-17、图 9-18 所示。

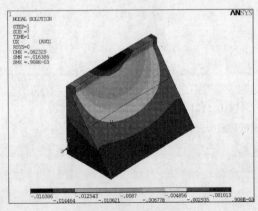

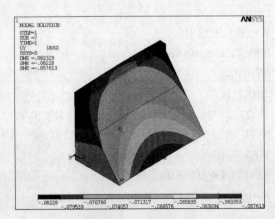

图 9-17 X 方向变形图   图 9-18 Y 方向变形图

（2）应力与应变分析

```
PLNSOL,EPTO,1,0,1                               ! 画第一主应变
PLNSOL,S,1,0,1                                  ! 画第一主应力
```

第一主应变的分布如图 9-19 所示，最大第一主应变（拉应变）出现在坝顶，在下游面与两侧岩石连接处也出现了较大的拉应变，这将可能导致混凝土开裂；第一主应力的分布情况如图 9-20 所示，其最大的应力值是 1.17MPa，虽然这个值小于混凝土的抗拉强度，但是出现了裂缝，原因是混凝土开裂后不能传递拉应力。

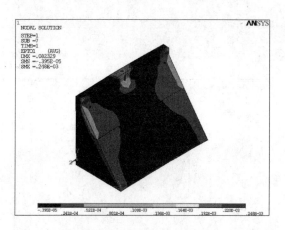

图 9-19　第一主应变　　　　　　　　　图 9-20　第一主应力

（3）坝体混凝土开裂情况

```
/DEVICE,VECTOR,1
PLCRACK,0,0                                     ! 显示开裂位置
```

坝体混凝土开裂的具体位置如图 9-21 所示，图中灰色标示的位置即为裂缝所在位置。ANSYS 还可以显示混凝土单元开裂的具体情况，包括裂缝张开、闭合、压碎等。

查看在各积分点上的开裂情况，其中 53、60、67、74、81、88、95、102 代表着 SOL-ID65 单元 1～8D 的 8 个积分点。图 9-22 为 1 号积分点开裂示意图。

```
! 查看在各个积分点上的开裂情况
ETABLE,11,NMISC,53                              ! 显示开裂的情况,包括裂缝的张开,闭合,压碎
ETABLE,22,NMISC,60
ETABLE,33,NMISC,67
ETABLE,44,NMISC,74
ETABLE,55,NMISC,81
ETABLE,66,NMISC,88
ETABLE,77,NMISC,95
ETABLE,88,NMISC,102
```

绘制各个单元表，可以发现在开裂区域，状态变量的值从中心处的 2 逐渐增加到未开裂

区域的 16，其中，2 代表单元只在第一方向上张开，其他的状态变量值的具体含义可参考相关文献资料。

```
PLETAB,11,AVG
PLETAB,22,AVG
PLETAB,33,AVG
PLETAB,44,AVG
PLETAB,55,AVG
PLETAB,66,AVG
PLETAB,77,AVG
PLETAB,88,AVG
FINISH
```

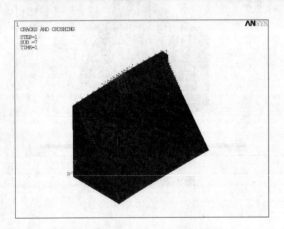

图 9-21　混凝土开裂位置示意图

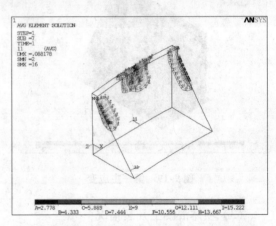

图 9-22　SOLID65 单元 1 号积分点开裂示意图

2. 动力学分析结果

（1）大坝位移变形图

```
/POST1
/INPUT,,MCOM
ESEL,S,TYPE,,2
EPLOT
SET,FIRST
PLNSOL,U,SUM,1,1
SET,NEXT
PLNSOL,U,SUM,1,1
SET,NEXT
PLNSOL,U,SUM,1,1
```

图 9-23、图 9-24 给出了组合后的前两阶变形图。由图可知，第一阶位移变形既有 Y 方向的竖向变形，也有 X 方向的变形，第二阶主要是 Y 方向的竖向变形，第三阶主要体现 X 方向的变形。

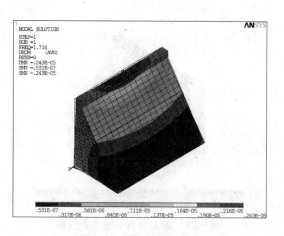

图 9-23　第一阶变形图

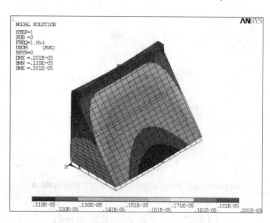

图 9-24　第三阶变形图

（2）应力与应变分布

```
SET,FIRST
PLNSOL,S,1,0,1
PLNSOL,EPTO,1,0,1
SET,NEXT
PLNSOL,S,1,0,1
PLNSOL,EPTO,1,0,1
FINISH
```

图 9-25、图 9-26 表明在此反应谱的作用下，第一阶最大主应力和主应变将出现在上游坝的两侧处，此处的混凝土将首先开裂。

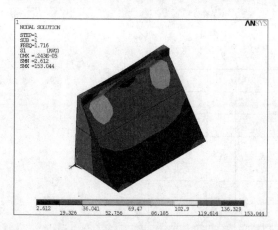

图 9-25　第一阶第一主应力分布

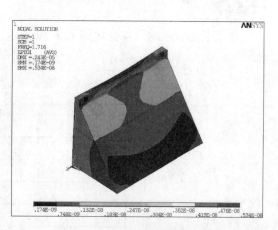

图 9-26　第一阶第一主应变分布

图 9-27、图 9-28 表明在此反应谱的作用下，第三阶最大主应力和主应变将出现在上游坝的两侧处，此处的混凝土将首先开裂。

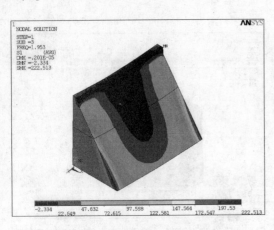

图 9-27　第三阶第一主应力分布

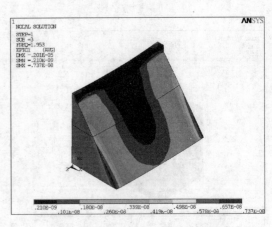

图 9-28　第三阶第一主应变分布

（3）坡顶节点位移随时间的变化

```
/POST26
CSYS,0
NSEL,S,LOC,Y,H
NSEL,R,LOC,Z,-0.75*H
NSEL,R,LOC,X,0
NPLOT
NSOL,2,1466,U,X,NUX
NSOL,3,1466,U,Y,NUY
NSOL,4,1466,U,Z,NUZ
XVAR,1
PLVAR,2,3,4
```

坝顶中部节点的位移变化如图 9-29 所示。

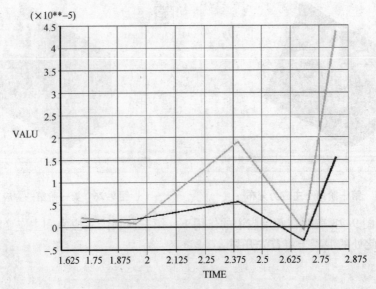

图 9-29　坝顶中部节点的位移变化图

参 考 文 献

[1] 郝文化，叶裕明，刘开春，等. ANSYS 土木工程应用实例［M］. 北京：中国水利水电出版社，2005.

[2] 李围，叶裕明，刘春山，等. ANSYS 土木工程应用实例［M］. 2 版. 北京：中国水利水电出版社，2007.

[3] 徐芝纶. 弹性力学：上册［M］. 北京：高等教育出版社，1992.

[4] 徐芝纶. 弹性力学：下册［M］. 北京：高等教育出版社，1992.

[5] 李人宪. 有限单元法基础［M］. 北京：国防工业出版社，2006.

[6] 王新敏. ANSYS 工程结构数值分析［M］. 北京：人民交通出版社，2007.

[7] 胡仁喜，康士廷. ANSYS14.5 土木工程有限元分析从入门到精通［M］. 北京：机械工业出版社，2013.

[8] 王伟. ANSYS14.0 土木工程有限元分析从入门到精通［M］. 北京：清华大学出版社，2013.

[9] 何本国. ANSYS 土木工程应用实例［M］. 北京：中国水利水电出版社，2011.

[10] 张大权. 高层结构设计中框架剪力墙应用研究［J］. 科技资讯，2010 (30)：85-88.

[11] 李景旺，王庆华，郑毅，等. ANSYS 在网架结构中的应用［J］. 长春工程学院学报，2007，8 (2)：17-18.

[12] 胡勇，黄正荣. 基于 ANSYS 的网架优化设计［J］. 山西建筑，2006，32 (7)：86-87.

[13] 尤丽娟，陈忠范. 基于 ANSYS 的框架-剪力墙结构有限元分析［J］. 江苏建筑，2010 (1)：21-23.

[14] 李兵. ANSYS 工程应用［M］. 北京：清华大学出版社，2010.

[15] 张建，郭红兵，张省侠，等. ANSYS 在端承桩承载性状分析中的应用［J］. 交通标准化，2008 (1)：63-67.

[16] 龚曙光. ANSYS 工程应用实例解析［M］. 北京：机械工业出版社，2003.

[17] 张建，范媛媛，黄质宏. ANSYS 在边坡稳定分析中的应用［J］. 贵州工业大学学报，2008，37 (5)：169-172.

[18] 阳克青，范育青. ANSYS 在高速公路边坡稳定分析中的应用［J］. 华东公路，2008 (6)：11-13.

[19] 涂国强. 基于 ANSYS 的边坡稳定性分析［J］. 交通科技与经济，2009，11 (4)：70-71.

[20] 柳林超，梁波，刁吉. 基于 ANSYS 的有限元强度折减法求边坡安全系数［J］. 重庆交通大学学报，2009，28 (5)：899-901.

[21] 王富职，张朝晖. ANSYS10.0 有限元分析理论与工程应用［M］. 北京：电子工业出版社，2006.